AF249938

MUSÉE ENTOMOLOGIQUE ILLUSTRÉ

PUBLIÉ PAR UNE RÉUNION D'ENTOMOLOGISTES FRANÇAIS ET ÉTRANGERS

LES INSECTES

ORGANISATION — MŒURS
CHASSE — COLLECTION — CLASSIFICATION

ICONOGRAPHIE ET HISTOIRE NATURELLE

DES

ORTHOPTÈRES, NÉVROPTÈRES, HYMÉNOPTÈRES, HÉMIPTÈRES
DIPTÈRES, APTÈRES, ETC.

AVEC 24 PLANCHES EN COULEUR ET 460 VIGNETTES

PARIS

J. ROTHSCHILD, ÉDITEUR

13, RUE DES SAINTS-PÈRES, 13

1878

MUSÉE ENTOMOLOGIQUE ILLUSTRÉ

LES INSECTES

MUSÉE ENTOMOLOGIQUE

ILLUSTRÉ

HISTOIRE NATURELLE ICONOGRAPHIQUE

DES INSECTES

PUBLIÉE PAR UNE RÉUNION D'ENTOMOLOGISTES FRANÇAIS ET ÉTRANGERS

SOUS LA DIRECTION DE J. ROTHSCHILD

TROISIÈME ET DERNIER VOLUME

comprenant

LES ORTHOPTÈRES — NÉVROPTÈRES — HYMÉNOPTÈRES

HÉMIPTÈRES — DIPTÈRES — APTÈRES, ETC.

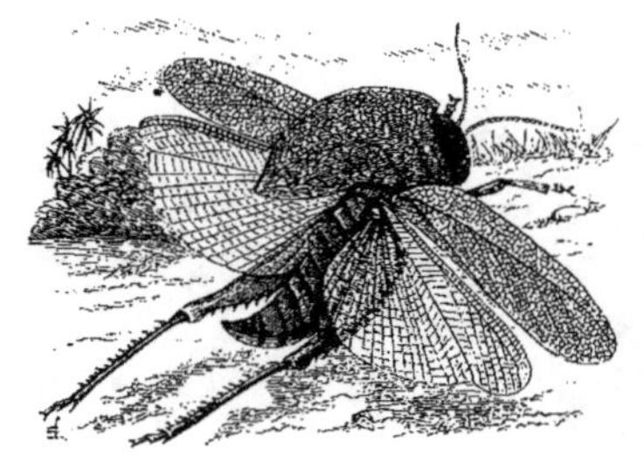

PARIS

J. ROTHSCHILD, ÉDITEUR

13, RUE DES SAINTS-PÈRES, 13

—

1878

LES
INSECTES

ORGANISATION — MŒURS
CHASSE — COLLECTION — CLASSIFICATION

HISTOIRE NATURELLE

DES

ORTHOPTÈRES — NÉVROPTÈRES — HYMÉNOPTÈRES
HÉMIPTÈRES — DIPTÈRES — APTÈRES, ETC.

PARIS

J. ROTHSCHILD, ÉDITEUR
13, RUE DES SAINTS-PÈRES, 13

1878

TABLE GÉNÉRALE DES MATIÈRES.

TABLE DES INSECTES ET DES PLANTES

FIGURÉS SUR LES 24 PLANCHES

AVIS DE L'ÉDITEUR

Ce volume, le troisième et dernier de notre Musée entomologique, comprend tous les ordres d'insectes autres que les *Coléoptères* ou Scarabées (Tome Ier), et les *Lépidoptères* ou Papillons (Tome II). Il renferme donc les *Orthoptères* (Forficules, Blattes, Grillons, Sauterelles, etc.); les *Névroptères* (Libellules, Éphémères, Friganes, etc.); les *Hyménoptères* (Abeilles, Guêpes, Fourmis, Ichneumons); les *Hémiptères* (Punaises, Cigales, Pucerons, etc.); les *Diptères* (Mouches, Cousins, OEstres, etc.), et les *Aptères* (Lépismes, Podures, Puces, Poux). Ces ordres, non moins intéressants que les précédents, renferment une foule d'espèces aussi remarquables par leurs formes et leur organisation que par les instincts admirables qui dirigent quelques-unes d'entre elles dans la construction de leurs demeures et l'éducation des petits, ou dans les ruses qu'elles mettent en œuvre pour surprendre leur proie. Nous ne répéterons pas ici ce que nous avons déjà dit sur l'organisation générale des insectes, ce sujet ayant été largement traité dans l'*Introduction* placée en tête de notre premier volume.

ORDRE DES ORTHOPTÈRES

Cet ordre, l'un des moins nombreux en espèces de la classe des Insectes, est un de ceux qui renferment les plus grandes espèces, et particulièrement celles dont les formes sont les plus singulières.

Les Orthoptères se distinguent nettement des ordres voisins par leurs caractères. Leurs organes buccaux consistent en deux mâchoires, deux mandibules et deux lèvres bien développées, annonçant des insectes éminemment broyeurs. Leurs ailes offrent un de leurs principaux caractères distinctifs ; les supérieures, auxquelles on conserve encore le nom d'*élytres*, comme chez les Coléoptères, sont d'une texture moins solide et seulement semi-coriace ; en outre, elles croisent ordinairement l'une

ORTHOPTÈRES. — PREMIÈRE SECTION

LES COUREURS (CURSORIA)

ont les pieds semblables, uniquement propres à la course, les étuis et les
ailes couchés longitudinalement sur le corps. Dans cette section, les
femelles sont dépourvues de tarière cornée. Quatre familles rentrent dans
cette division : les Forficules, les Blattes, les Mantes et les Spectres.

FAMILLE DES FORFICULIENS

Ces insectes, bien connus de tout le monde sous le nom de *Perce-
oreille*, pourraient être confondus à première vue avec les Staphylins de
l'ordre des Coléoptères ; mais leurs caractères les en distinguent d'une

Fig. 4. — *Forficula americana.*

façon bien tranchée et les rangent parmi
les Orthoptères. Ce sont des insectes de
forme allongée ; leur tête est ovoïde,
épaisse, sans ocelles, avec les yeux de
grandeur moyenne. Les antennes varient
en longueur et pour le nombre des articles ;
le corselet, carré en avant et sur les côtés,
est arrondi en arrière ; les élytres sont
très-courts et se joignent par la suture ;
ils couvrent à peine le tiers de l'abdo-
men. Sous ces élytres sont des ailes très-étendues servant au vol, et, lorsqu'on les voit déployées, on a de la peine à comprendre comment elles
peuvent se caser à l'aise sous des étuis si petits (fig. 4). Ces ailes, formées
d'une membrane extrêmement ténue, sont, comme dans tous les autres

Orthoptères, plissées d'abord en éventail, et ensuite repliées deux fois sur leur longueur, comme un N. Ce caractère, qui ne se retrouve pas dans les autres familles, a déterminé quelques auteurs à établir pour ces insectes un ordre particulier sous le nom de *Dermaptères*. Les pattes sont moyennes avec des tarses de trois articles, dont le premier est le plus long; mais ce qui distingue surtout ces insectes, ce sont les pinces qui terminent leur abdomen; emboîtées dans une plaque crustacée qui termine le corps, elles varient suivant les espèces, mais sont toujours concaves à leur partie interne et plus grandes chez les mâles que dans les femelles. Quand ces insectes sont inquiétés, ils relèvent leur abdomen d'un air menaçant et cherchent à se défendre avec leurs pinces.

Le nom ancien de *Perce-oreille* et l'appareil formidable dont ils sont armés, a fait attribuer par le vulgaire à ces insectes des habitudes pernicieuses. Ils s'introduiraient dans les oreilles et, de là, dans le cerveau, où ils causeraient parfois des désordres capables d'entraîner la mort. Sans discuter cette fable ridicule, nous nous contenterons de dire à ceux qui peuvent l'ignorer, que le conduit auditif n'étant pas percé, rien ne peut par ce conduit s'introduire dans la tête. Si par hasard des Forficules ont pénétré dans les oreilles de personnes endormies, c'est seulement parce qu'ils recherchent toujours les cavités pour s'y réfugier. Leur nom de Perce-oreille, déjà ancien, vient en réalité de ce que la pince dont est muni leur abdomen, rappelle par sa forme l'instrument dont se servaient autrefois les bijoutiers pour percer les oreilles auxquelles on voulait attacher des pendants.

Les craintes qu'ils inspirent aux jardiniers sont beaucoup plus fondées; ces insectes attaquent en effet les fruits et les fleurs, et commettent souvent de grands dégâts, surtout sur les œillets. Comme ils recherchent les endroits frais et humides et fuient le grand jour, on les attire en plaçant des pots à fleurs, des briques ou des paillassons près des lieux qu'ils fréquentent. Contrairement à ce qui a lieu pour beaucoup d'insectes qui abandonnent le soin de leurs œufs à la nature, les femelles des Forficules couvent leurs œufs et prennent soin des petites larves qui en sortent pendant leur premier âge; la mère veille avec sollicitude sur ses petits, et ceux-ci accourent au moindre danger se réfugier sous le ventre et entre les pattes de leur mère.

La famille des Forficuliens comprend trois genres : 1° les Forficules proprement dites (*Forficula*), qui ont de dix à quatorze articles aux antennes et des ailes; 2° les *Forficesila*, qui ont plus de quatorze articles aux antennes et des ailes; 3° les *Chelidura*, qui manquent d'ailes.

Le genre *Forficula* a pour type : la Forficule perce-oreille (*Forficula auricularia*) [Pl. I], longue de 15 à 20 millimètres, d'un brun foncé luisant, avec la tête roussâtre, des antennes de quatorze articles, des élytres bruns bordés de jaune et des pattes d'un jaune pâle. Cette espèce est

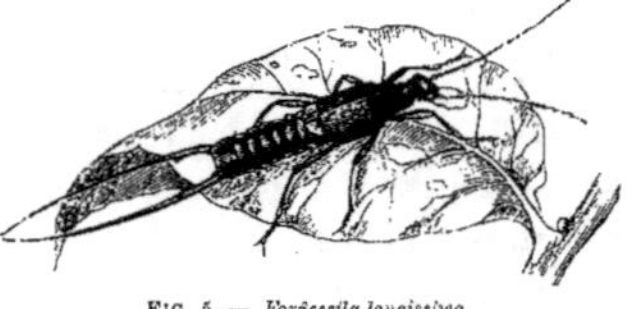

FIG. 5. — *Forficesila longissima.*

très-commune dans toute l'Europe. Une autre espèce, la Forficule petite (*Forficula minor*) n'a que 5 à 6 millimètres de longueur; son corps est d'un jaune brunâtre; ses antennes n'ont que douze articles. Elle voltige souvent le soir autour des fumiers.

Dans le genre *Forficesila* rentre la plus grande espèce du genre, la Forficule géante (*Forficesila gigantea*) [Pl. I]. Cette espèce, assez commune dans le midi de la France, a 22 à 25 millimètres de longueur, sans compter les pinces. Elle est de couleur fauve, avec deux bandes brunes sur le corselet et une sur chaque élytre. Ses antennes sont composées de trente articles.

Le *Forficesila longissima* du Nicaragua (fig. 5) est remarquable par la longueur de ses pinces, qui, dans le mâle, dépasse celle du corps. Sa couleur est presque noire. La partie supérieure de ses élytres est fortement ponctuée.

Le *Forficesila americana*, représenté avec les ailes étendues dans notre figure 4, habite la Jamaïque et d'autres points de l'Amérique du Sud.

FAMILLE DES BLATTIENS

Les Blattiens sont des insectes à corps aplati, très-déprimé, à tête inclinée, cachée sous le rebord du corselet; les yeux sont grands, échancrés pour recevoir les antennes, qui sont sétacées et composées d'un grand nombre d'articles; le corselet, en forme de bouclier presque demi-circulaire, s'avance au-dessus de la tête, qu'il couvre plus ou moins, selon les espèces; les élytres sont placés horizontalement et se croisent un peu à leur extrémité; les ailes sont simplement pliées dans leur longueur; ces dernières manquent dans quelques espèces, au moins dans l'un des sexes. L'abdomen est assez volumineux, très-déprimé, et terminé par deux filets articulés. Les pattes sont longues, comprimées, épineuses, bien conformées pour la course; les tarses ont tous cinq articles.

Les Blattes sont des insectes très-agiles, nocturnes et lucifuges, c'est-à-dire qui fuient la lumière; elles se retirent pendant le jour sous les meubles, dans les fentes des planchers, des boiseries, et n'en sortent que la nuit pour prendre leur nourriture. Répandues par toute la terre, les Blattes sont en général fort nuisibles; elles infestent souvent nos maisons, surtout les cuisines et les offices, et attaquent indistinctement toutes les substances animales ou végétales, dévorant non-seulement les provisions, mais encore les cuirs et les vêtements. Leur corps très-aplati leur permet de s'introduire facilement par les plus étroites fissures; ils pénètrent ainsi dans les armoires, les buffets, et sont à bord des navires un véritable fléau. C'est ainsi qu'il arrive parfois que des caisses renfermant des comestibles se trouvent entièrement remplies de ces insectes, qui en dévorent et en souillent le contenu.

La reproduction des Blattes offre des singularités très-remarquables. Les sexes peuvent être facilement distingués chez ces insectes par le développement de l'abdomen; il est beaucoup plus renflé dans les femelles que dans les mâles. En outre, dans ces derniers, on compte huit anneaux, tandis que chez les premières on n'en compte que six ou sept.

Comme beaucoup d'Orthoptères, les Blattes pondent leurs œufs renfermés dans une coque de consistance coriace, qu'elles sécrètent à l'aide d'une glande particulière dont elles sont pourvues. Cette coque ou capsule a généralement la forme d'un carré long avec les angles émoussés. Les femelles la portent pendant quelque temps suspendue à l'extrémité de leur abdomen, jusqu'à ce qu'elles aient trouvé un endroit convenable pour la déposer. L'intérieur de la capsule est divisé en cellules disposées sur deux rangs, et dont chacune renferme un œuf. Le nombre de ces cellules varie suivant les espèces : dans la Blatte germanique il est de trente-six, tandis que la coque du Kakerlac des cuisines n'en contient que seize.

Après avoir porté sa coque pendant un temps plus ou moins long, suivant la température, et lorsque les petits sont près d'éclore, la femelle dépose son fardeau, le prend entre ses pattes et lui fait une ouverture longitudinale d'un bout à l'autre ; à mesure que la fente s'élargit, on voit sortir de la coque les petites larves blanches, deux à deux et roulées sur elles-mêmes. La mère préside à cette opération et les aide à se développer en les caressant de ses antennes. Les larves commencent par agiter leurs antennes, puis leurs pattes, et bientôt elles se mettent à marcher. Dès ce moment, la mère ne s'en occupe plus. Les jeunes Blattes, d'abord blanches et transparentes, ne tardent pas à prendre une autre couleur, d'abord verdâtre, puis noire nuancée de gris.

Tous les Blattiens ont six mues successives ou changements de peau, avant d'arriver à l'état parfait. A chacune de ces mues l'insecte a sensiblement augmenté de volume, et à la quatrième on distingue les anneaux du thorax de ceux de l'abdomen. La cinquième le fait passer à l'état de nymphe ; on aperçoit alors des rudiments d'ailes, et les formes de l'insecte sont déjà bien arrêtées. Enfin, cinq ou six semaines plus tard, sa peau se déchire pour la sixième fois, et il en sort l'insecte parfait.

On connaît beaucoup d'espèces de Blattes, propres à tous les pays, mais surtout aux pays chauds ; cependant le froid de la Laponie n'en garantit pas ses habitants. Ces espèces ont été réparties dans plusieurs genres.

Le genre *Blatte* proprement dit (*Blatta*) renferme les petites espèces européennes, et présente les caractères suivants : corselet laissant le front à découvert; cuisses épineuses; antennes sétacées. Abdomen des mâles sans filets articulés.

L'espèce la plus commune de ce genre est la Blatte germanique (*Blatta germanica*) [Pl. I]. Elle a de 12 à 15 millimètres de longueur, est entièrement fauve clair avec les élytres et les ailes quadrillés de raies plus foncées, et deux raies longitudinales noires sur le corselet. Cette espèce habite également les maisons et les bois.

La Blatte laponne (*Blatta laponica*), un peu plus petite que la précédente, est noire avec les élytres et le pourtour du corselet fauves. Cette espèce se trouve communément dans nos bois, sous les feuilles sèches ou les écorces pendant le jour. On la trouve dans le Nord, et même en abondance, dans les huttes des Lapons, où elle dévore le poisson que les pauvres pêcheurs font sécher pour leur nourriture.

Les *Kakerlacs* sont les plus nuisibles de tous les Blattiens; importés d'Amérique avec les cannes à sucre et d'autres marchandises, ils ont envahi l'Europe entière, et se sont tellement multipliés dans les boulangeries, les épiceries, les cuisines, etc., qu'ils sont parfois un véritable fléau.

Le genre *Kakerlac* a pour caractères : corselet laissant le front à découvert; cuisses épineuses; antennes au moins aussi longues que le corps; abdomen des mâles muni de filets articulés. La Blatte orientale (*Kakerlac orientalis*), connue sous le nom vulgaire de *Blatte des cuisines*, pullule dans certaines maisons. Elles restent immobiles pendant le jour, cachées derrière les boiseries, les meubles, sous les parquets, et l'on n'en voit pas une seule; mais dès qu'il fait obscur et que tout est tranquille, elles sortent par centaines de leurs sombres retraites, se répandent de tous côtés, et leur voracité s'attaque à tout ce qui se trouve sur leur chemin, gâtant de leur bave tout ce qu'elles ne dévorent pas. Ces insectes jettent par la bouche un liquide noirâtre et répandent une odeur infecte.

Un fait peu connu, qui peut militer en leur faveur, c'est que les Kakerlacs recherchent les punaises et les mangent avec avidité; c'est pour eux

un gibier savoureux, et là où il y a des Blattes, les punaises ont bientôt
disparu. Quelques personnes trouveront peut-être le remède pire que le
mal ; c'est une affaire de goût. On peut d'ailleurs se débarrasser des uns
et des autres au moyen de la poudre de Pyrèthre, qui a sur ces insectes
une action énergique.

La Blatte orientale (fig. 6), longue de 25 millimètres, est entièrement
d'un brun foncé avec les pattes et les ailes plus claires ; ces dernières sont
plus courtes que l'abdomen, surtout chez les femelles.

La Blatte américaine (*Kakerlac americana*) est plus grande que la pré-

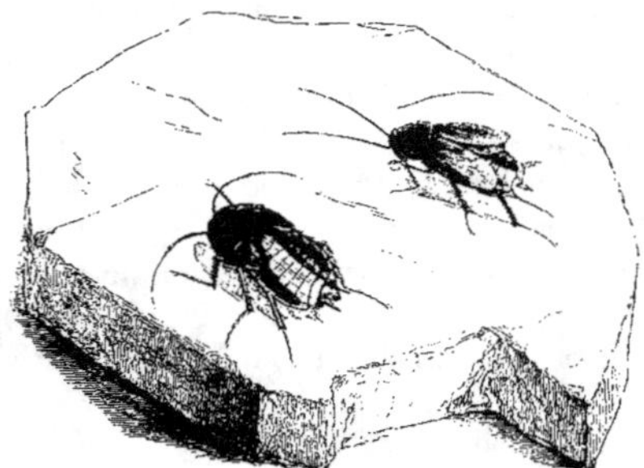

FIG. 6. — Blatte orientale, mâle et femelle (à gauche).

cédente, avec les ailes plus longues. Elle est d'un fauve roussâtre, avec
deux taches arrondies, contiguës, brunes sur le corselet. Cette espèce
infeste les navires de commerce, et pénètre dans les caisses et les barils
qui renferment les provisions et les marchandises, dévorant tout et laissant après elle une odeur infecte. Le Kakerlac américain ou *Cancrelas* est
commun partout ; mais plus peut-être aux îles Bourbon et Maurice qu'ailleurs. Cet insecte est pour les colonies un véritable fléau.

Parmi les Blattiens étrangers, nous citerons le genre *Polyphaga,* qui se
distingue par son corselet anguleux antérieurement, ses antennes plus
courtes que le corps, et ses cuisses sans épines. Les femelles sont privées
d'ailes.

A ce genre appartient la Blatte égyptienne (*Polyphaga ægyptiaca*), qui, comme on le voit ici (fig. 7 et 8), atteint une grande taille. Cet insecte est noirâtre, avec le corselet bordé de jaune pâle; le mâle seul a

Mâle.   Fig. 7 et 8. — *Polyphaga ægyptiaca*.   Femelle.

des ailes; ses élytres ont des stries transversales. La femelle, complétement dépourvue d'ailes, est beaucoup plus grosse que le mâle. On trouve cette espèce en Égypte, dans la Barbarie et dans les Indes orientales. On la rencontre aussi parfois dans l'Europe méridionale, où elle a sans doute été transportée par des navires.

Les espèces du genre *Polyzosteria* sont privées d'ailes dans les deux sexes; leurs antennes sont plus courtes que le corps. Celle que nous figurons ici (fig. 9) est propre à l'Australie; sa taille est considérable. Elle est d'un brun foncé, avec toute la surface du corps finement granulée, et lorsqu'on la regarde obliquement, elle présente des reflets cuivreux. Au sommet du corselet

Fig. 9. — *Polyzosteria cuprea*.

est une bande jaune, et des taches de même couleur marquent les côtés de chaque segment du corps; les pattes sont également zébrées de jaune.

FAMILLE DES MANTIENS

Les Mantiens sont des insectes singuliers, autant par leurs formes que par leurs habitudes. De tous les Orthoptères, ce sont les seuls qui aient des habitudes carnassières. Chez ces insectes, la tête est verticale et nullement emboîtée comme chez les Blattiens; leur corps est toujours élancé, étroit; leurs élytres et leurs ailes, très-veinés, embrassent les côtés du corps. L'abdomen est allongé, composé de neuf anneaux et terminé, comme chez les Blattiens, par deux petits appendices articulés.

Les femelles sont toujours plus grosses que les mâles, et ceux-ci deviennent parfois victimes de la voracité de leur compagne. La férocité de ces insectes est extrême, et lorsqu'on place plusieurs Mantes dans une boîte, elles se livrent des combats terribles, qui se terminent toujours par la mort de l'un des adversaires, et le vainqueur dévore le vaincu, s'il n'est lui-même maltraité au point de ne pouvoir le faire.

Les Mantiens se tiennent habituellement sur les arbustes ou sur les broussailles, immobiles et les pattes en arrêt pendant des heures entières, attendant qu'une proie passe à leur portée. Leurs pattes antérieures sont admirablement conformées pour saisir une proie; les cuisses sont épaisses et garnies en dessous d'épines acérées; les jambes se replient contre les cuisses; elles sont un peu arquées et également munies de fortes épines. D'après cette disposition, les Mantiens sont pourvus d'une pince préhensile qui ne permet pas à leurs victimes de leur échapper.

Comme les Blattes, les Mantiens pondent leurs œufs renfermés dans une sorte de coque de consistance assez friable et recouverte d'une matière gommeuse blanchâtre. Cette coque varie de forme, suivant les espèces: elle est généralement ronde ou ovalaire. Les œufs sont rangés à l'intérieur, chacun dans une cellule séparée. Les femelles attachent leur coque ovifère autour des tiges d'arbustes en formant une sorte d'anneau large qui l'empêche de tomber. C'est à la fin de l'été que la ponte a lieu, et c'est seulement l'été suivant que les jeunes larves éclosent. Elles percent l'enveloppe de la capsule, qui n'est pas très-dure. Les petites larves ont déjà la forme des insectes parfaits, seulement elles n'ont encore aucune trace d'ailes. Après plusieurs mues, l'insecte a pris tout son développement.

Les Mantiens habitent toutes les parties du monde, mais seulement dans les régions chaudes. En France, on ne les rencontre que sur le littoral de la Méditerranée en Provence et dans l'ancien Languedoc.

La famille des Mantiens se divise en trois groupes ou tribus :

La première, celle des ERÉMOPHILIDES, semble former le passage entre les Blattiens et les Mantiens. Les insectes qui la forment ont le corps ramassé, avec des élytres et des ailes courts, ne couvrant pas l'abdomen. Un seul genre rentre dans ce groupe, c'est celui des *Eremophila*, insectes de couleur grisâtre, dont la démarche est très-lente et qui vivent au milieu des déserts de l'Arabie et de l'Égypte. Ils se traînent lentement sur le sable, dont ils ont la couleur; ce qu'il y a de singulier, c'est qu'ils vivent dans des endroits complétement privés de végétation, et où l'on ne découvre pas d'autres insectes qui puissent servir à leur nourriture.

Le groupe des MANTIDES, beaucoup plus étendu, renferme plusieurs genres dont les caractères communs sont : corps plus ou moins élancé, élytres et ailes couvrant totalement l'abdomen; antennes longues, sétacées.

Le genre *Mantis*, type du groupe, se distingue par son corselet presque aussi long que l'abdomen, ses yeux arrondis et ses cuisses simples. Ses espèces sont assez nombreuses; le type du genre est la Mante religieuse (*Mantis religiosa*) [Pl. II], assez commune dans toute l'Europe méridionale et la Barbarie; on l'a rencontrée quelquefois dans la forêt de Fontainebleau. Cet insecte est bien fait pour surprendre par ses formes étranges : son corps allongé et grêle, avec la partie antérieure redressée et les pattes de devant en l'air, lui donne un aspect singulier, qu'augmente encore une démarche lente et compassée. Aussi a-t-il été de tout temps le sujet des croyances les plus bizarres. Les Grecs lui donnaient le nom de *Mantis* (devin), nom que Linné lui a conservé, et lui attribuaient des qualités surnaturelles; de sorte que l'on peut croire que ces croyances ont été transmises à travers les siècles par les antiques Phocéens à leurs descendants. La coutume qu'a cet insecte de lever ses pattes en l'air et de les croiser comme deux mains jointes, a fait regarder ces animaux, par les populations superstitieuses du Midi, comme des dévots qui se tenaient sans cesse en prière. De là le nom de *Prega-diou* (prie-dieu) que leur donnent les Provençaux. Les Turcs poussent encore l'illusion plus loin, et prétendent que les Mantes, dans ces moments de contemplation, tournent toujours leurs pattes du côté de la Mecque. Une vieille légende rapporte très-gravement que saint François-Xavier, se promenant un jour dans un jardin, une Mante religieuse vint se poser sur sa main. Il lui ordonna de chanter les louanges de Dieu, ce que fit aussitôt l'insecte, en entonnant à haute voix un très-beau cantique.

Mais si l'on approche de plus près pour observer les mœurs de ces dévotes créatures, on les voit, en effet, se tenant sur leurs quatre pattes postérieures, le corselet et la tête redressés et les deux pattes de devant élevées et jointes l'une contre l'autre. Elles ont l'air de prier, en effet; mais en y regardant de plus près, on voit qu'elles sont tout simplement à l'affût pour saisir entre leurs pattes tout insecte que sa mauvaise fortune fait passer à leur portée. Les Mantes sont, en effet, très-carnassières et ne vivent que de rapines, et leurs organes sont bien appropriés à leur manière de vivre. La tête, bien dégagée du corselet, est armée de fortes mandibules tranchantes et aiguës, et l'on ne saurait imaginer d'instrument plus propre à saisir une proie que les deux bras. La première portion de ces membres est longue et large, et creusée d'une rainure semblable à celle du manche qui reçoit la lame d'un couteau de poche; les deux bords de cette rainure sont garnis de pointes très-dures et très-acérées. L'insecte fait entrer dans cette rainure, en le repliant, l'avant-bras, également hérissé de pointes, et toutes ces pointes sont tellement serrées l'une contre l'autre, qu'on essaierait vainement d'en retirer un cheveu qui s'y trouverait pris. Sans bouger de la place où elle est cramponnée, la Mante suit d'un mouvement de tête imperceptible le vol de quelque mouche imprudente; puis, tout à coup, comme le chat qui s'élance d'un bond sur la souris, la

Mante étend ses pattes de devant et saisit, avec la promptitude de l'éclair, la mouche qui vole au-dessus d'elle.

La Mante religieuse est longue de 6 à 7 centimètres, entièrement d'un vert tendre; ses élytres ressemblent beaucoup à une feuille de saule à demi fanée; ils sont, dans le mâle, bordés par une teinte rosée.

La Mante prêcheuse (*Mantis oratoria*), plus petite que la précédente, se trouve également dans toute l'Europe méridionale.

Le genre *Thespis* se distingue des vraies Mantes par ses formes plus élancées et par la longueur des pattes des deux paires postérieures. Le Thespis pourpré (*Thespis purpurascens*), que nous figurons ici (fig. 10),

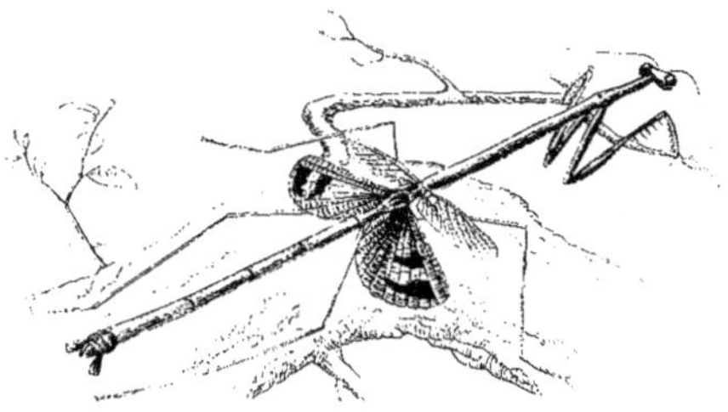

FIG. 10. — *Thespis purpurascens.*

doit son nom spécifique à la magnifique teinte de pourpre qui colore ses ailes. Lorsque celles-ci sont formées, et les élytres appliqués contre le corps, on prendrait volontiers l'insecte pour une petite branche de bois, dont il a la couleur. Ce singulier Mantien vient de l'Amérique du Sud. Une autre espèce, le *Thespis Xiphias*, est remarquable par son corps aplati, armé inférieurement et de chaque côté d'une rangée de dents, qui l'a fait comparer à la longue lame qui termine le museau de l'espadon, en latin *Xiphias*.

Le genre *Harpax* se distingue par ses yeux pointus, ses cuisses foliacées et son corselet beaucoup plus court que l'abdomen. On en connaît plusieurs espèces, la plupart propres aux Indes orientales et à l'Afrique. Nous figurons ici une espèce remarquable de cette dernière contrée, le

Harpax ocellé (*Harpax ocellaria*) [fig. 11]. Son corps est aplati, assez large, et se prolonge sur les côtés du corselet et de l'abdomen en membranes dentées; ses jambes postérieures sont également munies en dedans de membranes foliacées. Cet insecte est peint de couleurs brillantes. Son corps est d'un beau vert; ses ailes, d'un riche jaune dans leur première moitié, sont transparentes dans l'autre moitié; les élytres sont d'un beau jaune foncé, avec une large tache en forme d'œil, noire entourée de vert.

Le genre *Deroplatys* se distingue surtout par la largeur du corselet; caractère d'où lui vient son nom (dos large). On n'en connaît qu'une espèce d'Amérique, que nous figurons dans notre Pl. 11. Ce singulier insecte a le thorax épanoui sur les côtés en deux larges membranes découpées inférieurement et festonnées comme les barbelures d'un harpon. Les derniers segments de l'abdomen sont également munis de fortes dents sur les côtés. Ses ailes et ses élytres sont forts et grands; ces derniers, par leur couleur et leurs nervures, ressemblent absolument à

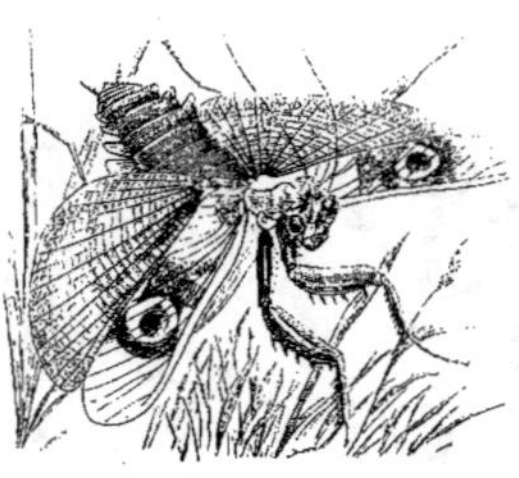

Fig. 11. — *Harpax ocellaria.*

des feuilles mortes. Leurs pattes antérieures sont réellement des armes redoutables; elles sont non-seulement larges et puissantes, mais armées de longues dents aiguës, noires. Les cuisses médianes et les postérieures portent vers l'extrémité une petite membrane en forme de fer de hache.

Le troisième groupe des Mantiens, celui des EMPUSIDES, a pour caractères : un corps élancé et des élytres couvrant tout l'abdomen, comme les Mantides; mais leurs antennes sont courtes, bipectinées dans les mâles, sétacées dans les femelles, et leurs cuisses foliacées.

Le genre *Empusa*, qui donne son nom au groupe, possède un représentant en Europe; c'est l'Empusa appauvrie (*Empusa pauperata*), qui n'est pas rare dans le midi de la France. Elle est longue de 6 à

7 centimètres, d'un vert pâle, avec les élytres un peu plus foncés. Ses cuisses postérieures portent une petite membrane foliacée à leur extrémité.

Le genre *Phyllocrania* a été établi pour un singulier insecte de l'Afrique australe, que l'on a nommé *Phyllocrania paradoxa*, et que nous figurons ici (fig. 12), ce qui fera mieux comprendre qu'une description, même détaillée, l'aspect étrange de cet insecte. Sa couleur brune, la forme aplatie de son corps, les membranes qui garnissent les côtés de son corselet, de son abdomen et de ses jambes, le font ressembler à une feuille sèche déchiquetée.

FIG. 12. — *Phyllocrania paradoxa.*

FAMILLE DES PHASMIENS

Les Phasmiens ou Spectres ont de grands rapports de forme avec les Mantiens, parmi lesquels les rangeaient Linné et Fabricius ; mais outre qu'ils n'ont pas, comme ces derniers, les pattes antérieures préhensiles, leur régime est toujours végétal. Dans les Phasmiens toutes les pattes sont ambulatoires ; les élytres, chez les espèces ailées, sont très-petits, considérablement plus courts que les ailes, en forme de cuillerons ; leur abdomen ne porte pas d'appendices articulés, mais seulement des folioles.

Les Phasmiens présentent souvent les formes les plus étranges, ce qui leur a fait donner le nom de spectres, dont le mot grec *Phasma* n'est que la traduction. Ils sont en général extrêmement longs et minces et plus ou moins cylindriques, de sorte que certaines espèces dépourvues d'ailes ont tout à fait l'aspect de tiges de bois desséché. De là les noms de *Bâton ambulant, Feuille ambulante, Cheval du diable,* etc.

Ces insectes se traînent lentement et comme avec peine sur les arbrisseaux ou les arbres, dont ils mangent les jeunes pousses. Lorsqu'on les saisit, ils font sortir par deux pores thoraciques un liquide laiteux d'une odeur forte et désagréable. Quelques espèces se multiplient parfois au point de devenir nuisibles à la végétation.

Les Phasmiens diffèrent encore des Mantiens par la manière dont ils pondent leurs œufs ; ceux-ci ne sont jamais enveloppés dans une capsule, mais déposés les uns après les autres, soit sur les plantes, soit dans la terre. Les mâles sont plus petits que les femelles.

Les Phasmiens habitent l'Amérique méridionale, l'Afrique, l'Asie, et surtout la Nouvelle-Hollande. On en rencontre deux espèces aptères dans l'Europe méridionale.

Le genre *Cyphocrana* a pour caractères : des ocelles situés sur le front ; les palpes non dilatées à l'extrémité ; le thorax et l'abdomen cylindriques, ce dernier muni de filets comprimés et foliacés.

Le *Cyphocrane Goliath*, de la Nouvelle-Hollande, a près de 20 centimètres de longueur; son corps est de couleur verdâtre rayé de jaunâtre; son corselet tuberculeux; ses élytres verts en dessus portent deux taches blanches à la base; les ailes, d'un vert clair, sont bordées de rouge vif; les pattes, garnies d'épines nombreuses, sont jaune varié de vert.

Le *Cyphocrane Encelade*, autre géant de la famille, a 20 centimètres de longueur et ses ailes étendues ont presque autant d'envergure; nous le figurons ici réduit de moitié (fig. 13). L'insecte est d'un vert bru-

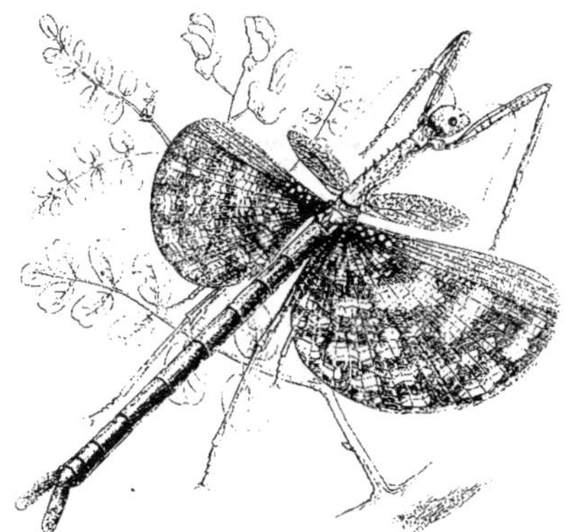

FIG. 13. — *Cyphocrana Encelades.*

nâtre; les élytres sont bruns mouchetés de jaune, et les ailes, d'une gaze très-délicate, sont colorées d'un brun foncé brillant parsemé de taches d'un blanc pur.

Les espèces du genre *Bacteria* ont un corps long, étroit, filiforme, dépourvu d'élytres et d'ailes; leurs antennes sont longues et d'une extrême ténuité; les tarses ont le premier et le dernier article plus larges que les intermédiaires. La Bactérie à feuille (*Bacteria phyllina*) est assez commune au Brésil. Elle a de 15 à 18 centimètres de long; sa couleur est un

roux jaunâtre parsemé de taches blanchâtres ; le thorax est couvert de
tubercules nombreux ; les pattes sont armées d'un grand nombre de
petites épines ; les cuisses intermédiaires portent vers leur base deux forts
piquants.

Le genre *Bacille* est le seul de la famille qui ait des représentants en
Europe. Ses espèces sont aptères comme les Bactéries, dont elles diffèrent

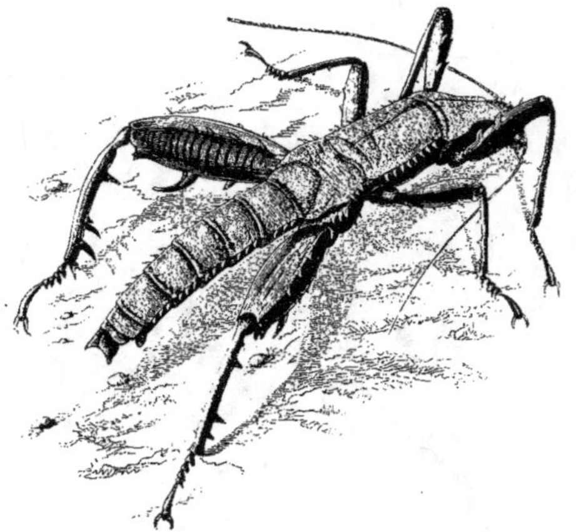

FIG. 14. — *Eurycantha horrida* (voy. page 25).

par leurs antennes courtes et grenues, la longueur de leurs pattes antérieures, et le premier article des tarses aussi long que tous les autres
réunis. Le *Bacille de Rossi* se trouve en Italie et dans la France méridionale.
Il est long de 7 à 8 centimètres, de couleur jaune verdâtre ; son corselet
est lisse, aussi long que l'abdomen ; ses pattes sont longues et grêles ;
les cuisses intermédiaires et postérieures sont armées de quelques épines.

Une autre espèce, le *Bacille granulé*, se rencontre également dans le midi
de la France ; il est d'un vert pâle avec le thorax parsemé de lignes saillantes.

Le genre *Eurycanthe* renferme des espèces très-remarquables, à corps large et robuste, privé d'ailes, à cuisses postérieures renflées et épineuses. L'espèce la plus anciennement connue, l'Eurycante horrible (*E. horrida*), que nous représentons ici réduite d'un tiers (fig. 14, voy. p. 24), habite la Nouvelle-Guinée. Elle a de 12 à 15 centimètres de longueur. Sa couleur varie du brun au noir. Les deux côtés de son corps sont carénés et armés de fortes épines ; on en remarque aussi quelques-unes sur la tête ;

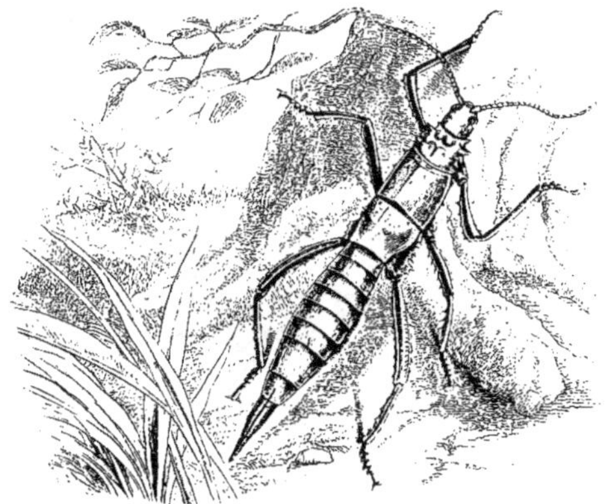

Fig. 15. — *Eurycantha Tyrrhœa.*

presque tous les segments de l'abdomen offrent en dessous deux tubercules ou deux épines, et les pattes, surtout les cuisses postérieures, sont armées de gros aiguillons.

Une autre espèce du genre, l'*Eurycantha Tyrrhœa* (fig. 15), habite les Nouvelles-Hébrides, où on la nomme *Karabidiou*. Elle a, comme on peut voir, un aspect beaucoup moins formidable que la précédente, bien qu'elle soit de même taille. On la rencontre assez communément dans les terrains marécageux où croissent les sagoutiers, aux dépens desquels elle vit. Ces insectes recherchent l'obscurité et passent habituellement le jour cachés sous l'épaisse végétation parasite qui, dans ces régions, couvre souvent complétement le tronc des vieux arbres.

Le genre *Phasma* se distingue par un corps très-étroit, ailé, des antennes sétacées aussi longues ou même plus longues que le corps ; des ailes très-développées, aussi longues que l'abdomen ; des élytres très-courts atteignent à peine la base des ailes ; les pattes sont simples, très-grêles, l'abdomen linéaire, arrondi.

Le Phasme bioculé (*Phasma bioculatum*), long de 8 centimètres, est

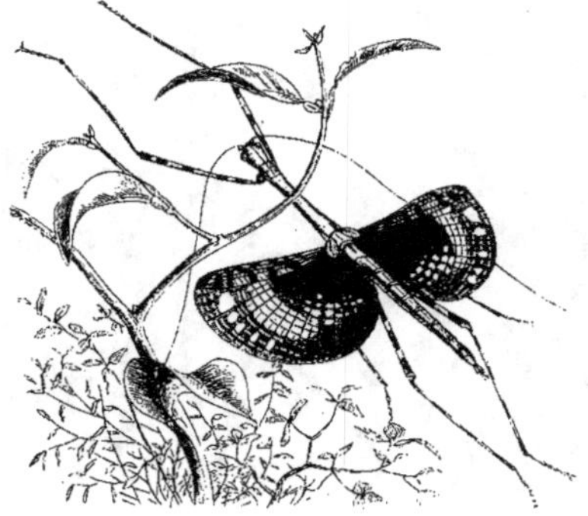

FIG. 16. — *Phasma Zeuxis.*

d'un brun sombre, à corselet granulé ; ses élytres sont carénés dans leur milieu ; les ailes sont brunes dans toute leur étendue ; les pattes sont grêles et sans épines. Cette espèce se trouve au Brésil.

Une autre espèce très-remarquable du genre Phasma est le *Phasma Zeuxis*, que nous figurons ici réduit de moitié (fig. 16). Il vient de Bornéo. C'est un fort bel insecte, surtout lorsqu'il a les ailes déployées ; celles-ci sont d'un noir brillant, tachetées de jaune et bordées de bleu. Les antennes sont d'une longueur et d'une finesse extrêmes.

Le genre *Phyllium* est très-remarquable, et se distingue facilement des autres Phasmiens par un corps large, aplati, membraneux; des élytres très-développés, imitant des feuilles. Leur tête est avancée et allongée, les yeux petits, les antennes longues et sétacées dans les mâles, courtes et grenues dans les femelles; leurs cuisses sont comprimées et garnies d'un appendice membraneux; les tarses ont cinq articles et entre les crochets existe une palette très-apparente; l'abdomen est large, ovale, déprimé et membraneux.

Fig. 17. — *Phyllium siccifolia.*

Les Phyllies habitent les contrées chaudes des Indes orientales, où leur forme extraordinaire les a fait remarquer de tous les voyageurs. La forme aplatie de leur corps et surtout la manière dont les élytres sont disposés, leur donnent l'apparence de feuilles. Lorsqu'elles sont placées sur un arbuste, le naturaliste lui-même a de la peine, au premier coup d'œil, à les découvrir, d'autant plus qu'elles sont toujours d'une belle couleur verte.

La Phyllie feuille sèche (*Phyllium siccifolia*) [fig. 17] est une des plus remarquables. Elle a 8 à 9 centimètres de longueur ; son corps, très-aplati, est d'un vert pâle ou jaunâtre ; le corselet est court, dentelé sur les bords ; les feuillets des cuisses sont aussi dentelés.

Une espèce également remarquable est le *Phyllium Scythe* de l'Inde

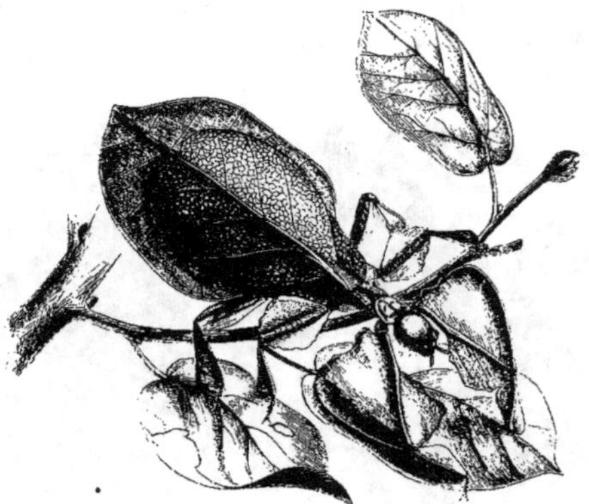

FIG. 18. — *Phyllium Scythe.*

(fig. 18), dont les élytres, d'un beau vert, ressemblent d'une manière tellement frappante à des feuilles, qu'il est à peu près impossible de distinguer l'insecte lorsque celui-ci se tient immobile sur un myrte ou un laurier. Plusieurs de nos lecteurs ont pu s'assurer par eux-mêmes de cette ressemblance extraordinaire, en visitant les serres du Jardin d'acclimatation de Paris, qui a possédé plusieurs de ces insectes-feuilles vivants.

ORTHOPTÈRES. — DEUXIÈME SECTION

SAUTEURS (SALTATORIA)

Les Orthoptères qui rentrent dans la section des sauteurs (*Saltatoria*) ont les cuisses de la paire postérieure beaucoup plus grandes que celles des autres paires, ce qui leur donne la faculté de sauter. Les mâles produisent un bruit aigu ou une espèce de stridulation par des moyens divers. La plupart des femelles déposent leurs œufs en terre et sont très-fécondes ; quelques-unes même le sont au point de devenir un véritable fléau.

La section des sauteurs comprend trois familles : les *Locustiens*, les *Grylliens* et les *Acridiens*.

FAMILLE DES LOCUSTIENS

Les espèces qui rentrent dans cette famille offrent pour caractères distinctifs d'avoir les palpes internes et les mâchoires très-larges ; les palpes maxillaires de cinq articles, les labiales de trois ; la languette quadrifide ; les antennes sétacées.

Ces insectes sont essentiellement sauteurs ; de là le nom de *Sauterelles* qu'on leur donne vulgairement. La grande disproportion de leurs pattes postérieures avec celles de devant et du milieu leur permet difficilement de marcher ; c'est par des sauts réitérés que ces Orthoptères progressent ; ils s'aident souvent de leurs ailes, qui sont très-développées. Les cuisses des pattes postérieures sont renflées à la base par des muscles puissants. Ils communiquent leur action aux jambes, qui sont très-longues et qui, s'appuyant seulement sur les épines par la contraction des muscles des cuisses, donnent aux pattes un mouvement élastique qui porte le corps en l'air.

Tous les Locustiens ont le corps allongé, assez épais ; les pattes plus ou moins garnies d'épines ; des antennes longues, très-fines. Ce qu'il y a de plus remarquable chez ces Orthoptères, c'est la tarière dont sont pourvues les femelles, et qui consiste en deux lames cornées, rapprochées l'une de l'autre en forme d'étui pendant le repos, mais s'écartant lors de l'émission des œufs. Cet oviducte, ordinairement un peu courbé, et que l'on a comparé à un sabre, est destiné à pénétrer dans la terre où la femelle doit déposer ses œufs.

Les Locustiens mâles ont la faculté de produire un chant ou plutôt une sorte de stridulation, pour appeler leurs femelles. Ce son est produit par le frottement des élytres l'un contre l'autre. A la base des étuis existe une membrane transparente, à laquelle on a donné le nom de miroir, et qui est traversée et entourée par quelques nervures très-saillantes et très-dures ; c'est le frottement contre ces nervures qui produit ce son aigu propre aux Orthoptères de cette famille.

Les Locustiens sont répandus dans toutes les parties du globe. Quelques espèces sont très-communes ; mais elles n'atteignent jamais cette multiplication prodigieuse qui rend certaines espèces d'Acridiens si redoutables.

Ces Orthoptères ne vivent que de végétaux ; ils se tiennent au milieu des champs ou sur les branches d'arbres. Ce n'est que dans les derniers mois de l'été et l'automne que l'on trouve l'insecte parfait ; jusque-là on n'en rencontre que les larves, puis les nymphes, qui ne diffèrent d'ailleurs de l'état parfait que par l'absence des ailes.

La famille des Locustiens est divisée en cinq tribus, subdivisées elles-mêmes en un grand nombre de genres.

La première, celle des *Prochilides*, ne renferme qu'un seul genre, *Prochilus*, et une seule espèce, *Prochilus australis* de la Nouvelle-Hollande, qui, par son corps extrêmement grêle, ses ailes étroites, sa tête un peu avancée en museau, rappelle encore l'aspect général de certains Phasmiens.

La seconde tribu, celle des *Ptérochroȝides*, se distingue par ses antennes insérées sur le front et sa tête à sommet conique. Les genres qui s'y rattachent sont propres aux parties les plus chaudes du globe. Le genre *Pterochroȝa*, caractérisé par son sternum étroit, bidenté, et par ses antennes épaisses, renferme de grands et beaux insectes de l'Amérique équatoriale, aux élytres larges, aux ailes étendues et ornées de couleurs vives et variées. Nous figurons ici aux deux tiers de sa grandeur l'un des

Fig. 19. — *Pterochroȝa ocellata.*

plus remarquables, le *Pterochroȝa ocellata* de Cayenne (fig. 19). Son corps est brunâtre, son corselet fauve, ses antennes longues et épaisses. Les élytres, d'un brun rougeâtre, imitent assez bien une feuille sèche, avec les nervures plus claires et parsemées de taches irrégulières, tantôt plus claires, tantôt plus foncées que le fond. Les ailes sont réticulées par une quantité de petites lignes brunes transversales, très-rapprochées les unes des autres ; l'extrémité seule est rougeâtre et ornée d'un œil noirâtre portant au côté externe deux petits croissants blancs.

Les *Pseudophylles* des Indes orientales se distinguent par un sternum fort large et des antennes grêles : *Pseudophyllus neriifolius* de Java.

Les *Acanthodis* ont la tête tuberculée, des antennes grêles, plus longues que le corps ; le sternum large et les élytres fort étroits. Le type de ce genre est l'*Acanthodis aquilina* de l'Amérique méridionale. Il a 8 centimètres de longueur et 14 centimètres d'envergure ; il est gris tacheté de brun.

Un insecte fort singulier qui se rattache à ce genre, l'*Acanthodis imperialis*, Pl. III, a été pris à Silhet dans l'Hindoustan. Son corselet est garni de plaques épineuses ; son abdomen, très-recourbé, est armé d'un fort aiguillon de chaque côté de l'oviducte, qui est court, épais et redressé comme une griffe de lion. Ses cuisses et ses jambes sont garnies d'épines nom-

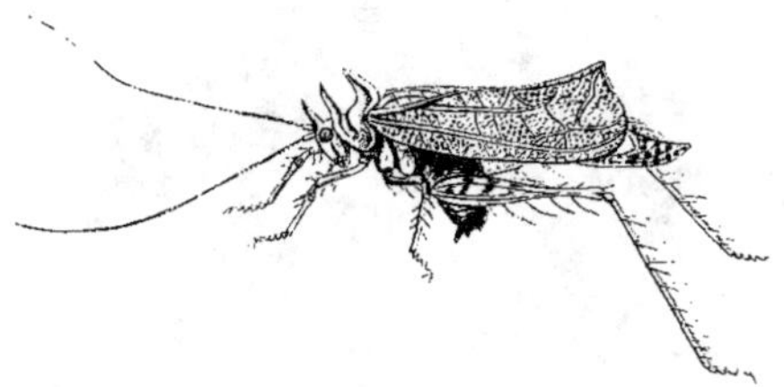

Fig. 20. — *Phaneroptera Hystrix* (voy. page 33).

breuses, et les cuisses de la première paire portent une large membrane déchiquetée sur ses bords. Les élytres, d'un jaune brunâtre, ressemblent à deux feuilles sèches déchirées au côté interne ; la ressemblance est rendue encore plus frappante par de petites taches d'un blanc grisâtre représentant les petits amas de mucédinées si communs sur les feuilles mortes. Les ailes sont de couleur sombre, à l'exception d'une large bande au bord extérieur, qui est de la couleur des élytres.

La tribu des *Locustides* est la plus nombreuse de la famille, à laquelle elle a donné son nom ; ses espèces ont été réparties dans un assez grand nombre de genres, dont les caractères communs sont d'avoir les antennes insérées au sommet du front et les palpes peu longues.

Les *Phanéroptères* sont tous étrangers à l'Europe; ils ont le sternum creusé au milieu, le corselet non prolongé en arrière; les ailes plus longues que les élytres, les antennes grêles. La plupart habitent l'Amérique méridionale; leur couleur est vert tendre (fig. 20, voy. p. 32).

Les *Scaphura* se distinguent surtout des précédents par les antennes dont les premiers articles sont très-épais, souvent velus; le prosternum

FIG. 21. — *Locusta viridissima.*

est bidenté; les ailes dépassent les élytres. A ce genre appartient la *Locuste feuille de lis*, propre aux parties méridionales de l'Europe. Cette espèce, longue de 20 à 22 millimètres, est entièrement verte; ses ailes sont diaphanes. La femelle porte une tarière très-courte, large et recourbée en haut.

Le genre *Locusta* proprement dit ou *Sauterelle* comprend les espèces à front tuberculé entre les antennes, à sternum mutique et à élytres plus longs que les ailes. Le type du genre est la grande Sauterelle verte *Locusta viridissima*) (fig. 21), dont le corps et les élytres sont entièrement verts ; l'abdomen offre une ligne longitudinale brunâtre ; la femelle porte une tarière longue et droite, que l'on appelle le sabre. Cet insecte est fort commun aux environs de Paris, où on lui donne à tort le nom de *Cigale,* qui appartient à un autre insecte chanteur de l'ordre des Hémiptères, et dont nous parlerons plus loin. On rencontre la grande Sauterelle verte sur les arbres pendant le jour et plus ordinairement dans les champs, le soir ; c'est alors que le mâle fait entendre son chant aigu et sonore. Il est facile à distinguer de la femelle : ses ailes ont de fortes nervures, et il est dépourvu de sabre. C'est à l'aide de ce sabre ou oviducte que la femelle dépose dans un terrain meuble, qu'elle puisse traverser, six ou huit œufs allongés et blanchâtres, d'où sortent, au printemps suivant, de jolies petites Sauterelles dépourvues d'ailes, mais à cela près déjà ressemblantes à leur mère. Les grosses Sauterelles sont formidablement armées de larges mandibules dentées ; elles mordent très-fort et ne lâchent plus lorsqu'elles sont irritées. Si on leur présente le bord d'un chapeau ou d'un vêtement de drap, elles le mordent si serré que la tête reste attachée après, lorsqu'on les retire brusquement.

Le genre *Decticus* se distingue du précédent par sa tête sans tubercules, plus large ; les élytres, un peu plus longs que les ailes, ont un large miroir dans les mâles. Le type du genre est la Sauterelle ronge-verrue (*Decticus verrucivorus*), ainsi nommée parce que les paysans de la Suède, suivant Linné, croyaient que le liquide noir qu'elle rend par la bouche, lorsqu'elle est irritée, fait disparaître les verrues qui poussent sur les mains. Cet insecte, d'un tiers plus petit que la Sauterelle verte, est encore plus commun dans notre pays. Il est verdâtre, avec la tête et les pattes rosées ; les élytres sont roussâtres et offrent trois séries longitudinales de taches brunes.

Dans notre planche III est représenté un fort beau Locustien qui vient des îles Sandwich, c'est l'*Acridoxena havaiiana.* Sa couleur générale est le vert avec une teinte jaunâtre ; la tête est beaucoup plus foncée et paraît presque noire. Les élytres sont d'un brun rougeâtre rayé de noir et tacheté de jaune. Les ailes sont très-étendues, arrondies comme un éventail ouvert et marquées dans chaque pli d'une quantité de petits traits blancs régulièrement espacés.

Le genre *Acripeza* a pour caractères : tête lisse ; sternum mutique ;

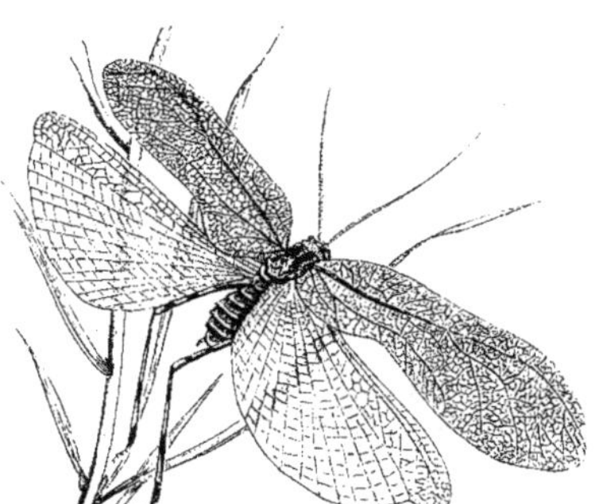

FIG. 22. — *Acripeza reticulata* ♂.

élytres et ailes longs dans les mâles ; élytres courts, larges et bombés dans les femelles. Ce genre est l'un des plus singuliers de la famille des Locustiens par la grande dissemblance qui existe entre les deux sexes, comme le font voir les deux figures 22 et 23 que nous donnons ici de l'*Acripeza reticulata*. Chez cet Orthoptère, qui n'est pas rare à la Tasmanie, on trouve des ailes grandes, parfaitement développées, et un corps élancé chez le mâle, absolument comme dans nos vraies Sauterelles. La femelle, au contraire, est toute ramassée, et ses élytres sont courts, larges, bombés et recourbés latéralement de manière à envelopper l'abdomen, et, de plus,

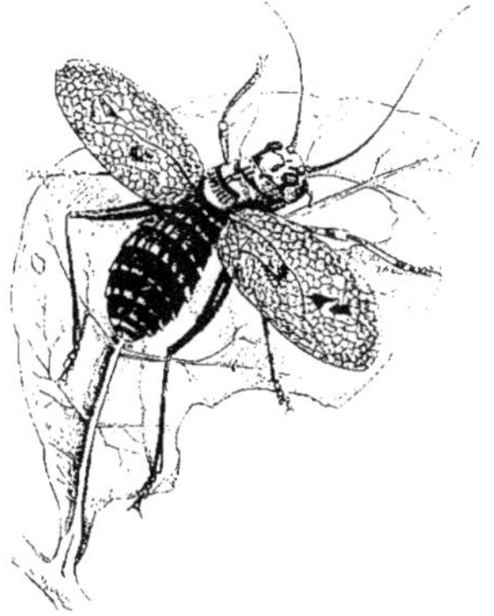

FIG. 23. — *Acripeza reticulata* ♀.

il n'existe point d'ailes sous les élytres. Aussi, dans les Acripeza, le mâle seul peut voler ; la femelle ne peut point évidemment se servir de ses élytres pour cet usage.

On a créé le genre *Barbitistes* pour de petits Locustiens du midi de l'Europe dont les élytres et les ailes demeurent toujours à l'état rudimentaire.

Le groupe ou la tribu des *Bradyporides* comprend les espèces dont les antennes sont insérées au milieu du front, sous les yeux. Elles sont réparties dans un petit nombre de genres. Tels sont les *Ephippigera*, dont le type, l'Éphippigère de la vigne (*Ephippigera vitium*), se rencontre en automne assez communément dans les vignes des environs de Paris. Elle est longue de 22 à 25 millimètres, d'un cendré jaunâtre mêlé de vert ; le corselet, très-élevé par derrière, figure une selle (*ephippium*). Les élytres et les ailes sont rudimentaires.

Les Ephippigera sont très-singuliers par la conformation des organes du vol ; les élytres mêmes sont totalement nuls et les ailes sont réduites à de simples écailles voûtées qui, par leur frottement l'une contre l'autre, produisent une assez forte stridulation.

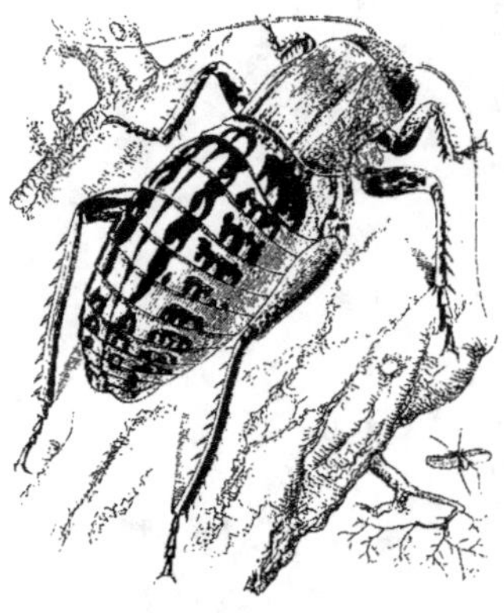

Fig. 24. — *Bradyporus Oniscus.*

Les *Bradyporus* qui donnent leur nom à la tribu se distinguent par leur thorax large et plan ; leurs élytres rudimentaires dans les mâles, tout à fait nuls dans les femelles. Leurs pattes épaissies, leurs cuisses à peine renflées, sont un indice de leur démarche lourde et lente. Le Bradypore à pattes velues (*Bradyporus dasypus*) est commun dans tout l'Orient.

Le *Bradyporus Oniscus*, que nous figurons ici (fig. 24), est un singulier insecte qui habite les parties les plus chaudes de l'Europe, surtout la Grèce et la Turquie. C'est, comme on le voit, un insecte de forte taille, et on le prendrait plutôt pour une larve que pour un insecte parfait. En effet, il est privé d'ailes dans les deux sexes; mais la femelle diffère du mâle par l'oviducte en forme de sabre court qu'elle porte à l'extrémité de l'abdomen. Tous deux sont d'un vert gai tacheté de noir.

La cinquième et dernière tribu de la famille des Locustiens est celle des *Gryllacrides,* qui ont les antennes insérées au sommet du front et les palpes maxillaires très-grandes. Les *Gryllacris,* qui donnent leur nom à la tribu, sont des Orthoptères de l'Inde, à pattes robustes et à antennes trois ou quatre fois aussi longues que le corps. Comme leur nom l'indique, ces Locustiens ont déjà de grands rapports avec certains Grylliens.

FAMILLE DES GRYLLIENS

Bien qu'au premier coup d'œil les Acridiens paraissent plus voisins des Locustiens par leur aspect général que les Grylliens, ces derniers s'en rapprochent cependant bien davantage par leurs caractères. Ils ont, comme eux, les antennes sétacées, extrêmement longues et déliées, les cuisses postérieures renflées et propres au saut. Mais leurs tarses n'ont que trois articles; leur abdomen est terminé par deux paires d'appendices uni-articulés, et muni dans les femelles d'une longue et frêle tarière.

Les Grylliens ont, en général, le corps beaucoup plus court, plus ramassé et plus élargi que les Locustiens et les Acridiens; leurs élytres et leurs ailes sont horizontaux, et ces dernières forment dans le repos des espèces de lanières dépassant les élytres et souvent l'abdomen.

On divise la famille des Grylliens en trois groupes ou tribus caractérisés par la forme des pattes antérieures.

Dans la tribu des *Gryllides*, les pattes antérieures sont simples. Le genre *Gryllus* renferme de nombreuses espèces, qui se distinguent à leur corps gros et égal dans toutes ses parties, à leur tête globuleuse à face bombée, à leurs yeux petits, rejetés sur les côtés. Leur corselet est carré; leur abdomen membraneux est terminé par quatre filets inarticulés, du milieu desquels sort la tarière dans les femelles. Leurs pattes postérieures sont assez courtes, mais robustes; tous leurs tarses ont trois articles. Leurs élytres sont courts, différemment réticulés dans les mâles et les femelles; dans les premiers, le frottement de ces élytres l'un contre l'autre produit cette stridulation aiguë que l'on entend souvent dans les champs pendant l'été, et quelquefois aussi dans les maisons, principalement dans les boulangeries et les cuisines des campagnes. Ce chant monotone leur a fait donner le nom de *cricri*.

On connaît plusieurs espèces de Grillons, mais les mœurs des deux espèces les plus communes ont été principalement étudiées. La première

est le Grillon des champs (*Gryllus campestris*) [fig. 25 et 26], long
de 22 à 25 millimètres; il est d'un brun foncé avec la base des élytres
jaunâtre et les cuisses postérieures tachetées de rouge sanguin. Dans
cette espèce, les ailes sont plus courtes que les élytres.

Cet insecte creuse dans les terrains secs, exposés au soleil, un trou
oblique, peu profond, où il fait sa demeure; il se tient habituellement à
l'entrée pour se chauffer au soleil, et n'en sort tout à fait que pour chercher
sa nourriture, qui consiste en insectes. Les larves vivent de même comme

Fig. 25 et 26. — *Gryllus campestris* femelle (à droite) et nymphe.

la nymphe. Parvenus à l'état adulte, les mâles font entendre, le soir et
toute la nuit, leur cri aigu, qui finit par étourdir quand ils sont nombreux.
Ils ne sortent guère de leur trou que le soir; mais on les en fait sortir
facilement en y introduisant un brin de paille. Les anciens connaissaient
ce moyen de s'en emparer, et de là vient leur proverbe : *stultior Gryllo*
(plus sot qu'un Grillon).

En juillet ou août, la femelle du Grillon champêtre pond près de 300
œufs dans sa grotte. Les jeunes en éclosent au bout de quinze jours et
se nourrissent des herbes les plus fines ou de leurs racines. A l'approche
des froids, ils se renferment dans leur trou et y restent engourdis jusqu'au

printemps suivant. Ils se changent alors en nymphes, mais ils sont encore dépourvus de l'instrument de leur chant, c'est-à-dire de leurs élytres, qu'ils n'obtiennent qu'en juin ou juillet, après leur dernière mue, et lorsqu'ils sont devenus aptes à reproduire leur espèce. A cette époque, le mâle cherche une compagne et s'efforce de l'attirer par ses chants. Il s'arrête devant la demeure d'une femelle, lui donne une aubade, et lorsque celle-ci lui laisse vainement débiter sa chanson, il va chercher fortune ailleurs. Mais alors il lui arrive souvent de trouver des rivaux également en quête d'une épouse. A l'aspect l'un de l'autre, les deux champions frémissent de colère et s'élancent, entrechoquant leurs grosses têtes comme deux béliers, s'arrachant à belles dents les ailes et les pattes, et ne cessant la lutte que lorsqu'ils ont mis leur adversaire hors de combat. Comme conclusion, le vainqueur dévore toujours le vaincu. Parfois il arrive que la dame sort de son trou et vient prendre part au festin; mais d'autres fois il arrive aussi qu'elle tombe sur le vainqueur et le croque à son tour.

La seconde espèce, le Grillon domestique (*Gryllus domesticus*), est plus petit que le précédent, d'un gris jaunâtre; les ailes sont chez lui plus longues que les élytres. Moins commun que le Grillon des champs, celui-ci fréquente surtout les boulangeries et les cuisines, où il trouve la chaleur qu'il recherche, car, bien qu'il habite nos contrées depuis un temps immémorial, il est originaire des régions chaudes de l'Asie. Ce n'est que la nuit que les Grillons domestiques sortent des recoins où ils se cachent pendant le jour; ils se répandent alors de tous côtés et font entendre leur chant monotone. Au moyen de sa tarière creuse, la femelle dépose ses œufs dans des plâtras ou dans la terre. Il en sort, au bout de dix à douze jours, de petits êtres assez ressemblants à leur mère, mais privés d'ailes; ils ne possèdent ces organes qu'après la quatrième mue. On est quelquefois très-étonné de rencontrer des Grillons tout blancs; c'est leur cas aussitôt après chaque mue; mais leur couleur fonce rapidement. A l'état d'insectes parfaits, le mâle se distingue parfaitement de la femelle : cette dernière se reconnaît, en effet, non-seulement à sa tarière, mais ses élytres sont lisses, rayés de jaune, tandis que chez le mâle, ils sont distendus par de fortes nervures qui produisent par le frottement le son aigu auquel il doit son nom de Cricri.

Nous avons dit que la Blatte des cuisines est l'ennemie de la punaise des lits et lui fait une chasse active; il en est de même, paraît-il, du Grillon à l'égard de la Blatte; dans ce cas, le Cricri serait plus utile que nuisible dans les boulangeries et autres lieux souvent infestés par les Blattes.

FIG. 27. — *Gryllus viridis.*

Dans le midi de l'Europe habite un gros Grillon à tête énorme; c'est le *Gryllus macrocephalus*. Son corps jaunâtre, très-épais, est long de 5 centimètres; ses ailes sont plus longues que les élytres.

Le *Gryllus viridis* du Brésil (fig. 27) offre un aspect formidable, qui lui a fait donner par quelques auteurs le nom générique de *Cerberodon*. Deux caractères surtout le rendent remarquable : la structure des jambes, qui sont toutes garnies de fortes épines, celles de devant sont armées de dix longs piquants recourbés, et le développement des mâchoires, qui sont, en outre, armées de fortes dents. Cette armure redoutable l'a fait comparer au chien à triple tête gardien de l'enfer.

On a fait un genre à part (*Schizodactylus*) du *Gryllus monstrosus* des

Indes orientales, dont les élytres et les ailes, très-grands, ont leur extrémité enroulée en forme de spirale. Il a, en outre, toutes les jambes épineuses, et quatre articles à tous les tarses. Le Grillon monstrueux, que nous figurons ici (fig. 28), est le plus grand du genre ; il est d'un gris jaunâtre tacheté de brun. Cet insecte est remarquable par l'extrémité de ses ailes roulée en spirale et lui formant une espèce de queue en trompette, par le développement formidable de ses mandibules et la longueur de ses antennes fines comme des cheveux, et qui sont composées chacune de 240 articles.

Le genre *Sphærium* a été créé pour un petit Grillon à corps presque orbiculaire, dépourvu d'ailes et d'élytres. C'est le *Sphærium acervorum*, que l'on trouve assez rarement en France et en Allemagne dans les fourmilières.

La seconde tribu des Grylliens est celle des *Gryllotalpides*, dont la forme générale est très-particulière et dont les pattes sont éminemment propres à fouir le sol. Cette disposition est surtout manifeste dans le genre *Gryllotalpa*, où les jambes antérieures sont terminées par une large palette dentée en forme de main ouverte. Leur corps est allongé ; leurs antennes courtes, leurs jambes postérieures courtes et peu renflées, indiquent qu'ils n'ont pas la faculté de sauter.

On connaît ces insectes sous le nom de Taupe-Grillon, dont le mot *Gryllotalpa* est la traduction latine, et qui indique à la fois leurs rapports avec les Grillons et la forme de leurs pattes antérieures, qui représentent assez bien celles des taupes. On leur donne plus communément encore le nom de *Courtilières*, qui provient du vieux mot français *courtille*, par lequel on désignait les petits jardins potagers que fréquentent surtout ces insectes.

Les ravages que commettent ces Orthoptères dans les lieux cultivés ont de tout temps attiré sur eux l'attention des observateurs. Par la structure de leurs pattes antérieures, les Taupes-Grillons se distinguent de tout autre genre d'insectes ; leurs pattes sont courtes, élargies en paume, munies de quatre pointes mousses, comme représentant quatre doigts, et d'une partie mobile comme une espèce de pouce. Cette conformation singulière est bien appropriée aux habitudes de ces insectes, qui fouissent la terre, s'y creusent des galeries comme la taupe, et, comme elle, élèvent de petits monticules de terre à la surface du sol.

Fig. 29. — *Gryllotalpa vulgaris* (voy. page 44).

Le corps est gros chez les Courtilières ; leur corselet ovale, bombé, plus large en arrière, ressemble assez à une carapace d'écrevisse et enveloppe presque entièrement le sternum. Ce grand développement semble avoir pour but de donner aux pattes antérieures une attache plus solide. Les élytres sont courts et n'ont que la moitié de la longueur de l'abdomen ; ils ont chez le mâle quelques fortes nervures au moyen desquelles l'insecte produit par le frottement une stridulation aiguë, mais beaucoup moins forte que dans le Grillon. Les ailes sont larges, repliées en forme de lanière qui dépasse de beaucoup les élytres. Ce n'est que pendant la nuit que les Courtilières sortent de leur retraite et font usage de leurs ailes. Nous figurons ici (fig. 29, voy. p. 43; et Pl. I le Taupe-Grillon commun (*Gryllotalpa vulgaris*).

En juin ou juillet, la femelle creuse à 15 ou 20 centimètres de profondeur une cavité souterraine en forme de bouteille couchée, dont le col se redresserait verticalement en haut. Les parois intérieures en sont lissées avec soin, et la Courtilière y pond de 200 à 300 œufs allongés et d'un brun jaunâtre. Les jeunes éclosent au bout d'un mois environ, et sont d'abord d'un gris clair; la mère en a le plus grand soin et leur apporte à manger. Au bout d'un mois, ils changent de peau, croissent de plus en plus et brunissent toujours davantage. Aux ailes près, ils ressemblent déjà à leurs parents. A cette époque, ils ont déjà dévoré à l'entour d'eux tout ce qu'ils ont pu trouver de racines tendres, et ils s'éloignent de leur berceau en creusant des galeries dans toutes les directions, coupant et dévorant tout ce qu'ils rencontrent sur leur passage. A l'automne, ils creusent profondément le sol et s'enfoncent dans la terre pour échapper au froid. D'après certains observateurs, les Courtilières n'arriveraient à leur état parfait qu'au bout de trois ans.

Les Courtilières font de grands ravages dans les champs de blé, d'orge et surtout dans les potagers, où elles attaquent indistinctement presque toutes les racines, et leur présence est dénoncée par la végétation jaunie et flétrie. Dans les champs d'une vaste étendue, il est difficile, sinon impossible, de les détruire; mais dans les jardins, cela devient plus facile. On a indiqué plusieurs moyens de s'en débarrasser : l'huile et l'eau de savon versées dans leurs galeries les tuent lorsqu'elles en sont atteintes. Des fosses creusées en septembre et remplies de fumier les attirent dès les premiers froids; il est alors facile de les y surprendre et de les détruire. Quand on enfonce des pots à fleurs à 5 centimètres au-dessous de la surface du sol, le long des plates-bandes, les Courtilières tombent dedans et ne peuvent en sortir, surtout si l'on y a versé quelques centimètres d'eau, après en avoir bouché le trou.

Bien que les Courtilières soient phytophages, elles se dévorent entre elles, lorsqu'on en renferme plusieurs ensemble, et l'on prétend que le mâle mange ses petits, lorsqu'il découvre leur nid.

Le genre *Tridactylus* a pour caractères : les pattes postérieures dépourvues de tarses, les jambes terminées par des appendices mobiles et digités. Le genre Tridactyle renferme les plus petits Orthoptères connus ; une espèce se trouve assez communément dans le midi de la France et l'Italie, c'est le Tridactyle varié (*Tridactylus variegatus*), long de 5 millimètres, d'un noir bronzé, avec le tour des yeux, les bords latéraux du corselet et les cuisses postérieures blanchâtres. Celles-ci sont très-renflées ; aussi les Tridactyles sautent-ils avec une agilité remarquable. Ces petits insectes ont des habitudes assez analogues à celles des Taupes-Grillons ; comme eux, ils creusent des galeries dans toutes les directions pour chercher leur nourriture. Ils habitent de préférence les terrains sablonneux, près des rivières, des lacs ou des mares, et sont extrêmement abondants sur les bords du Rhône.

FAMILLE DES ACRIDIENS

(*Criquets*).

Cette dernière famille de l'ordre des Orthoptères est la plus nombreuse
en espèces. Bien qu'on donne encore vulgairement à plusieurs d'entre
elles le nom de Sauterelles, ce nom ne leur convient pas plus que ne
convient à ces dernières (Locustiens) celui de Cigales. On leur donne
habituellement le nom de *Criquets*. Les Acridiens diffèrent des Locustiens par leur corps plus robuste, par leurs antennes beaucoup plus
courtes, jamais grêles et sétacées ; par l'absence, chez les femelles, de
cette longue tarière destinée à la ponte des œufs et qui est remplacée ici
par quatre pièces courtes, cornées ; leurs cuisses postérieures sont plus
fortes, et ce sont de tous les Orthoptères les mieux conformés pour
sauter.

Les Acridiens font entendre, comme les Sauterelles et les Grillons,
une stridulation perçante ; mais ce n'est plus par le frottement des élytres
l'un contre l'autre qu'elle s'exécute ; ici ce sont les cuisses, garnies inté-
rieurement de stries élevées, très-rudes, qui, frottant rapidement et avec
force sur les nervures des élytres, comme un archet sur les cordes d'un
violon, produisent le son. C'est surtout pendant les derniers beaux jours
de l'été et ceux de l'automne que les Acridiens font entendre leur chant
assourdissant.

Les Acridiens ne sont que trop répandus dans toutes les régions du
monde ; mais, beaucoup moins nombreux dans le Nord, ils sont bien
moins redoutables que dans le Midi. En effet, dans les contrées chaudes,
certaines espèces sont un véritable fléau ; elles se multiplient dans de
telles proportions, qu'elles détruisent toute la végétation et réduisent à la
famine les pays les plus fertiles.

Lorsqu'ils ont ainsi dévasté un pays, les Acridiens ne trouvant plus de
quoi satisfaire leur appétit vorace, émigrent en masse, pour aller s'abattre

sur des points plantureux. Pendant ces émigrations, les Criquets volent tous si rapprochés les uns des autres, qu'ils produisent de loin l'effet d'un gros nuage et interceptent réellement les rayons du soleil. Nuage plus redoutable que ceux qui portent la grêle et les orages ; car là où ils s'abattent, ils ne laissent aucune trace de végétation et dévorent jusqu'aux toits de chaume. Leur mort même, loin d'être un bienfait, devient souvent la cause d'un mal plus grand ; leurs corps amoncelés et échauffés par le soleil ne tardent pas à entrer en putréfaction, et leurs exhalaisons occasionnent des pestes qui sévissent d'une manière terrible contre les populations.

Les écrivains de tous les temps et de tous les pays ont signalé les ravages des Criquets ; et le premier des livres, la Bible, nous dit (Exode, ch. X) que par la huitième plaie d'Égypte, l'Éternel, par l'entremise de Moïse, fit venir les Sauterelles (Criquets) sur tout le pays d'Égypte, qu'elles couvrirent entièrement par leur nombre. Elles furent amenées par un vent d'orient et remportées par un vent d'occident, lorsque le Pharaon eut promis de laisser partir le peuple israélite. Ce fait fut regardé comme un miracle attribué à la puissance divine par les Saintes-Écritures ; mais il s'est fréquemment reproduit depuis. ·

Au rapport de Pline, la Grèce était souvent ravagée par les invasions des Acridiens, et il existait même une loi qui obligeait les habitants à détruire ces insectes sous leurs trois états d'œufs, de larves et d'insectes parfaits. Tout le nord de l'Italie et le midi de la Gaule furent ravagés par les Criquets en l'an 181 de notre ère ; et saint Augustin rapporte, quelques siècles plus tard, que l'Afrique avait été le théâtre de semblables ravages. Après avoir détruit toute la végétation, nous dit-il, ces insectes ayant été poussés dans la mer, puis rejetés sur le rivage, les exhalaisons de leurs corps se répandirent au loin et occasionnèrent une peste qui fit périr, dans le royaume de Numidie, une partie de la population, évaluée à huit cent mille âmes.

Pendant les années 1747 et 1748, les Criquets ravagèrent la Moldavie et la Valachie, et l'année suivante, rapporte l'historien de Charles XII, le roi de Suède, étant à la tête de son armée en Bessarabie, pensa être assailli par un ouragan accompagné de grêle, lorsqu'une nuée de ces Orthoptères s'abattit sur ses hommes et leurs chevaux.

En 1780, ils causèrent dans l'empire du Maroc une famine affreuse. Levaillant les vit en 1789 dévaster une partie de la Cafrerie. Enfin, pour terminer, nous rappellerons la terrible invasion de l'Algérie par les Sauterelles en 1866; cette invasion, suivie d'une année de sécheresse, amena une épouvantable famine qui fit périr plus de deux cent mille victimes.

Dans le midi de la France, les invasions de ces Orthoptères sont beaucoup moins fréquentes; cependant ils s'y sont parfois montrés en grand nombre et y ont occasionné d'horribles dégâts. Pour n'en citer qu'un exemple : en 1613 eut lieu une des plus terribles invasions dont on ait conservé le souvenir ; ils moissonnèrent jusqu'à la racine 15,000 arpents de blé dans les environs d'Arles, et à plusieurs lieues à la ronde ne laissèrent pas une feuille, pas un brin d'herbe, pas même un misérable toit de paille. A Marseille et à Arles, où se montrent souvent ces insectes dévastateurs, la ville paie 50 centimes par kilogramme d'œufs recueillis, et moitié seulement de ce prix par kilogramme d'insectes. Cette récolte coûta, en 1815, vingt mille francs à la ville de Marseille et vingt-cinq mille à la petite cité d'Arles. En 1824, cette chasse ne leur coûta que six mille francs chacune; mais plus récemment, malgré la chasse active qu'on leur fit, dans les environs d'Arles seulement, ils dévorèrent 1500 acres de blé. On comprendra cette multiplication effrayante si l'on considère que chaque femelle pond une centaine d'œufs, qu'elle enfouit dans le sol et qui se trouvent ainsi à l'abri des causes de destruction. Les petits qui en naissent se nourrissent de tous les végétaux indistinctement, et périssent rarement faute de subsistance.

Quelques peuplades, peu favorisées des bienfaits de la nature, loin de regarder les invasions de Sauterelles comme une calamité, s'en réjouissent au contraire, car elles en font un aliment. Tels sont les Hottentots, les nègres du Sénégal et d'autres peuplades d'Afrique. On en vend même sur des marchés en Orient et en Afrique ; on leur arrache ordinairement les ailes et les pattes, et on les fait cuire soit dans de la graisse, soit dans de l'huile. Les Hottentots et les Arabes en font même des provisions et les conservent dans du sel.

Toutes les espèces d'Acridiens ne sont pas nuisibles dans les mêmes proportions; il n'en est qu'un petit nombre qui se multiplient au point de causer de véritables désastres. Tels sont surtout le Criquet voyageur (*Acridium migratorium*) (fig. 3o), auquel se rapporte tout ce qui précède, et quelques espèces du genre *Truxalis*.

On divise la famille des Acridiens en deux groupes distincts : les *Truxalides* et les *Acridides*. Les premiers se distinguent par leur corps élancé,

FIG. 30. — *Acridium migratorium.*

leur tête pyramidale se prolongeant au delà des yeux; leurs antennes épaissies, jamais filiformes. Leurs ailes égalent ou dépassent la longueur de l'abdomen; leurs pattes postérieures sont longues, à cuisses renflées. Les Truxales (*Truxalis*), genre type de la tribu, ont des antennes de seize articles au moins, de forme prismatique, très-comprimés. Ce sont de grands Orthoptères, revêtus de couleurs vives et variées, qui habitent toutes les régions chaudes de l'ancien continent. La Truxale à long nez (*Truxalis nasuta*), qui habite le cap de Bonne-Espérance, a 10 centimètres d'envergure; sa tête et son corselet, d'un beau vert, sont rayés de rose ; son abdomen est rouge en dessus ; ses élytres sont verts avec une ligne longitudinale rose, et les ailes sont jaunâtres. Cette espèce est parfois très-abondante dans l'Afrique australe. On la trouve également dans l'Europe méridionale et dans l'Inde.

Nous figurons ici le *Truxalis inguiculata* de l'Inde (fig. 31). Cette espèce est d'un brun rouge uniforme, lorsqu'elle est au repos ; mais lorsqu'elle étend ses ailes, son aspect change : celles-ci sont d'un bleu d'azur

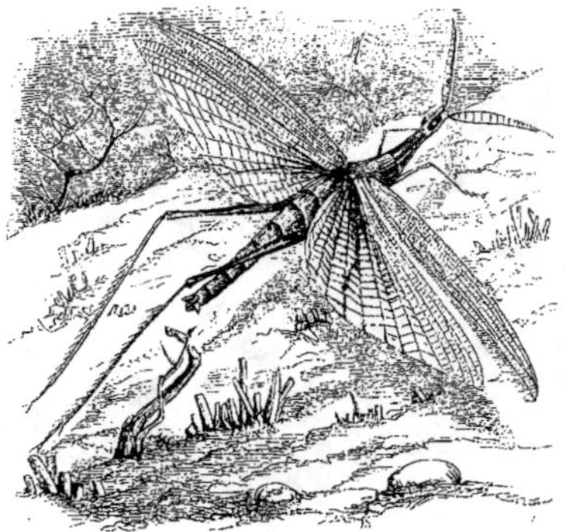

Fig. 31. — *Truxali. inguiculata.*

à la base, suivi d'un rose vif qui s'affaiblit graduellement et laisse l'extrémité de l'aile transparente.

Le genre *Xiphocera* renferme des Truxalides de l'Amérique méridionale à antennes en forme de glaive, à corselet relevé en crête au milieu avec les bords aigus ; ils sont ailés dans les deux sexes.

Les *Pamphagus* ont le corps épais, le corselet relevé en crête au milieu, mais à bords arrondis ; leurs antennes sont moniliformes à l'extrémité. Dans ce genre, les mâles seuls sont ailés. Les Pamphagus habitent l'Afrique, surtout le cap de Bonne-Espérance.

La tribu des *Acridides* a pour caractères : des antennes filiformes ou plus rarement renflées en massue, assez longues ; les élytres longs et étroits, dépassant de beaucoup l'abdomen ; les ailes grandes et larges, mais ne dépassant pas les élytres ; les jambes épineuses et les cuisses postérieures fortement renflées.

Le type du groupe, le genre Criquet (*Acridium*) renferme un assez grand nombre d'espèces et parmi elles quelques-unes des plus nuisibles. Le Criquet voyageur (*Acridium migratorium*) figuré plus haut est celui qui a le plus souvent ravagé diverses parties du globe. Il a 7 à 8 centimètres de longueur et 10 à 12 d'envergure. Son corps est d'un vert jaunâtre ; ses élytres sont gris tacheté de brun ; ses ailes transparentes,

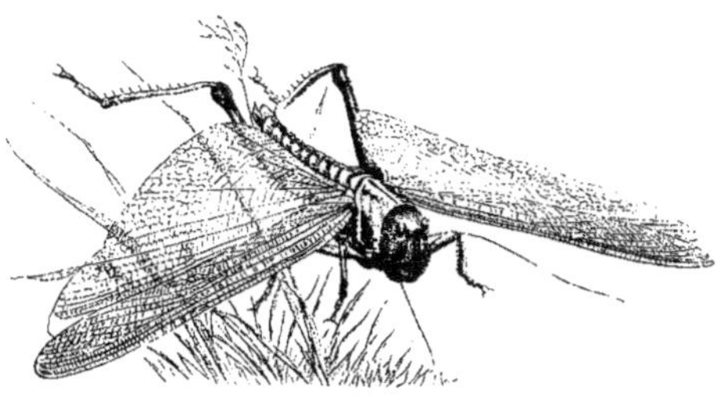

Fig. 32. — *Œdipoda germanica.*

lavées de jaune à leur base et tachetées de brun à leur extrémité. Cette espèce, qui n'est que trop répandue dans l'Europe méridionale, se rencontre très-rarement aux environs de Paris.

Une espèce presque aussi nuisible que la précédente est le Criquet germanique (*Œdipoda germanica*) [fig. 32].

Les deux espèces les plus communes de nos environs sont : le Criquet stridule (*Acridium stridulum*), brun, à ailes d'un beau rouge sanguin bordées de noir, et le Criquet bleu (*Acridium cœrulescens*), d'un brun jaunâtre, à ailes bleues bordées de noir. On voit ces deux espèces voleter dans les champs et sur les routes, pendant les dernières belles journées de l'été et pendant l'automne.

Une espèce du Brésil, l'*Acridium dux*, atteint 12 centimètres de longueur et plus de 20 centimètres d'envergure. Elle est d'un vert sombre, avec les nervures des élytres jaunes et les ailes d'un rouge vif, tachetées de noir.

Le genre *Teratodes* est fort curieux ; son prothorax se relève en crête très-élevée. On ne connaît encore qu'une seule espèce de ce genre, le *Teratodes monticollis*, de l'Hindoustan, que nous figurons ici (fig. 33). Son corselet se prolonge en haut et en arrière en une membrane qui, vue de profil, ressemble à un énorme capuchon, et ce qui complète l'illusion, c'est que la tête est à moitié enfouie dans le corselet. L'insecte n'est d'ailleurs pas autrement remarquable ; il est d'un brun jaunâtre ; ses élytres sont finement réticulés et ses ailes translucides, lavées d'une légère teinte jaunâtre.

Enfin, les *Tetrix* sont remarquables par le prothorax qui se prolonge en pointe et recouvre tout le corps. Ce sont des Acridiens de petite taille, dispersés sur toute la surface du globe. Leur forme est trapue, leurs antennes courtes ; les élytres sont réduits à l'état d'écailles ovales et rejetés sur les côtés ; les ailes, aussi longues que le corselet, sont cachées sous le prolongement de celui-ci. Deux espèces de ce genre sont assez communes aux environs de Paris ; ce sont : le *Tetrix subulatus* et le *Tetrix bipunctatus*, longs de 15 à 18 millimètres, plus ou moins brunâtres.

FIG. 33. — *Teratodes monticollis.*

ORDRE
DES
THYSANOPTERES

ORDRE DES THYSANOPTÈRES.

Les insectes qui composent cet ordre ont été longtemps classés parmi les Hémiptères, auxquels leur aspect général, la forme aplatie de leur corps, les fait en effet ressembler. Mais la structure de leur bouche diffère tellement de celle de ces derniers, qu'on a cru devoir créer pour eux un petit ordre particulier et les placer à la suite des Orthoptères, dont leurs organes buccaux les rapprochent le plus.

Les Thysanoptères ont des mandibules longues, presque en forme de soies et seulement un peu renflées à leur base; leurs mâchoires sont aplaties et munies d'une palpe articulée; la lèvre inférieure supporte aussi deux petites palpes articulées. Les ailes, au nombre de quatre, sont longues et étroites, entièrement membraneuses, sans réticulation ni plis; elles sont garnies sur leurs bords de longs cils très-serrés, d'où le nom donné à l'ordre: THYSANOPTÈRES (ailes à franges).

Pendant le repos, ces ailes sont étendues horizontalement sur le dos. Les tarses sont vésiculeux à l'extrémité et ne présentent que deux articles. Leur tête est oblongue, aplatie; les yeux, grands, occupent les parties latérales de la tête; les antennes, un peu plus longues que la tête, sont composées de cinq à neuf articles distincts.

Ces insectes, comme les Orthoptères, ont des métamorphoses incomplètes; les larves ne diffèrent de l'insecte parfait que par l'absence des ailes et par leur couleur plus pâle.

Tous les Thysanoptères sont de très-petits insectes, qui vivent sur les végétaux, auxquels ils sont parfois très-nuisibles. La plupart se tiennent sur les feuilles, qu'ils rongent dans toute leur étendue, sans jamais les entamer. On voit alors à leur surface des taches plus ou moins grandes, qui ne sont autre chose que les parties rongées. Les plantes des serres chaudes en sont souvent infestées. Les oliviers dans le Midi et le blé dans toute la France sont sujets aux attaques de ces petits ravageurs.

Une seule famille rentre dans cet ordre, celle des *Thripsiens*.

FAMILLE DES THRIPSIENS.

La famille des Thripsiens est elle-même divisée en deux groupes ou tribus fondés sur le nombre des articles des palpes maxillaires, et la conformation des ailes.

La première tribu, celle des *Phlœothripsides*, se distingue par ses palpes maxillaires de deux articles, ses ailes nues, complète- ment sans nervures. Le dernier anneau de l'abdomen est allongé et tubuleux.

Un seul genre rentre dans ce groupe, les *Phlœothrips*, dont le type est le *Phlœothrips Ulmi*, (fig. 36) qui vit sur l'orme. Il est long de 2 millimètres, noir, avec le second article des antennes, les tarses et les genoux ferrugineux.

Fig. 36.
Phlœothrips Ulmi.

La seconde tribu, celle des *Thripsides*, a les palpes maxillaires de trois articles, les ailes poilues, les supérieures ayant deux nervures parallèles. Les femelles portent à l'extrémité de l'abdomen une tarière en forme de valve. Le genre *Thrips*, qui donne son nom au groupe entier, renferme un assez grand nombre d'espèces, toutes plus ou moins nuisibles à diverses plantes. Nous citerons, entre autres, le Thrips des céréales (*Thrips cerealium* fig. 37), qui cause de grands dommages aux céréales, surtout au froment, qui en souffre parfois beaucoup dans certaines localités. Ce petit insecte pénètre entre la valvule interne et la graine, puis dans le sillon de celle-ci et en absorbe la substance, ce qui l'empêche de se développer. Ce Thrips est d'un brun ferrugineux, avec les antennes annelées de blanc, ainsi que les pattes. La femelle est dépourvue d'ailes.

Fig. 37. — *Thrips cerealium.*

ORDRE
DES
NEVROPTÈRES

ORDRE DES NÉVROPTÈRES

Ainsi nommés par Linné à cause de leurs ailes nues, transparentes et couvertes d'un très-grand nombre de nervures, les Névroptères ont, comme les Orthoptères, la bouche composée de pièces libres. Ces pièces consistent en deux lèvres, deux mandibules et deux mâchoires propres au broiement des aliments. Leurs ailes, au nombre de quatre, sont membraneuses, finement réticulées, les larves, la plupart aquatiques, sont toujours hexapodes.

L'ordre des Névroptères est, de tous ceux de la classe des insectes, celui qui offre le moins d'uniformité dans l'organisation et dans les habitudes des différentes familles dont il se compose ; aussi est-il très-difficile

d'y établir une classification méthodique. Tantôt, comme dans les Myrméléoniens et les Libelluliens, les organes buccaux sont très-développés ;
tantôt ils sont rudimentaires comme chez les Phryganiens, ou manquent
même tout à fait, comme on le voit dans les Éphémériens. Les antennes,
très-développées chez les Ascalaphes et les Phryganes, sont à peine
visibles dans les Éphémériens et les Libelluliens. Les tarses n'offrent pas
moins de variété : ils ont trois articles dans les Perliens et les Libelluliens,
quatre dans les Éphémériens et les Termiens, cinq dans les Panorpiens
et les Raphidiens. Les ailes varient également d'une famille à l'autre.

Les mœurs et la forme sous l'état de larve ne sont pas moins dispa-
rates ; les unes n'ont que des demi-métamorphoses, et sont aquatiques et
carnassières (*Libelluliens, Perliens*) ; d'autres, également carnassières,
sont terrestres (*Myrméléoniens*) ; d'autres encore sont aquatiques, mais
se nourrissent de détritus (*Phryganiens, Éphémériens*). Enfin, les
Termiens offrent une anomalie encore plus forte avec tous les insectes du
même ordre : ceux-ci ont tous vécu solitaires sous tous leurs états ;
ceux-là (les Termiens) vivent au contraire à toutes les époques de leur
vie en sociétés considérables formées de quatre ou cinq sortes d'individus.

L'ordre des Névroptères se divise en huit familles : les Termiens, les
Psociens, les Perliens, les Éphémériens, les Libelluliens, les Panorpiens,
les Raphidiens et les Phryganiens.

FAMILLE DES TERMIENS

La première famille de l'ordre des Névroptères est celle des Termiens, et c'est aussi celle qui offre par l'organisation et le genre de vie les faits les plus curieux. Ce sont des insectes à corps oblong, déprimé; leur tête est arrondie avec trois yeux lisses; un sur le front et un de chaque côté; leurs antennes sont courtes, moniliformes; leurs mandibules cornées et pointues, quatre palpes filiformes. Leurs ailes sont grandes, presque égales, couchées horizontalement sur le corps; elles n'ont que des nervures longitudinales, bifides au bout. Leurs tarses ont quatre articles.

Ce sont des insectes à demi-métamorphoses, actifs à tous les âges, qui, par leurs mœurs, leurs habitudes, rappellent beaucoup l'histoire des fourmis. Comme ces dernières, ils vivent en sociétés très-nombreuses, et construisent des demeures fort étendues. M. Lespès, qui a fait de ces insectes une étude approfondie, a reconnu dans les nids des Termites cinq sortes d'individus bien distincts. Chaque société présente d'abord un couple fécond, *roi* ou *reine,* et des neutres de deux formes différentes. Les plus nombreux sont des *ouvriers* chargés de creuser les galeries dans le bois, de soigner les œufs, les larves et surtout les nymphes, en les aidant à opérer leurs mues, d'aller à la recherche des provisions, de les emmagasiner dans le nid. Chose singulière! ils sont aveugles. D'autres neutres, moins abondants, se font remarquer par leur énorme tête, presque moitié du corps, un peu carrée et armée de très-fortes mandibules croisées. Ce sont les *soldats* chargés de la défense du nid; ils ont un courage furieux et se précipitent pour mordre les agresseurs. Ces soldats sont aveugles comme les ouvriers. Les mâles et les femelles ont seuls des yeux des deux espèces, composés et simples. Il existe des larves de deux sortes, ressemblant beaucoup aux ouvriers; les unes doivent devenir des neutres, les autres des mâles ou des femelles; on les reconnaît à l'état de nymphes en ce que celles qui deviendront des mâles ou des femelles ont des rudiments d'ailes. Lorsqu'ils sont arrivés à l'état parfait, ces derniers prennent des ailes et émigrent; puis, comme les fourmis, les perdent aussitôt après que la fécondité des femelles est assurée. Les femelles sont recueillies par les neutres et forment le noyau de nouvelles colonies. Bientôt après leur rentrée dans le nid, l'abdomen des femelles prend un développement énorme, et l'on évalue que leur masse, au moment de la ponte des œufs, est plusieurs milliers de fois celle d'une ouvrière. Elle se tient dans une galerie profonde du nid, sans cellule spéciale. Le nombre des œufs que pond la femelle s'élève, assure-t-on, à quatre-vingt mille en vingt-quatre heures.

Les détails qui précèdent concernent le *Termite lucifuge*, qui existe en France, surtout dans les landes de Gascogne, et cause des dégâts effroyables. Les espèces étrangères qui habitent les régions chaudes du globe offrent des mœurs analogues. Ils constituent des sociétés immenses, et forment parfois des nids d'une dimension colossale, comparativement à leur taille; mais la forme, l'architecture varient beaucoup selon les espèces. Ce qu'il y a de remarquable, c'est que jamais les Termiens ne travaillent à découvert; les uns établissent leurs demeures dans la terre, dans les arbres, souvent sous les boiseries des habitations; les autres ont des nids extérieurs, mais toujours sans issue apparente. Toutes les fois que les ouvriers ont besoin d'atteindre un endroit plus ou moins éloigné de leur nid, ils construisent aussitôt une galerie communiquant d'un point à l'autre; par ce moyen ils ne se montrent jamais au dehors.

La famille des Termiens ne comprend qu'un seul genre, celui des Termites (*Termes*). Le Termite lucifuge (*Termes lucifugum*), dont il est question plus haut, se trouve dans une grande partie de l'Europe méridionale, et en France particulièrement dans les landes de Gascogne. C'est un petit insecte d'un noir brillant, avec les ailes brunâtres un peu transparentes; les derniers articles des antennes et les pattes sont roussâtres. Cette espèce vit en sociétés séparées dans les bois; mais elles se réunissent dans les villes pour leurs déprédations. Depuis déjà plusieurs années, elle s'est tellement multipliée à Rochefort dans les ateliers et les magasins de la marine, qu'on ne peut réussir à s'en débarrasser, et qu'elle y fait de

grands ravages. Elle n'est pas moins abondante aujourd'hui à La Rochelle
et commence à se montrer dans certains quartiers d'Agen et de Bordeaux.
A Rochefort, à La Rochelle, des bâtiments entiers sont minés jusque dans
leurs fondations; il n'est pas rare que des planchers
s'écroulent; c'est ce qui arriva il y a quelques
années à Tonnay-Charente, où une salle à manger
tomba dans la cave avec l'amphytrion et ses con-
vives. On peut voir, dans les galeries du Muséum,
les colonnes de bois qui soutenaient la salle, et qui
furent rapportées par le professeur Audouin,
envoyé en mission pour étudier les mœurs et les

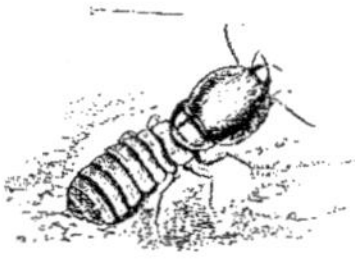

FIG. 40.
Termes bellicosum, soldat.

dégâts de cet insecte. Ces colonnes sont taraudées de toutes parts; tout l'intérieur en est rongé et sillonné de galeries; mais la superficie est épargnée,
ainsi que la couche de peinture qui les recouvre, de sorte qu'il est impossible
d'apercevoir aucune trace des dégâts jusqu'au moment de l'accident. A cette
époque, l'Hôtel de la préfecture de La Rochelle était envahi par ces insectes,
et les archives furent en partie détruites, la reliure des registres restant intacte. On est obligé, depuis lors, de les enfermer dans des boîtes de zinc.

Quelques espèces exotiques ont été étudiées dans l'Afrique australe par le voyageur
hollandais Smeathman, à la fin du siècle
dernier. L'une d'elles, le Termite belliqueux ou fatal (*Termes bellicosum*) habite
le cap de Bonne-Espérance et le Sénégal.
Les ouvriers ont environ 5 millimètres de
long; leur corps est d'une grande délicatesse, mais leur tête porte des mandibules
dentelées et d'une corne assez solide pour
attaquer les corps les plus durs. Les soldats (fig. 40) ont environ le double de
longueur et pèsent autant que quinze ouvriers; cet excès de poids est dû
à leur énorme tête cornée, plus grosse que le corps et armée de pinces
aiguës. Enfin, l'insecte parfait atteint jusqu'à 18 millimètres de long, et

FIG. 41. — *Termes bellicosum* ♂
(voy. page 66).

les quatre ailes qu'il porte quelques heures seulement, ont près de 5o millimètres d'envergure (fig. 41, voy. p. 65). L'insecte parfait est d'un brun foncé en dessus, roux en dessous ; le soldat est d'un blanc de lait lorsqu'il est vivant. Ces Termites déploient une industrie bien supérieure à celle des fourmis.

FIG. 42. — Nid du Termite belliqueux.

La figure extérieure de l'édifice du Termite belliqueux est celle d'un petit mont plus ou moins conique, approchant de celle d'un pain de sucre, dont la hauteur perpendiculaire est de 3 à 4 mètres au-dessus du sol. Chacun de ces édifices est composé de deux parties, l'extérieure et l'intérieure. La première est une vaste calotte de la forme d'un dôme en terre gâchée, imperméable à l'eau et tellement solide qu'elle peut supporter le poids des taureaux sauvages. Smeathman et ses compagnons se cachaient en embuscade entre ces grands nids pour chasser, et il rapporte qu'il monta une fois sur l'un d'eux avec quatre hommes, pour chercher à l'horizon si quelque navire n'était pas en vue.

Chacun de ces monticules, dont on voit souvent plusieurs à côté l'un

de l'autre et comme soudés ensemble, est divisé à l'intérieur en un grand
nombre de pièces qui servent de logements ou de magasins. Ces derniers
sont toujours remplis de gomme ou de sucs épaissis des plantes. Les
pièces qui sont occupées par les œufs et par les larves, sont entièrement
composées de parcelles de bois qui paraissent être unies ensemble par
des gommes. Ces édifices sont extrèmement serrés et divisés en plusieurs
petites chambres de deux centimètres de longueur au plus. Il n'y a de
spacieuse que la loge de la reine ; celle-ci, lorsqu'elle est pleine d'œufs,
atteint des proportions considérables ; son abdomen est près de deux

FIG. 43. — Nid du Termite atroce (voy. page 68).

mille fois plus gros que le reste de son corps, et il atteint jusqu'à 8 centimètres de longueur (fig. 44, voy. p. 68).

A mesure que la femelle pond, et elle le fait sans interruption pendant
plusieurs jours, les travailleurs s'emparent de ces œufs et les transportent
dans des logements séparés.

Toutes les petites pièces dont nous avons parlé sont séparées par
plusieurs galeries qui communiquent entre elles et se prolongent jusqu'à
la calotte supérieure qui couvre le tout. Ces galeries descendent sous
terre jusqu'à la profondeur d'un mètre et plus ; c'est là que les travailleurs vont prendre le gravier fin avec lequel ils construisent tout l'édifice, à l'exception des chambres occupées par les œufs et les petits.

D'autres espèces, le Termite atroce et le Termite mordant, bâtissent
des nids avec les mêmes matières que celles employées par le Termite
belliqueux, mais elles leur donnent une forme différente. Smeathman les
nomme nids en tourelles; ils sont cylindriques, hauts en moyenne de
6o centimètres, couverts d'un toit en forme de dôme. Tous ont la même
solidité ; on les renverse plutôt à leur fondement qu'on ne les rompt dans
leur milieu.

Les nids du *Termite des arbres* diffèrent des autres par la forme et la
grandeur. Ils sont sphériques, bâtis sur les arbres, où ils ne tiennent quel-

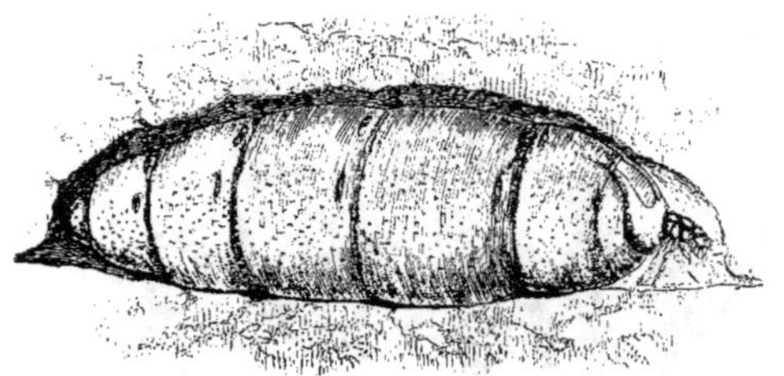

FIG. 44. — *Termes bellicosum*, femelle gonflée d'œufs (voy. page 67).

quefois qu'une seule branche qu'ils entourent. Il y en a, mais rarement,
qui ont la grosseur d'une barrique à sucre. Ces nids sont composés de
petites parties de bois, de gommes et de sucs d'arbres, avec lesquels les
Termites forment une pâte pour construire les cellules. Quelquefois ils
bâtissent leurs nids sur les toits ou toute autre partie des maisons, et font
de grands dégâts, mais beaucoup moins que le Termite belliqueux.
Celui-ci pénètre dans les maisons et les magasins, perce les meubles et
les caisses, et détruit tout ce qui s'y trouve, même les étoffes ; sauf les
métaux et les pierres, rien ne résiste à leurs terribles mâchoires, et en
peu de temps, ils détruisent une maison de fond en comble, avant qu'on
ait pu voir trace de leurs dégâts.

FAMILLE DES PSOCIENS

Cette famille renferme de très-petits insectes, offrant pour caractères distinctifs : une tête fort grande, pourvue de trois ocelles, et d'antennes sétacées ; un corps renflé, de consistance molle, pourvu de quatre ailes inégales ayant un petit nombre de nervures.

Les Psociens sont les plus petits de tous les Névroptères ; ils se font surtout remarquer par leur tête fort grande comparativement à la petite dimension de leur corps et par la ténuité extrême de leurs pattes. Leurs antennes sont longues et sétacées, de dix à treize articles ; leurs ailes sont en toit pendant le repos, très-peu réticulées ou seulement veinées, souvent courtes ou même tout à fait rudimentaires.

Les Psoques vivent sur les troncs d'arbres, les murs et les pierres couverts de mousse ; ils sont très-agiles et courent avec la plus grande vivacité ; cependant ils recherchent les endroits sombres et paraissent fuir le grand jour. Ces insectes se nourrissent de détritus végétaux, et peut-être bien aussi de très-petits animalcules. Les

Fig. 45.
Psocus bipunctatus.

larves des Psociens ne diffèrent de l'insecte parfait que par l'absence des ailes, et des nymphes, en ce que celles-ci montrent déjà des rudiments d'ailes.

Cette famille renferme un très-petit nombre d'espèces : le type du genre est le Psoque à deux points (*Psocus bipunctatus*) [fig. 45], commun dans presque toute l'Europe. Il est long de 4 millimètres, varié de noir et de jaune, avec les ailes transparentes pourvues d'une petite tache vers le bord marginal et d'une autre vers le bord opposé, noirâtres ; ces taches sont souvent peu marquées ou disparaissent même tout à fait. On le trouve sous les écorces, sur les troncs d'arbres, les vieilles murailles, etc.

Le Psoque frappeur (*Psocus pulsatorius*), long de 2 millimètres seulement, est d'un gris jaunâtre tacheté de roux ou de brunâtre. Ce petit

insecte, vulgairement connu sous le nom de *Pou de bois*, se trouve abondamment dans les collections d'histoire naturelle, les bibliothèques, et
surtout dans les vieux papiers, qu'il ronge. Son nom de frappeur (*pulsatorius*) vient de ce que l'on a cru qu'il produisait, comme les vrillettes
(*Anobium*), un petit bruit analogue au battement d'une montre ; ce qui
lui a fait partager avec ce Coléoptère le nom d'horloge de la mort. Quelques classificateurs ont fait de cette espèce le type du genre *Atropos*,
fondé sur ce que ses tarses sont de trois articles et ses ailes nulles.

FAMILLE DES PERLIENS

Tous les insectes que comprend cette famille ont les parties de la bouche bien développées et solides, rappelant celles des Orthoptères. Leurs palpes maxillaires sont longues, grêles, composées de cinq articles ; les palpes labiales n'en ont que trois. Les Perliens ont le corps aplati, d'égale largeur dans toute son étendue ; leur tête est plane, souvent plus large que le thorax et munie de trois ocelles disposés en triangle entre les yeux. Leurs ailes sont fort larges, surtout les postérieures, qui se replient sur elles-mêmes pendant le repos. Leur abdomen est souvent terminé par deux longs filets articulés.

A l'état d'insectes parfaits, les Perliens fréquentent le bord des eaux, où ils se tiennent sur les pierres, les plantes, etc. Les femelles portent leurs œufs suspendus à l'extrémité de l'abdomen dans une sorte de petit sac, qu'elles détachent et laissent tomber dans l'eau. Pendant les premiers temps de leur existence, les Perliens vivent, en effet, constamment dans l'eau. Leurs larves paraissent même préférer les eaux courantes aux eaux stagnantes, et c'est dans les premières, et là surtout où le courant est rapide, qu'on les trouve en plus grand nombre. Elles marchent lentement, en faisant traîner leur ventre sur le sol, et souvent se fixent sur une pierre à l'aide de leurs pattes et y demeurent longtemps en quête d'une proie.

Les Perliens passent l'hiver à l'état de larve, deviennent nymphes au printemps suivant, après un changement de peau, puis, bientôt après, subissent leur transformation en insecte parfait. A ce moment elles quittent leur premier élément et vont sur le rivage se fixer sur une pierre ou sur une plante, où elles attendent que leur peau se dessèche et se fende pour en sortir. Les larves des Perliens sont carnassières ; elles ont des mâchoires et des mandibules acérées. Leur corps se rétrécit vers l'extrémité postérieure et offre dans plusieurs espèces trois paires d'organes respiratoires externes, placés sur chaque segment du thorax ; mais ces organes manquent chez quelques-unes.

Cette famille est peu nombreuse; le genre *Perla*, qui donne son nom au groupe entier, est le plus important; on en connaît un assez grand nombre d'espèces européennes qui offrent pour caractères : des mandibules et des mâchoires membraneuses, et l'abdomen terminé par deux longs filets; labre peu apparent. Chez les Perles, la différence qui existe entre les deux sexes est quelquefois très-considérable; les mâles de plusieurs espèces sont beaucoup plus grêles que les femelles, et leurs ailes sont très-courtes.

L'une des espèces les plus répandues dans notre pays est la Perle bordée (*Perla marginata*, fig. 75, voy. p. 104), longue de 25 millimètres environ, d'un gris fauve avec la tête rougeâtre, bordée de brun; les ailes, transparentes, sont lavées de jaunâtre avec les nervures noires. La larve de cette espèce est d'un jaune-citron tacheté de noir; le corselet porte trois lignes longitudinales et une bordure noire. Elle vit sous les pierres, dans les rivières.

On trouve encore dans nos environs la Perle brune (*Perla bicaudata*), longue de 22 à 25 millimètres; elle est d'un brun grisâtre avec une raie fauve le long du corps. Ses deux filets abdominaux, d'un brun foncé, sont très-apparents.

Le genre *Nemoura* comprend les espèces à mandibules et mâchoires cornées, à labre très-apparent. Leur abdomen est dépourvu de filets. Ce dernier caractère fait distinguer les Némoures des Perles au premier abord; mais leurs larves en sont cependant munies, aussi bien que celles des Perles. A l'état parfait, les Némoures voltigent au bord des eaux et se posent sur les pierres et sur les plantes; les larves habitent surtout les eaux courantes; elles se distinguent de celles des Perles et des Éphémères en ce que leurs antennes sont plus longues et leur allure lente.

Ce genre ne renferme qu'un petit nombre d'espèces, dont le type est la Némoure nébuleuse (*Nemoura nebulosa*), d'un brun noirâtre avec les ailes antérieures d'un gris cendré, traversé par des bandes blanchâtres.

Les ailes du mâle sont beaucoup plus courtes que celles de la femelle dans cette espèce, qui est commune dans la plus grande partie de l'Europe.

FAMILLE DES ÉPHÉMÉRIENS

Les Éphémériens ont des caractères particuliers qui les font aisément distinguer de tous les autres Névroptères. Leurs antennes sont extrêmement courtes ; les parties de la bouche rudimentaires et tout à fait impropres à la mastication ; les ailes très-inégales, les antérieures étant grandes, tandis que les inférieures sont très-petites ou avortent même complétement.

Les Éphémères ont le corps allongé, la tête petite, presque entièrement occupée par les yeux ; entre ceux-ci sont placées trois ocelles lisses et les antennes composées de trois articles, dont les deux premiers courts et le dernier en forme d'alène, de la longueur de la tête ; le prothorax est grand, carré ; les premières ailes sont aussi longues que le corps, triangulaires à réseau carré oblong ; les ailes inférieures sont très-petites et n'ont l'air que d'un lobe des supérieures ; l'insecte les tient élevées l'une contre l'autre pendant le repos ; les pattes antérieures sont beaucoup plus allongées que les autres et sont ordinairement dirigées en avant ; l'abdomen est allongé, terminé par des filets plus longs que lui, au nombre de deux dans les mâles et de trois dans les femelles.

Les Éphémériens offrent des métamorphoses incomplètes ; sous leur premier état, ils sont aquatiques ; leurs larves, de forme allongée, sont munies de branchies extérieures, situées soit sur les côtés, soit sur le dos. Les mœurs de ces larves varient suivant les espèces : quelques-unes se tiennent en terre dans des trous creusés dans les berges des rivières ; ce trou est double, en forme d'U très-allongé, comme un tube de verre plié en deux. D'autres espèces sont errantes et ne se creusent pas de trous. Les nymphes des Éphémériens ne diffèrent des larves que par des rudiments d'ailes ; ce sont donc des insectes agiles et prenant de la nourriture sous tous les états.

Les Éphémères, ainsi que leur nom l'indique (*éphémeros*, qui ne vit qu'un jour), n'ont qu'un moment à vivre ; plusieurs naissent après le coucher du soleil et ne voient pas son lever ; quelques-uns à peine résistent un ou deux jours ; mais si leur existence sous la forme ailée est courte, il n'en est pas de même du temps qu'ils passent sous leur premier état ; car, comme Swammerdam l'a observé, il est de trois ans. Quand arrive le moment de la dernière transformation, les nymphes sortent de l'eau et vont se fixer sur quelque endroit sec, où elles attendent que leur peau se dessèche. Leur enveloppe se fend alors au-dessus de la tête et du corselet, et l'Éphémère ne tarde pas à en sortir. Aussitôt qu'il peut faire usage de ses ailes, l'insecte se met à la recherche d'une compagne.

Ainsi que nous l'avons déjà dit, les Éphémères naissent ordinairement le soir, et presque toujours avec une abondance surprenante ; aussi les pêcheurs appellent-ils ces animaux *manne des poissons* ; il n'est pas rare de voir les terres avoisinant les rivières couvertes le matin d'un blanc de neige, qui n'est autre que les cadavres amoncelés de ces insectes ; c'est vers le milieu de l'été qu'a lieu cette éclosion. Ces insectes n'ayant pour ainsi dire reçu la vie que pour la transmettre, ne s'occupent que de la reproduction de leur espèce ; leur vie est si courte, qu'ils n'ont pas besoin de manger, et la nature, qui ne fait rien en vain, leur a refusé les organes de la manducation. Le mâle meurt aussitôt après avoir satisfait au vœu de la nature, et la femelle songe immédiatement à sa ponte ; elle porte ses œufs dans deux grappes, qui sortent du dessous du septième anneau de son abdomen ; chacune de ces grappes, qui contient de trois à quatre cents œufs, est fort grosse par rapport au volume de l'insecte ; la femelle va les pondre à l'eau, et ils tombent au fond par leur propre poids et s'y dispersent. Dès lors, sa mission est terminée et elle ne tarde pas à mourir.

Les Éphémériens ne sont pas destinés à briller au grand jour ; la nature semble n'avoir rien fait en leur faveur ; leurs formes sont délicates et assez élégantes ; mais leur couleur blanchâtre ou jaunâtre, tachetée de noir, n'a rien qui plaise à l'œil ; ils sont d'une mollesse et d'une fragilité extrêmes ; la moindre pression les défigure ; la dessiccation les racornit, et encore dans cet état le moindre souffle les casse ; aussi font-ils le désespoir des entomologistes.

La famille des Éphémériens se compose en réalité du seul genre *Ephemera,* bien que des entomologistes aient créé divers genres fondés sur des caractères peu importants.

L'Éphémère vulgaire (*Ephemera vulgata*) Pl. IV et fig. 46) est

FIG. 46 — Éphémère vulgaire. larve, nymphe et insecte parfait.

considérée comme le type du genre. Elle est brunâtre, tachetée de jaune, avec les quatre ailes transparentes, réticulées par des nervures brunes et ornées en outre de quelques taches de cette même couleur ; l'abdomen est terminé par trois filets d'un brun foncé. La larve est d'un jaune brunâtre, avec le thorax et l'extrémité de l'abdomen tachetés de noir. Cette espèce est la plus répandue en France ; c'est à elle surtout que se rapportent les détails qui précèdent.

La plus grande espèce connue est l'Éphémère à longue queue *Ephe-*

mera longicauda), longue de 25 à 28 millimètres, d'un blanc jaunâtre, avec la partie dorsale et les ailes un peu enfumées ; son abdomen ne porte que deux filets. Cette espèce se trouve abondamment en Belgique, en Hollande et en Allemagne, principalement dans les grandes rivières comme la Meuse et le Rhin. Sa larve a la tête allongée en forme de corne, et les jambes courtes et épaisses.

On rencontre encore en France et dans les environs de Paris les *Ephemera lutea, marginata* et *brevicauda*, qui portent, comme le *vulgata,* trois filets à l'extrémité de l'abdomen, et les *Ephemera striata, nigra* et *culiciformis,* qui n'ont que deux filets, comme le *longicauda.*

FAMILLE DES LIBELLULIENS

Les Libelluliens se distinguent par leurs antennes courtes, terminées par une soie ; par des mâchoires et des mandibules très-fortes ; des palpes labiales aplaties, recouvrant toute la bouche ; à l'extrémité de l'abdomen sont des appendices en forme de pince. Leurs quatre ailes sont grandes, égales, finement réticulées ; leurs torses ont trois articles.

Ces insectes légers, déliés dans leur taille, ornés de couleurs brillantes, ont de tout temps attiré les regards et ont reçu le nom de *Demoiselles*, très-approprié à leur tournure élégante ; mais ce sont de véritables nymphes chasseresses, essentiellement carnassières, et, comme tous les animaux de proie, on les voit continuellement voler au-dessus des eaux et dans les allées des bois, tantôt planant sur place à la façon de l'aigle ou du milan, tantôt décrivant des cercles rapides et s'élançant comme un trait sur quelque malheureux insecte, qu'ils saisissent et dévorent sans arrêter leur vol.

Lorsque le moment de la ponte est arrivé, la femelle se rend auprès des eaux ; elle se pose sur une branche ou sur une herbe placée au-dessus du liquide et y laisse tomber en un seul paquet tous ses œufs, qui descendent au fond et s'y dispersent.

Les Libelluliens sont des insectes au corps allongé, ressemblant le plus souvent à un petit tuyau cylindrique, formé de différentes parties, à peu près d'égale grandeur, et qui sont les segments. Leur tête est transversale et porte latéralement deux très-gros yeux et trois petits ocelles sur le vertex ; des antennes de cinq ou six articles, terminées par une soie, mais si courtes que c'est à peine si toute leur longueur égale la moitié de la tête ; la bouche se compose d'un labre court, large, très-mobile, de mandibules très-robustes, munies de dentelures aiguës, de mâchoires cornées, aiguës, munies d'épines ; les palpes sont de deux ou trois articles ; la lèvre inférieure très-grande, servant à clôre complétement la bouche. Le thorax est presque carré; les quatre ailes, de taille et de forme pareilles, ont le réseau très-petit et très-serré.

A l'état de larve ou de nymphe, les Libelluliens habitent le fond de nos étangs et de nos ruisseaux. Là, tapies dans la fange, elles attendent avec patience qu'un insecte, un mollusque ou même un jeune poisson vienne passer à leur portée. Alors elles débandent, comme un ressort, une arme fort singulière qui représente chez elles la lèvre inférieure. C'est une sorte de masque animé, armé de fortes pinces dentelées et porté par des pièces articulées, dont l'ensemble égale la moitié de la longueur du corps. Cet instrument agit à la fois comme une lèvre et comme un bras; il saisit la proie au passage et l'amène jusqu'à la bouche (fig. 47 et 48). Lorsqu'arrive le temps de sa métamorphose, la larve se traîne hors de l'eau où elle a vécu près d'une année, grimpe lentement sur quelque plante voisine et s'y suspend la tête en bas. Bientôt le soleil

Fig. 48.
Nymphe de Libellule.

Fig. 47.
Larve de Libellule.

dessèche et durcit sa peau, qui tout d'un coup éclate et se fend. La Libellule dégage d'abord sa tête et son corselet; ses pattes, ses ailes, encore molles et sans vigueur, se raffermissent au contact de l'air; au bout de quelques heures, elles ont pris toute leur force. Aussitôt la Libellule abandonne comme un vêtement usé la peau terne et limoneuse qui la couvrit si longtemps, et devenue Demoiselle, ou plutôt Mouche-dragon, comme l'appellent les Anglais (*Dragon fly*), elle s'élance à la recherche de sa proie.

Les larves des Libelluliens nous offrent encore quelques particularités dignes de remarque relativement à leur mode de respiration. N'ayant pas les pattes conformées pour la natation, elles ne peuvent venir par intervalle, comme beaucoup d'autres insectes, respirer l'air à la surface de l'eau; une disposition particulière vient obvier à cet inconvénient. L'extrémité de l'abdomen présente deux ouvertures, situées entre des appendices terminaux qui s'écartent ou se rapprochent à la volonté de l'animal. Quand il les écarte, une certaine quantité d'eau pénètre par ces ouvertures; des organes spéciaux, espèces de branchies internes, absorbent l'air contenu dans cette eau, qui est ensuite rejetée avec force par l'anus.

La famille des Libelluliens se divise assez naturellement en trois groupes ou tribus fondés sur le nombre des articles et la forme des palpes labiales; ce sont les *Libellulides*, les *Æshnides* et les *Agrionides*.

La première tribu, celle des LIBELLULIDES, a les palpes labiales de deux articles et le corps assez épais. Le grand genre *Libellula* comprend un nombre considérable d'espèces répandues dans le monde entier. On peut regarder comme le type du genre, la Libellule déprimée (*Libellula depressa*) (Pl. IV), très-commune dans toute l'Europe, où on la voit voler au bord des eaux pendant toute la belle saison.

Le mâle est d'un brun roussâtre avec l'abdomen bleuâtre en dessus; la femelle est d'un jaune olivâtre, avec les anneaux bordés de jaune latéralement; l'abdomen est large et déprimé dans les deux sexes. Les ailes sont blanches, diaphanes, avec une tache marginale noire, et parsemées de petits points jaunes.

La Libellule à quatre taches (*Libellula quadrimaculata*), également très-répandue en Europe, est de la même taille que la précédente. Elle est d'un brun jaunâtre, avec la tête et les côtés du corselet jaunes. Les ailes, blanches, diaphanes, jaunâtres à la base, portent chacune une tache noire; l'abdomen, d'un roux obscur, a le premier segment, l'extrémité du cinquième et les suivants entièrement noirs; les pattes sont de cette dernière couleur. Dans cette espèce, les deux sexes sont semblables.

Cette jolie Libellule représentée ci-après (page 80, fig. 49) est le *Libellula pulchella* de l'Amérique septentrionale. Elle est brune, tachetée de jaune; ses ailes, blanches et diaphanes, portent trois taches brunes. L'abdomen, fortement déprimé, est bleuâtre dans le mâle et d'un jaune brunâtre dans la femelle, avec le bord des segments d'un jaune clair.

Une autre espèce figurée dans notre Pl. V, la Libellule bordée (*Libellula marginata*), plus petite que les précédentes, est d'un brun brillant, avec la bordure des ailes d'un jaune pâle; l'extrémité de celles-ci est toujours blanche et transparente.

Le groupe ou la tribu des ÆSHNIDES se distingue à ses palpes labiales de trois articles, à son corps grêle, à ses yeux très-gros, peu écartés ou même contigus, comme dans les *Æshnes* proprement dites. Ce genre renferme un assez grand nombre d'espèces, dont le type est l'Æshne grande

FIG. 49. — *Libellula pulchella* (voy. page 79).

(*Æshna grandis*); c'est la plus grande Libellule de notre pays; elle a 7 à 8 centimètres de longueur et jusqu'à 12 centimètres d'envergure. Sa tête est d'un jaune ferrugineux, tachetée de brun; ses yeux énormes, d'un brun bleuâtre; le corselet roussâtre, avec deux bandes obliques jaunes sur les côtés; les ailes sont diaphanes, avec une tache marginale roussâtre; l'abdomen, d'un brun roux, portant sur chaque segment, du deuxième au huitième, deux petites lignes transversales jaunes dans son milieu et deux

taches bleues de chaque côté; les appendices abdominaux et les pattes
sont roussâtres. La femelle diffère du mâle par les taches de son abdomen, qui sont toutes jaunes, et le huitième segment est sans taches, comme
les derniers. Cette espèce est la plus répandue du genre; on la rencontre
dans la plus grande partie de l'Europe et communément aux environs de
Paris. Sa larve, qui se trouve en grande abondance dans les mares et les
étangs, est plus courte que celle des *Libellula ;* elle est d'un vert brunâtre,
avec des taches irrégulières plus foncées.

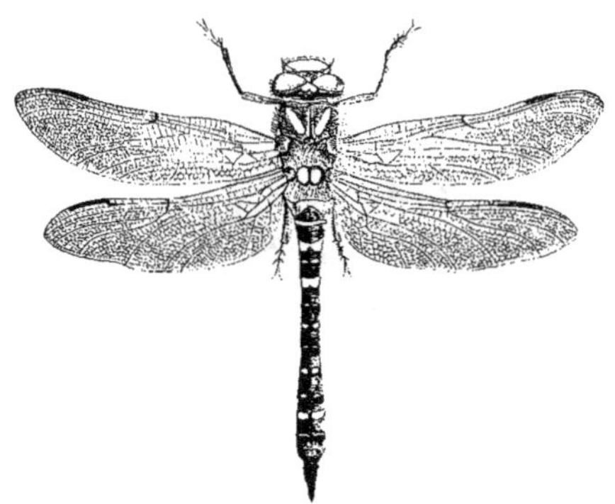

FIG. 50. — *Æshna annulata.*

L'Æshne à tenailles (*Gomphus forcipata*) est le type du genre *Gomphus,*
qui se distingue des Æshnes proprement dites par l'écartement des yeux.
D'un tiers plus petite que le *grandis,* le *forcipata* a la tête et le corselet
d'un jaune brunâtre varié de noir; l'abdomen est noir, avec tous les
segments tachetés de jaune sur les côtés et portant, les deux premiers
une tache jaune, et les suivants une ligne de même couleur; les pattes
sont noires. La femelle est semblable au mâle.

L'Æshne annulée (*Æshna annulata*) [fig. 50], également répandue en

Europe et dans les environs de Paris, est presque aussi grande que l'*Æshna grandis;* elle est noire, avec des taches d'un beau jaune ; ses ailes sont blanches et diaphanes, avec la tache marginale noire, petite et allongée. La femelle est tout à fait semblable au mâle ; mais ses appendices abdominaux sont plus courts. Dans cette espèce, les yeux sont moins grands et moins rapprochés que dans les précédentes, et l'abdomen se renfle en massue à l'extrémité. Ce dernier caractère a porté quelques entomologistes à en faire un genre particulier sous le nom de *Cordulegaster.*

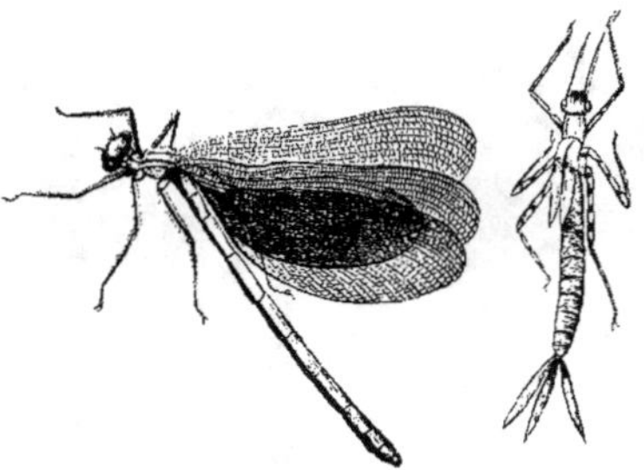

Fig. 51 et 52. — *Agrion puella* et nymphe.

La tribu des Agrionides se distingue à première vue par l'élégance des formes plus sveltes et par l'éclat des couleurs ; ces Libelluliens ont en outre les yeux petits, très-écartés et comme pédicellés ; leurs palpes labiales sont composées de trois articles.

Les *Agrions* proprement dits ont les ailes comme pétiolées à la base, pourvues de nervures basilaires parallèles et de cellules assez grandes ; leurs ailes sont transparentes. Le type du genre est l'Agrion Jeune-fille (*Agrion puella*) [fig. 51 et 52]; elle a 3 à 4 centimètres de long et 5 d'envergure. Sa tête et son corselet sont noirs en dessus, bleus en dessous ; les ailes sont blanches, très-diaphanes, avec la tache marginale brune ; l'abdomen est bleu, avec les cinq premiers articles tachetés de noir, le huitième et le dixième entièrement noirs; les pattes sont de cette dernière couleur. Toutes les parties qui sont bleues dans le mâle sont vertes dans la femelle.

FIG. 53. — *Merietogaster ornatus* (voy. page 81).

Cette espèce est commune en France et dans les environs de Paris, pendant toute la belle saison, dans les endroits marécageux.

L'Agrion sanguin (*Agrion sanguineum*) Pl. IV, de même taille que le précédent, est d'un beau rouge carmin tacheté de noir. Il habite aussi la France.

Le genre *Calopteryx* se distingue des Agrions, dont il a tout à fait l'apparence, par des ailes larges à la base, pourvues de nervures basilaires parallèles et de cellules très-petites. Dans ce genre rentre l'Agrion vierge (*Calopteryx virgo*) [Pl. IV], charmante espèce très-commune dans la plus grande partie de l'Europe et dans nos environs, où on la voit voler pendant toute la belle saison au bord des eaux. Elle est entièrement d'un beau bleu verdâtre métallique, avec les ailes diaphanes ayant une large bande transversale d'un bleu verdâtre. La femelle, d'un vert bronzé, a les ailes d'un vert métallique avec une tache marginale d'un jaune blanchâtre. Chez cette espèce, les deux sexes sont assez différents et ils ont tous les deux de nombreuses variétés. Sa larve est très-allongée, presque transparente, d'un vert sale, avec quelques nuances plus claires et plus foncées.

Nous figurons ici une espèce de l'Amérique du Sud, le *Mecistogaster ornatus* (fig. 53, voy. p. 83), remarquable par la longueur de son abdomen. Sa couleur générale est jaune ; les ailes sont transparentes dans les deux premiers tiers de leur longueur, puis lavées de jaune et ornées d'une tache d'un beau jaune opaque à leur extrémité.

FAMILLE DES MYRMÉLÉONIENS

Les Myrméléoniens se rapprochent des Libelluliens par leur structure générale, mais ils présentent des différences très-notables, surtout sous le rapport de leurs métamorphoses. Leurs caractères principaux sont d'avoir des ailes presque égales, planes ; les parties de la bouche solides ; les tarses de cinq articles ; les antennes filiformes, multiarticulées, les palpes maxillaires composées de quatre ou cinq articles.

Les Myrméléoniens sont terrestres à l'état de larves. Celles-ci sont courtes, élargies, avec une forte tête armée de longues mandibules. Elles sont très-carnassières et vivent d'autres insectes, dont elles s'emparent de diverses manières. Au moment de subir leur transformation en nymphe, elles se construisent un petit cocon soyeux, auquel sont ajoutées souvent des matières étrangères. La taille de ces larves paraît très-minime, comparée à celle des insectes parfaits, et en voyant le cocon piluliforme d'un Fourmi-lion ou d'un Hémérobe, on est étonné d'en voir sortir un si grand insecte.

La famille des Myrméléoniens se divise assez naturellement en quatre groupes ou tribus distinctes. Ce sont les Myrméléonides, les Némoptérides, les Hémérobiides et les Panorpides.

La première tribu, celle des Myrméléonides, est composée d'insectes bien reconnaissables à leurs antennes plus ou moins longues, mais toujours renflées vers l'extrémité. Dans le genre *Myrmeleo* proprement dit ou *Fourmi-lion,* ces antennes ne sont pas plus longues que la tête et le corselet réunis et elles sont renflées graduellement vers l'extrémité, tandis que dans le genre *Ascalaphe,* de la même tribu, ces antennes sont presque aussi longues que le corps et renflées subitement en une petite massue.

Les Fourmis-lions (*Myrmeleo*) ressemblent au premier coup d'œil aux Agrions, mais leurs antennes et leurs palpes les en font bientôt distinguer ; ils ont, comme ces Libelluliens, un corps très-allongé, une tête transverse avec deux gros yeux saillants, le corselet globuleux, les ailes grandes ; mais celles-ci sont douées de peu d'énergie, et ces insectes volent mal ; ces ailes sont, en outre, couchées dans le repos. Les Fourmis-lions sont carnassiers sous leurs deux états de larve et d'insecte parfait ; mais ce sont surtout les travaux et l'industrie de la larve qui ont de tout temps attiré l'attention sur ces insectes.

Cette larve a une tête et un corselet étroits, avec un abdomen large et très-volumineux. Les mandibules sont plus longues que la tête, grêles et un peu recourbées, formant une longue paire de pinces propres à saisir fortement une proie. La tête, qui est plate, a la forme d'un trapèze irrégulier, plus large en avant ; son insertion avec le corselet se fait au moyen d'un cou très-mobile et susceptible d'un grand allongement. L'abdomen, de forme ovoïde, est bombé en dessus et plat en dessous, divisé par anneaux et garni de poils raides. Les pattes sont composées comme à l'ordinaire, mais le tarse, d'un seul article, est terminé par deux crochets qui ont la faculté de s'écarter et de se rapprocher comme les sabots de certains ruminants, ce qui doit aider l'animal à marcher dans le sable, où il se tient continuellement.

Le type du genre Fourmi-lion (*Myrmeleo formicarius*) [fig. 54, voy. p. 87] est long d'environ quatre centimètres, noirâtre, avec quelques taches jaunes, et les ailes diaphanes, offrant quelques points ou taches noirâtres. Nous le figurons ici, ainsi que sa larve.

La larve du Fourmi-lion est d'un gris rosé, avec de petits bouquets de poils noirâtres sur les côtés du corps ; ses pattes sont assez longues et grêles ; les antérieures dirigées en avant, ainsi que les intermédiaires, tandis que les postérieures, plus robustes que les autres, sont très-serrées contre le corps et ne peuvent servir à l'animal qu'à se diriger en arrière. C'est d'ailleurs le seul mouvement qu'exécutent les larves des Fourmis-lions. Cette organisation ne leur permettant pas de poursuivre une proie, il a fallu que la nature leur enseignât l'art de construire des piéges ; et, comme nous allons voir, l'animal a profité de ses leçons.

Dès que le petit Fourmi-lion est sorti de l'œuf, il cherche un emplacement convenable pour creuser son piége. La femelle d'ailleurs, en fai-

sant sa ponte, a d'ordinaire pourvu d'avance à la recherche du terrain,
qui doit être sablonneux, composé de grains fins et secs, à l'abri des vents
et de la pluie; c'est assez souvent au pied de quelque vieux mur ou de
quelque gros arbre que le Fourmi-lion s'établit. Lorsqu'il a trouvé la place
qui lui convient, il commence par creuser un fossé circulaire, représentant la circonférence que doit avoir l'entonnoir; puis, marchant à reculons
et décrivant des tours de spire dont le diamètre diminue graduellement,
il enlève le cône de sable. Pour cela faire, il s'arrête à chaque pas, charge

FIG. 54. — Fourmi-lion et sa larve (Myrmeleon formicarius). (voy. page 86).

sa tête de sable, et, la relevant brusquement, lance son fardeau au delà de
son enceinte. Une heure lui suffit pour achever son travail. Il se place
alors au fond de son entonnoir, le corps enseveli dans le sable et ne laissant passer que les mandibules, qu'il tient ouvertes, comme le montre
notre planche V. Ainsi embusqué, il attend patiemment que le gibier lui
vienne. Malheur alors à l'insecte imprudent qui, cheminant, passe sur les
bords d'un trou dont le talus est raide et dont les parois sont prêtes à s'é-
bouler; quelquefois il tombe à l'instant au fond du précipice et y est aussitôt
dévoré; d'autres fois, ne tombant pas au fond, l'animal cherche à remon-

ter; mais le Fourmi-lion, averti par l'éboulement du sable de la présence de sa proie, dégage sa tête et fait jaillir sur lui une pluie de sable qui l'étourdit et la fait tomber à portée de ses redoutables mandibules. Dès que la larve du Fourmi-lion s'est emparée de sa victime, elle la suce pour absorber toutes les parties liquides qu'elle contient, et rejette ensuite sa dépouille au loin. Les fourmis étant très-nombreuses et ayant plus que les autres insectes l'habitude de courir à terre, sont plus exposées à servir de pâture aux Fourmis-lions; c'est ce qui a valu à ces derniers le nom sous lequel ils sont généralement connus. Le Fourmi-lion n'est cependant pas toujours heureux; mais la nature lui a donné un estomac capable de supporter de longs jeûnes, car on en a conservé vivants pendant plusieurs mois sans leur donner de nourriture.

Quand les larves de Fourmis-lions ont acquis tout leur développement, vers les mois de juillet ou d'août, elles se forment un petit cocon soyeux, mêlé de grains de sable et parfaitement rond comme une petite boule, dans lequel elles se métamorphosent en nymphes. Celles-ci rappellent déjà la forme du corps de l'insecte parfait, mais sont dépourvues d'ailes. Elles ne prennent les organes du vol que vers la fin d'août ou au commencement de septembre.

Le Fourmi-lion (*Myrmeleo formicarius*) est la seule espèce que l'on rencontre, et même assez communément, aux environs de Paris.

D'autres espèces de *Myrmeleo* habitent l'Europe méridionale et même le midi de la France; tels sont les *Myrmeleo libelluloides, pisanus, rapax*, etc. Les mœurs de leurs larves sont sans doute analogues à celles du Fourmi-lion, mais elles n'ont pas encore été observées avec le même soin.

Nous donnons, à la planche V, la figure d'une magnifique espèce, le *Myrmeleo caffer*, de l'Afrique australe. Sa couleur générale est le brun clair avec des taches jaunes. Les ailes sont transparentes, légèrement lavées de jaune et tachetées de brun plus ou moins foncé. La larve de cette espèce, comme celle du Myrméléon libelluloïde, chasse à découvert dans les lieux arides et sablonneux, mais sans creuser d'entonnoir.

Les Ascalaphes (*Ascalaphus*) se distinguent des Myrméléons par leurs

antennes longues, renflées à leur extrémité en une petite massue, rappelant celles des papillons diurnes; par leur abdomen beaucoup plus court,
par leurs ailes plus larges et moins longues. Tout le corps de ces insectes
est très-velu; leurs yeux sont comme formés de deux parties soudées
ensemble; leurs pattes sont courtes, avec cinq articles à tous les tarses.
Les espèces de ce genre habitent surtout l'Europe méridionale; une seule,

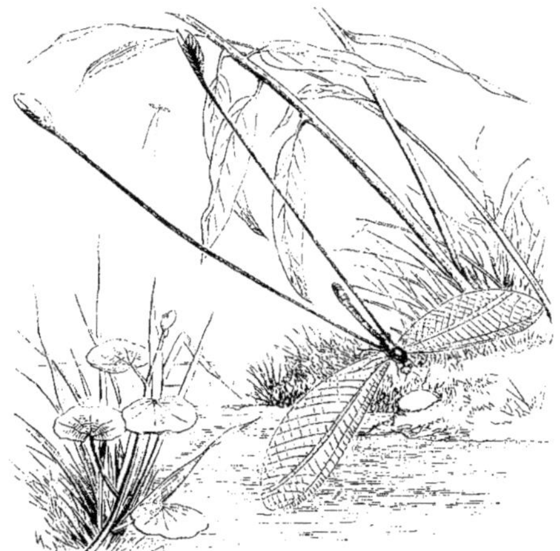

FIG. 55. — *Nemoptera imperatrix* (voy. page 80).

l'Ascalaphe longicorne (*Ascalaphus longicornis*, se montre dans le centre
de la France et rarement aux environs de Paris. L'insecte est noir, avec
le bord des yeux et les tibias jaunes; leurs ailes sont transparentes, à
nervures brunes, et tachetées de jaune-soufre. L'*Ascalaphus meridionalis*
se trouve en Provence. Ces insectes, au contraire des Myrméléons, ont
le vol rapide et puissant.

Nous donnons, planche V, la figure d'une belle espèce de l'Europe méridionale : l'*Ascalaphus kolyranensis*. Sa tête est noire, ornée d'un cercle de poils d'un jaune doré; le thorax et l'abdomen sont d'un pourpre très-sombre et dont on ne voit bien les reflets qu'à la pleine lumière. Les ailes ont le champ transparent, avec des taches variées, noires à la base, jaunes au centre, puis d'un brun foncé.

La tribu des NÉMOPTÉRIDES, caractérisée par des antennes sétacées, la tête un peu prolongée en bec, les ailes postérieures presque linéaires, souvent dilatées en forme de spatule, ne comprend qu'un genre, celui des Némoptères, dont on ne connaît qu'un petit nombre d'espèces des contrées chaudes de l'ancien continent; telles sont les *Nemoptera Coa* des îles de l'Archipel, *Nemoptera alba* de Bagdad, et *Nemoptera imperatrix* de l'Afrique occidentale (fig. 55, voy. p. 89). Cette superbe espèce n'est remarquable que par la beauté de ses ailes; les supérieures sont transparentes et irisées des couleurs les plus vives de l'arc-en-ciel; les inférieures sont transformées en une longue queue qui s'épanouit en palette comme les plumes caudales de certains oiseaux-mouches.

La tribu des HÉMÉROBIIDES est caractérisée par des tarses présentant entre leurs crochets une petite pelote, et par un abdomen dont la longueur ne dépasse pas celle de la tête et du corselet réunis. Le genre *Hémérobe*, type de ce groupe, se distingue par l'absence d'ocelles, par des ailes égales, disposées en toit au repos, sans dilatation. Leur nom, qui est synonyme de celui d'*Éphémère*, leur a été donné par Linné parce qu'ils sont censés ne vivre qu'un jour. Ce sont de fort jolis petits insectes; leurs yeux globuleux, souvent couleur d'or (*chrysops*), rendent leur tête beaucoup plus large que le corselet; leurs antennes sont longues, sétacées; le prothorax est long, plus étroit que la tête et les autres segments du corselet; l'abdomen est plus allongé que le reste du corps; les ailes sont presque deux fois aussi longues que le corps et très-transparentes. Mais si, séduit par son élégance, on saisit cet insecte, ce qui est facile, car, malgré ses longues ailes, son vol est lourd, il laisse après les doigts une odeur infecte, dont on a souvent de la peine à se débarrasser.

Les larves des Hémérobes (fig. 56-b) sont renflées au milieu du corps et pointues à leurs deux extrémités ; elles sont très-vives et très-souples. Elles vivent à l'air ou sous les feuilles et au milieu des pucerons dont elles font leur nourriture, car elles sont très-carnassières et ne s'épargnent même pas entre elles. On les voit saisir de leurs mandibules aiguës les pucerons les plus dodus, les élever en l'air, les sucer en moins d'une minute et rejeter les peaux vides ; elles en sacrifient ainsi un nombre considérable dans une seule journée, et Réaumur, qui les a étudiées avec soin, leur a donné le nom de *Lions des pucerons*. La larve de l'*Hémérobe chrysops*, espèce qu'a surtout étudiée Réaumur et que nous figurons ici (fig. 56-b. , a une singulière habitude : celle de se recouvrir des peaux vides de ses victimes comme un sauvage indien se pare des chevelures qu'il a scalpées. Dès qu'elle a sucé un puceron, d'un coup de tête elle jette sa peau sur l'extrémité de son corps et l'y fixe sans autre moyen que les irrégularités ou les poils qui s'y trouvent ; une seconde va joindre la première et ainsi de suite ; toutes ces peaux tiennent ensemble par le seul entrelacement de leurs parties. Dans quel but la larve de l'Hémérobe se revêt-elle de cette singulière armure ? est-ce pour se déguiser aux yeux de ses trop confiantes victimes, comme le fait la Réduve à masque, ou afin de se dérober

FIG. 56 à 63. — *Hemerobius chrysops.*

elle-même à la vue et aux attaques de ses propres ennemis, comme nous l'avons vu pratiquer à la larve du Criocère du Lis ? (*Coléoptères.*) Au milieu de l'abondance où vivent ces larves, elles ont bientôt pris tout leur accroissement ; aussi ne vivent-elles sous cet état qu'une quinzaine de jours ; passé ce temps, elles se retirent dans quelque feuille desséchée et se mettent, à l'abri d'un de ses plis, à construire leur coque au moyen de la filière qui est située à l'extrémité de leur abdomen ;

elle s'y renferme complétement et l'on est étonné que le corps de la larve puisse tenir dans un si petit objet qui atteint à peine la grosseur d'un petit pois ; mais l'insecte qui en sort avec ses grandes ailes, ses longues antennes et son corps menu, est encore plus incompréhensible. La durée du séjour des nymphes dans la coque varie selon la température. Ces nymphes, que nous figurons en *c*, sont recourbées dans leur cocon et portent leurs ailes et leurs antennes curieusement contournées.

Les femelles fécondées font leur ponte comme tous les autres insectes ; mais leurs œufs offrent une singularité remarquable. Ces œufs sont abondamment enduits d'une matière visqueuse, très-extensible, et qui, desséchée à l'air, reste élastique. La femelle, au moment d'en déposer un, appuie sur une feuille l'extrémité de son abdomen et le relève sans lâcher l'œuf ; la liqueur collée à la feuille s'allonge et forme un filet délié, au

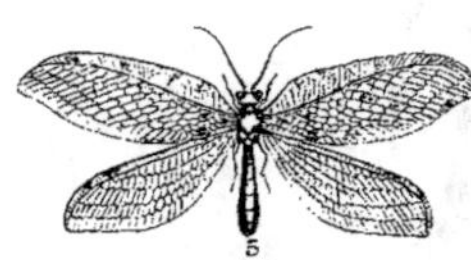

Fig. 64. — *Hemerobius chrysops.*

bout duquel se balance l'œuf qu'abandonne la femelle (fig. 56, *g. f.*). Ces œufs, portés sur de longues tiges, ressemblent tellement à certaines Mucédinées, que des botanistes les avaient classés comme telles.

Tout ce qui précède se rapporte surtout à l'Hémérobe aux yeux dorés (*Hemerobius chrysops*) [fig. 56 à 64]. Sa tête et son corps sont mélangés de noir et de vert ; ses antennes sont fauves, ses ailes diaphanes, azurées, ont les nervures longitudinales vertes et les transversales noires ; les yeux sont dorés dans l'insecte vivant.

L'Hémérobe perle (*Hemerobius perla*), un peu plus grand que le précédent, mais également commun dans nos environs, a le corps, les antennes et les nervures des ailes jaunâtres. Les yeux sont couleur d'or dans l'insecte vivant.

Le genre *Osmyle*, voisin des Hémérobes, en diffère surtout par les trois ocelles qui existent sur le vertex. Il a pour type une espèce assez répandue en Europe, l'*Osmylus maculatus*, dont la larve se trouve dans la terre humide et monte après les tiges des plantes pour se métamorphoser en nymphe. Cette espèce, assez rare aux environs de Paris, est d'un jaune brunâtre, avec les ailes diaphanes, d'un blanc irisé tachetées de noir.

La tribu des PANORPIDES forme un petit groupe assez singulier à raison de la forme de la tête des espèces qui la composent; cette tête est fortement prolongée en une sorte de bec long et grêle. Les antennes sont sétacées, les ailes postérieures arrondies, étroites. Le genre *Panorpa*, qui donne son nom au groupe, a pour type une espèce commune partout (*Panorpa communis*) (fig. 65). — Elle se tient dans l'herbe et les broussailles pendant toute la belle saison. Son corps est grêle, porté sur de longues pattes, tacheté de jaune et de noir. Les ailes sont transparentes, maculées de noir, et chevauchent l'une sur l'autre au repos, en recouvrant l'abdomen. Chez le mâle, l'abdomen se recourbe à l'extrémité sur le dos, et son dernier anneau est prolongé en une pince rougeâtre et gonflée, qui offre quelque ressemblance avec la queue relevée du scorpion. d'où le nom vulgaire de *Mouche-Scorpion,* qu'on lui donne parfois; mais il n'y a pas ici, comme chez le scorpion, de poche à venin; c'est un instrument de préhension et non une arme offensive. L'abdomen de la femelle se termine tout différemment: ses anneaux s'effilent en un long tube rétractile propre à la ponte des

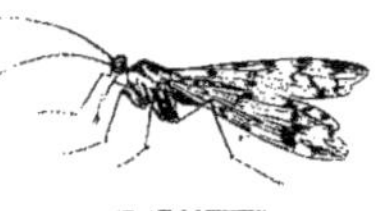

FIG. 65. — *Panorpa communis.*

œufs. Les Panorpes sont des insectes très-carnassiers et très-hardis : ils se jettent sur des papillons et des mouches beaucoup plus gros qu'eux, les percent de leur bec acéré et les emportent sur quelque plante pour les dévorer à leur aise.

La femelle dépose ses œufs dans la terre ; ceux-ci sont assez volumineux et éclosent au bout de huit jours. La larve se nourrit de débris organiques, et parvient à toute sa croissance au bout d'un mois. Sa couleur est alors d'un gris rougeâtre. La tête a la forme d'un cœur et est armée de fortes mâchoires; le corps est divisé en douze segments bien distincts, dont chacun porte des verrues garnies d'un bouquet de poils, comme certaines chenilles nocturnes, et sur les trois derniers segments sont des stylets cylindriques terminés par de longues soies. Cette larve s'enfonce en terre plus profondément pour se transformer en nymphe, et en sort à l'état ailé quinze jours après.

Les *Borées* se distinguent des Panorpes par l'absence d'ocelles et par l'état rudimentaire de leurs ailes. Ce sont des insectes de très-petite taille. Le Borée hyémal (*Borœus hyemalis*) habite le nord de l'Europe; on en trouve parfois des quantités considérables sur la neige.

FAMILLE DES RAPHIDIENS

Les Névroptères qui font partie de la famille des Raphidiens se distinguent à leurs ailes presque égales, ayant des nervures transversales peu nombreuses; à leur bouche un peu avancée en forme de bec, mais moins que dans les Panorpides. Leurs antennes sont sétacées, leur prothorax très-long et leurs tarses composés de cinq articles.

Cette famille renferme, comme la précédente, des types assez différents entre eux. Leurs larves sont beaucoup plus allongées que celles des Myrméléoniens, et leur genre de vie est bien différent. Nous la divisons en trois tribus distinctes, dont la première, celle des MANTISPIDES, est bien reconnaissable à ses pattes antérieures ravisseuses, à ses jambes très-renflées, armées d'épines, et dont les tarses peuvent se replier sur la jambe, de manière à former une pince préhensile. Cette tribu ne comprend qu'un seul genre, *Mantispa*, dont les espèces, quoique peu nombreuses, sont dispersées dans des régions très-opposées. Les Mantispes ont la tête large, avec des antennes courtes; le prothorax allongé et plus étroit que la tête, des ailes diaphanes à réseau assez lâche, des pattes antérieures ravisseuses comme celles des Mantiens parmi les Orthoptères, ce qui suffirait à indiquer les appétits carnassiers de ces Névroptères.

Le type du genre est la Mantispe païenne *Mantispa pagana*, qui se trouve dans le midi de la France et quelquefois, mais très-rarement, dans les bois des environs de Paris. Ses métamorphoses, longtemps ignorées, ont été récemment découvertes en Autriche et publiées par M. F. Brauer; elles offrent des détails très-curieux. La Mantispe femelle pond en juillet sur les buissons et les plantes basses de très-nombreux et très-petits œufs roses, d'où sortent de petites larves hexapodes, très-agiles, et qui courent çà et là aussitôt après leur naissance. Ces petites larves sont parasites et vivent aux dépens des petites araignées renfermées dans les cocons que les Lycoses, les Clubiones et quelques autres araignées errantes déposent dans des trous ou attachent aux tiges des végétaux. Les petites larves de Mantispes grimpent sur ces coques, les déchirent en un point à l'aide de leurs mandibules et entrent dedans. Là, elle attend patiemment l'éclosion des œufs et égorge les jeunes araignées à mesure qu'elles sortent. Elle grossit ainsi peu à peu au milieu d'une sorte de bouillie formée par les cadavres de ses victimes, puis, parvenue à son entier développement, elle subit une mue qui est une sorte de métamorphose; elle devient boursouflée, n'a plus que des pattes rudimentaires, grosses et coniques, impropres à la marche, et son abdomen se termine en pointe et se trouve muni de filières anales. Elle demeure ainsi quelque temps enroulée au milieu des cadavres des petites araignées, continue à y grossir, jusqu'à atteindre 8 ou 10 millimètres, puis se file un cocon d'un jaune verdâtre dans l'intérieur du sac à œufs de l'araignée. Au bout d'une quinzaine de jours, elle se transforme en nymphe, dont les yeux et les pattes antérieures ravisseuses pliées sur le côté indiquent déjà l'insecte parfait. Enfin, elle quitte son cocon, perce celui de l'araignée, et une nouvelle mue la fait sortir à l'état de Mantispe ailée.

Fig. 66. — *Mantispa grandis.*

Nous figurons ici le *Mantispa grandis* (fig. 66), le géant du genre, originaire de l'Afrique australe. Son corps est d'un brun pâle, et ses ailes sont transparentes, à l'exception d'une large bande bordant la portion supérieure de l'aile et qui est d'un jaune brun. Ses jambes ravisseuses sont très-robustes.

La tribu des RAPHIDIIDES, comme la précédente, ne renferme qu'un genre, *Raphidia*. Les Raphidies ressemblent aux Mantispes par les ailes et par la longueur du prothorax; mais leur tête est plus grande, plus aplatie, et leurs pattes antérieures ne sont pas ravisseuses, mais simplement propres à la marche, comme les autres. L'abdomen des femelles est, en outre, muni d'une longue tarière, un peu recourbée, au moyen de laquelle elles pondent leurs œufs sous les écorces, où leurs petites larves vivent de proie. Ces larves sont allongées, avec la tête très-large, aplatie, portant de petites antennes; leur premier anneau thoracique est écailleux et plus long que les suivants. Ces larves sont très-actives et remuent leur corps dans tous les sens comme des serpents. Les nymphes ne sont pas renfermées dans un cocon comme celles des Mantispes ou des Myrméléoniens; elles ressemblent déjà beaucoup à l'insecte parfait, et leurs ailes sont appliquées sur les parties latérales du corps.

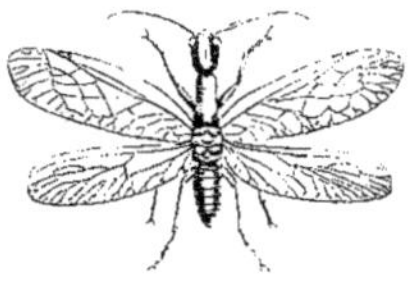

Le type du genre est la *Raphidia ophiopsis* (fig. 67), que l'on trouve, mais rarement, aux environs de Paris. Son corps est noir; ses ailes blanches, entièrement diaphanes, ont une tache

Fig. 67. — *Raphidia ophiopsis.*

noire vers leur extrémité; l'abdomen est noir avec plusieurs lignes longitudinales jaunes.

Les Semblides forment la troisième et dernière tribu de la famille des Raphidiens; elle se distingue des deux précédentes par la tête et le prothorax courts, les pattes simples et l'absence de tarière chez les femelles. Leurs antennes sont longues, filiformes et composées d'un grand nombre d'articles.

Le genre *Corydalis* est des plus remarquables. Nous figurons ci-après le *Corydalis armata* (fig. 68, voy. p. 98), qui habite l'Amérique du Sud (Colombie), et dont l'envergure des ailes atteint 14 centimètres. C'est la plus grande espèce connue jusqu'à ce jour. L'individu représenté ici est un mâle, et le principal caractère de ce sexe réside dans la conformation des mandibules, qui sont tellement développées, longues, aiguës, qu'on croirait voir un fourmi-lion gigantesque qui aurait conservé ses armes de larve. Chez la femelle, ces mandibules sont robustes mais courtes, et il y a autant de différence entre les deux sexes qu'entre ceux du Lucane cerf-volant et de sa femelle.

Le genre *Semblis* a pour type le Semblis de la boue (*Semblis lutaria*), très-commun dans notre pays. Les pêcheurs à la ligne, qui s'en servent comme amorce, le nomment *voilette*. Il est d'un brun enfumé, à ailès réticulées de noir ; les postérieures très-larges, recouvertes au repos

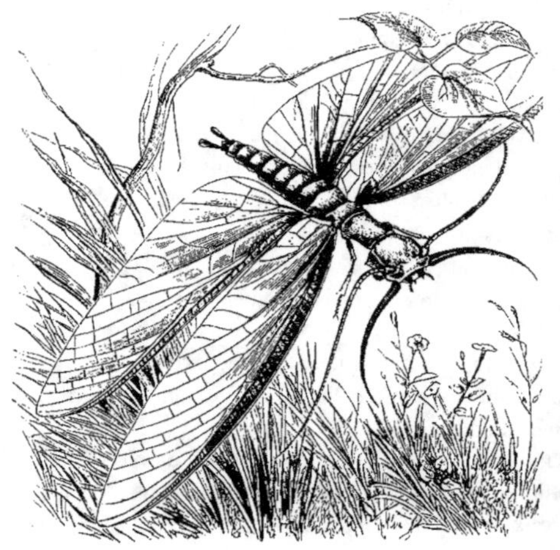

FIG. 68. — *Corydalis armata* ♂ (voy. page 97).

par les antérieures en forme de toit ; le mâle est d'environ un tiers plus petit que la femelle. Celle-ci pond sur les feuilles, les roseaux, les pierres placées au bord des eaux, des œufs allongés, qu'elle dispose les uns à côté des autres. Au sortir de l'œuf, la jeune larve se rend à l'eau. Cette larve a une tête écailleuse, pourvue d'yeux et d'antennes courtes, de quatre articles, dont le dernier en soie, des mandibules arquées munies de dents au côté interne. Leur abdomen porte à l'extérieur des organes respiratoires consistant en filets articulés disposés des deux côtés au nombre de deux sur chaque anneau. Au moment de se transformer en nymphes, ces larves sortent de l'eau et vont le plus habituellement subir leur transformation au pied des arbres; là, elles se creusent dans la terre une cavité ovalaire et y restent logées tant qu'elles demeurent sous la forme de nymphe. L'insecte parfait sort de la nymphe en laissant sa dépouille tout à fait intacte; il vit à peine quelques jours.

FAMILLE DES PHRYGANIENS

La famille des Phryganiens, dont quelques auteurs ont fait un ordre à part sous le nom de Trichoptères, comprend des insectes qui rentrent par leurs caractères généraux dans l'ordre des Névroptères. Leurs ailes membraneuses sont presque égales, offrant des nervures branchues sans réticulations transversales; leurs mandibules sont rudimentaires et leur bouche impropre à la mastication.

Les Phryganiens ont de grands rapports avec certains Lépidoptères de la famille des Phaléniens; ils ont, en général, des couleurs grisâtres assez sombres, des antennes longues et filiformes, et, comme les Psychés, ils ne prennent aucune nourriture à leur état d'insecte parfait. Ils forment en réalité le passage entre les Névroptères et les Lépidoptères, auxquels nous avons consacré un volume particulier.

Les Phryganiens sont répandus sur tous les points du globe, mais ils sont surtout nombreux en Europe. On les rencontre particulièrement dans les endroits marécageux, au bord des eaux. Ils volent le soir en grande quantité pendant les beaux jours d'été. Leurs larves sont aquatiques; elles ont une tête écailleuse, les trois premiers anneaux du corps également cornés, les autres extrêmement mous et le dernier constamment muni de deux crochets. Les parties latérales des anneaux de l'abdomen sont garnis d'organes respiratoires, dont la forme et la disposition varient suivant les genres et les espèces. Ces larves, ayant la plus grande partie de leur corps d'une consistance très-molle, seraient trop facilement la proie des nombreux insectes et reptiles carnassiers qui habitent les eaux, si la nature ne leur avait donné une industrie propre à les protéger: elles se construisent, en effet, des étuis ou fourreaux soyeux recouverts de corps étrangers, tels que des fragments de bois, de feuilles, de petites pierres, de petits coquillages, etc. Chaque espèce emploie toujours les mêmes matériaux, à moins qu'elle ne s'en trouve privée et ne soit obligée d'avoir recours à d'autres.

La forme de ces fourreaux varie beaucoup selon les divers matériaux dont ils sont construits; les brins d'herbes, les morceaux de bois, les pierres et les coquillages disposés et entrelacés de différentes manières, donnent à ces étuis les formes les plus irrégulières et les plus variées. Ces larves, en général, sortent la tête et le corselet de leur étui et le traînent après elles en marchant, ce qui leur a fait donner le nom vulgaire de *charrées;* mais il en est quelques-unes, cependant, qui se construisent seulement des abris immobiles. Ces larves, très-communes dans toutes les eaux stagnantes ou peu courantes, peuvent être facilement recueillies et mises dans un aquarium, où l'on aura le spectacle de leurs curieux travaux. Elles sont omnivores et se contentent parfaitement des feuilles de saule; la seule condition pour les conserver est de ne pas laisser corrompre l'eau dans laquelle on les conserve.

Quoique très-nombreux en espèces, les Phryganiens se ressemblent beaucoup; les entomologistes en ont fait cependant plusieurs genres, basés principalement sur la forme des palpes ou des nervures des ailes. Dans les Phryganes proprement dites (*Phryganea*), les palpes maxillaires sont plus longues que les labiales, de quatre articles, et les ailes sont pourvues de nervures transversales; dans les *Sericostoma,* ces palpes n'ont que trois articles et les ailes sont dépourvues de nervures transversales; les *Hydropsychés* ont les palpes maxillaires simples dans les deux sexes, les ailes sans nervures transversales, les jambes antérieures munies d'éperons; les *Mystacides* ont des palpes maxillaires très-longues et poilues, de cinq articles; leurs ailes sont pourvues de nervures transversales; enfin, les *Hydroptiles,* les plus petits des Phryganiens, ont les palpes de cinq articles, hérissées, et des ailes étroites.

Le genre Phrygane (*Phryganea*) renferme les espèces les plus remarquables; la *Phryganea grandis,* figurée dans notre Pl. IV, peut être considérée comme le type du genre; elle est assez commune en France et dans nos environs. Son corps, ses ailes et ses antennes sont couverts d'un duvet très-serré, plus long sur les nervures. Nous empruntons au livre intéressant de M. Pizzetta, l'*Aquarium*, la description des procédés mis en œuvre par la larve de cette espèce pour construire son fourreau.

« Il est fort intéressant de voir ces larves fabriquer leur étui; il faut donc les mettre à part dans un vase en verre, rempli d'eau limpide, qu'on aura toujours soin de laisser ouvert et à l'abri de la grande chaleur. Pour faire sortir une larve de son étui, il faut employer certaines précautions; car si on la tirait par la tête, elle se cramponnerait si fortement avec ses crochets abdominaux qu'on ne la retirerait pas entière. Le meilleur moyen est de la pousser par derrière avec une pointe émoussée ou une tête d'épingle; elle avance ainsi peu à peu et finit par sortir. Si l'on met une larve ainsi sortie à côté de son étui, elle cherchera à y rentrer; mais si on enlève celui-ci et qu'on lui donne les matériaux nécessaires, on la verra s'en fabriquer un autre.

« Prenons, par exemple, celle-ci, qui habite un étui de pierres (fig. 69, *a*). Après s'être promenée par tout le vase, comme pour reconnaître le terrain et choisir un endroit propre à confectionner son étui, la larve choisit deux ou trois petites pierres plates et en fait une voûte mince, soutenue par des fils de soie, au-dessous de laquelle elle se loge. Ce premier point accompli, on la voit successivement prendre une pierre avec les pattes et la présenter comme le ferait un maçon, cherchant à ce qu'elle rencontre exactement l'intervalle et à ce que la surface soit lisse à l'intérieur; elle l'attache alors par des fils de soie aux pierres voisines. Elle fait la même chose pour chaque pierre, en se tournant toujours en dedans de son ouvrage, dont elle sort le moins possible, et seulement autant qu'il le faut pour saisir les pierres qui lui conviennent. Elle met cinq à six heures à faire son étui, qu'elle tapisse entièrement de soie à l'intérieur.

« Si la larve se sert d'autres matériaux, coquilles, bois, feuilles, la fabrication de l'étui est la même, mais d'autant moins longue que les matériaux ont plus de surface. Elle commence toujours par la partie postérieure, et avance ensuite peu à peu. Arrivée au moment de sa transformation en nymphe, la larve s'enferme dans son étui et le bouche; elle sait que la mollesse de ses téguments et son impossibilité de fuir la livreraient sans défense à ses ennemis. Cette clôture de l'étui se fait aux deux

bouts par une grille ou tamis de soie, qui ferme l'étui sans empêcher l'eau
de passer. Celles qui font leur étui de pierres le ferment souvent avec
une seule pierre plate. »

Nous figurons ici plusieurs spéci-
mens de fourreaux (fig. 69 à 72 : en
b est celui de la *Phrygane rhombique,*
composé de petites bûchettes de bois
disposées transversalement; en *d* est
celui de la *Phryganea lunaris,* composé de brins d'herbes et de nervures
de feuilles savamment enchevêtrées ;

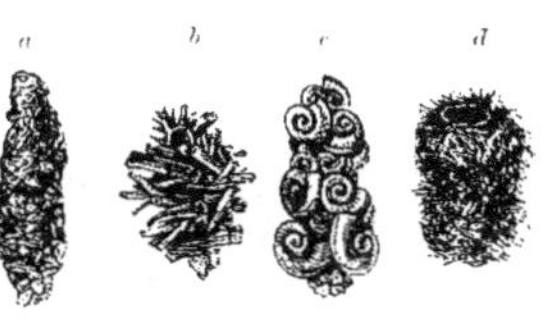

FIG. 69 À 72. — Fourreaux de Phryganes.

en *c* est représenté l'étui de la *Phryganea fusca,* fabriquée de petites
coquilles agglutinées par de la matière soyeuse.

FIG. 73 et 74. — *Phryganea fusca.*

La Phrygane brune (*Phryganea fusca*) fig. 73 et 74, de moitié plus petite
que la *Phr. grandis,* est d'un brun clair, avec des taches et les nervures
des ailes plus foncées. Elle construit son fourreau soit avec de petites

pierres, soit avec de petites coquilles, et elle choisit de préférence celles
des planorbes qui sont rondes et plates.

Nous avons dit que, pour se transformer en nymphe, la larve ferme
son étui aux deux extrémités, mais avec des fils de soie un peu lâches
pour laisser passer l'eau. Ces grilles sont souvent fortifiées de brins
d'herbes, de petites pierres, de bûchettes de bois, etc. Au bout de quinze

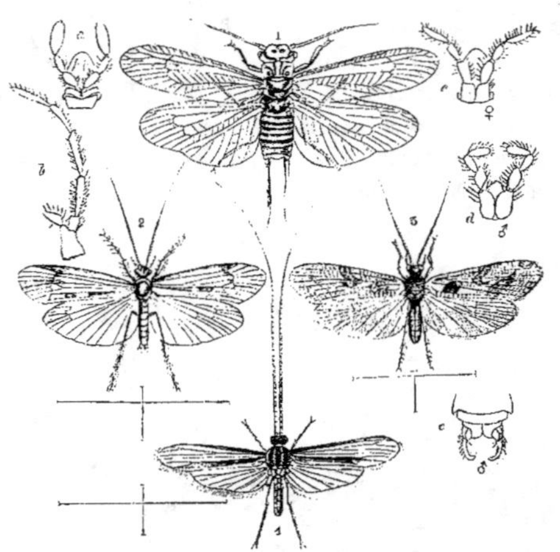

Fig. 75 à 83. — 1. *Perla marginata* (page 72). — 2. *Limnephilus bicolor. a.* lèvre. *b.* mâchoire et palpes.
c. lèvre de la femelle. *e.* pince anale du mâle. — 3. *Phryganea minor.* — 4. *Leptocerus ochraceus.*

à vingt jours, ces nymphes rompent la grille et sortent du fourreau. Elles
gagnent, en nageant sur le dos, quelque plante aquatique, sur laquelle
elles montent; puis, quelques instants après leur sortie de l'eau, leur peau
se boursoufle comme une vessie pleine d'air, se déchire sur le dos et donne
passage à l'insecte parfait, qui étend ses ailes, les sèche à l'air et s'envole.

Une fort jolie espèce de Phrygane, que l'on voit parfois voler le soir en grand nombre au-dessus des ruisseaux et des étangs, est la petite Phrygane (*Phryganea minor*) (fig. 75 (3), voy. p. 104). — La couleur du corps est d'un brun jaunâtre, avec le dessus de la tête et le thorax couverts d'un duvet jaune; les ailes supérieures sont d'un brun pâle avec des taches et une bande oblique d'un beau brun foncé; les ailes inférieures sont transparentes et irisées; les antennes, d'un brun clair, sont annelées de brun foncé. Une autre espèce, le *Limnephilus bicolor,* est représenté fig. 75 (2), (voy. p. 104). Ce petit genre diffère des Phryganes propres par les ailes plus étroites, coupées plus carrément au bout; leurs jambes intermédiaires sont, en outre, pourvues d'un seul éperon, tandis que les Phryganes en ont deux. Sur la même planche est représenté (fig. 75 (4), voy. p. 104) le *Leptocerus ochraceus,* qui appartient au groupe des Mistacides. Cet insecte est surtout remarquable par la longueur excessive de ses antennes.

Il y a de petites espèces très-analogues à l'état adulte, mais dont les larves offrent certaines différences. Ce sont les *Hydropsychés.* Il est de ces larves qui ont des branchies en touffes et, en outre, au bout de l'abdomen, deux longs pédicules à crochets, entre lesquels sortent quatre tubes rétractiles communiquant avec les trachées. D'autres, les *Rhyacophiles,* n'ont pas de branchies du tout, et portent à l'extrémité de l'abdomen deux tubes pour respirer l'air au dehors. Toutes ces larves se font des abris momentanés et fixes, dont elles sortent à volonté. Cet abri consiste le plus habituellement en une calotte ou réseau de fils de soie collés à une pierre plate, à une souche, à une plante immergée. D'autres enfin se font des tuyaux en terre durcie appliquée par un côté contre une pierre, et circulent dedans.

Le type du genre Rhyacophile (*Rhyacophila vulgaris* est long de 14 millimètres, et son envergure est du double. Il a le corps fauve, les antennes courtes et minces; les ailes supérieures diaphanes, à nervures fauves, avec une grande quantité de points bruns; les ailes inférieures n'ont pas de taches. La larve de cette espèce se tient dans les ruisseaux sous les pierres; sa tête est jaune avec trois taches noires, son corselet jaune et son abdomen varié de vert et de pourpre; le dernier segment de l'abdomen est terminé par quatre crochets dentelés en dessous. Cette espèce se trouve assez communément en France et en Suisse dans le milieu de l'été.

Les *Hydroptiles* sont de très-petits Phryganiens à antennes courtes et filiformes, à palpes maxillaires de 5 articles; leurs ailes sont terminées en pointe, très-velues, ayant leurs nervures peu distinctes. Ces insectes volent surtout le soir.

L'*Hydroptila pulchricornis* n'a que 3 millimètres de longueur; son corps est noir, ses ailes grisâtres tachetées de blanc. Ce joli petit insecte n'est pas rare aux environs de Paris.

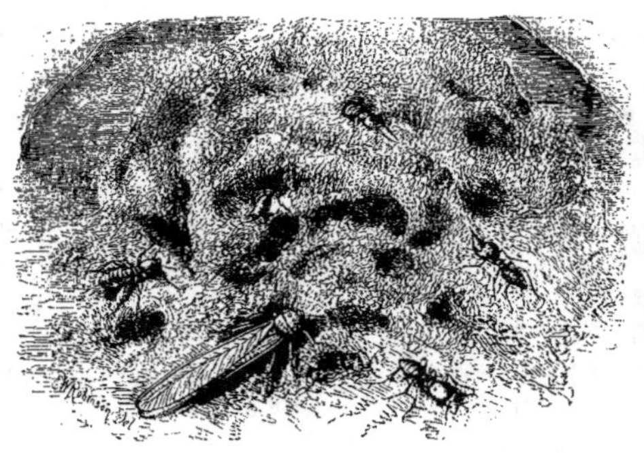

FIG. 84. — Termite lucifuge, femelle et soldats grossis.

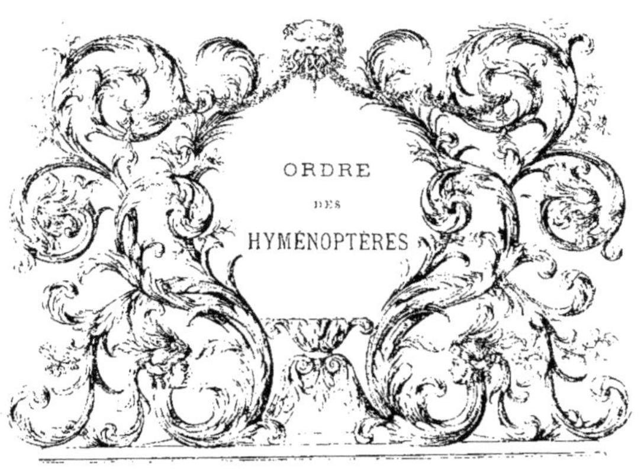

ORDRE
DES
HYMÉNOPTÈRES

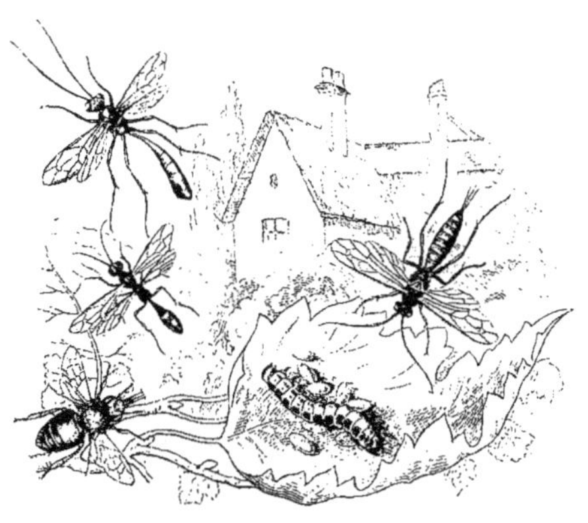

ORDRE DES HYMÉNOPTÈRES

L'ordre des Hyménoptères est certainement l'un des plus intéressants, tant à cause des différents genres d'industrie qu'offrent les insectes qui le composent, que par l'intérêt dont ils peuvent être pour l'homme, puisqu'ils renferment les insectes qui nous donnent la cire, le miel, la noix de galle, etc.

Les caractères rigoureux auxquels on reconnaît les insectes de cet ordre sont : quatre ailes nues, simplement veinées, dont les inférieures toujours beaucoup plus courtes ; des mandibules, des mâchoires et une lèvre susceptibles d'un grand allongement, modifiées de manière à former une trompe ; une tarière ou un aiguillon dans les femelles.

Dans la méthode, la place que doivent occuper ces insectes a souvent varié, selon la valeur des organes que l'on a voulu prendre pour base. Si l'on adopte les ailes pour caractère principal, comme l'ont fait beaucoup d'entomologistes, les Hyménoptères devront être placés entre les Névroptères et les Lépidoptères; mais si l'on considère les organes buccaux et le canal alimentaire, bien plus importants à notre avis, ces insectes doivent être intermédiaires entre les insectes broyeurs et les insectes suceurs, c'est-à-dire être placés entre les Névroptères et les Hémiptères.

Les Hyménoptères ont la tête globuleuse, verticale; les yeux à réseaux globuleux, ordinairement plus développés dans les mâles; ils ont en outre, pour la plupart, trois ocelles placés en triangle sur le vertex; leurs antennes varient de forme suivant les genres et même suivant les sexes; leur bouche se compose d'un labre incliné, de deux mandibules cornées, de deux mâchoires et d'une lèvre étroite souvent allongée en manière de trompe, d'une languette rétractile souvent très-longue, trifide, plumeuse; les palpes maxillaires sont le plus souvent de six articles et les labiales de quatre; les pattes ont toutes des tarses de cinq articles et terminés par deux crochets; les ailes sont transparentes, veinées longitudinalement, croisées l'une sur l'autre dans le repos, et unies, lorsqu'elles sont étendues, par une rangée de petits crochets fixés au bord antérieur des secondes; les nervures, en s'anastomosant entre elles, forment des cellules dont la forme et la grandeur ont servi au classement des Hyménoptères. L'abdomen tient au thorax par un étranglement formé par le second segment abdominal; il est formé de cinq à neuf segments, et muni à son extrémité soit d'une tarière, soit d'un aiguillon; l'un et l'autre sont composés de trois pièces principales : la tarière ou l'aiguillon proprement dit, et deux pièces qui l'enveloppent, formant une gaîne; la pièce principale est toujours dentelée. Les tarières sont extérieures, dépassant le corps ou logées dans une rainure inférieure de l'abdomen; les aiguillons sont toujours internes et portent à leur base des glandes venimeuses sur lesquelles agit l'aiguillon pour faire sortir la liqueur par l'effet même de la piqûre.

Les Hyménoptères sont des insectes terrestres, vivant à l'état parfait sur les fleurs ; c'est parmi eux que l'on trouve les mœurs les plus curieuses, les instincts les plus extraordinaires, appliqués surtout à la construction du nid et à la conservation des petits. Mais ces insectes, si bien doués à l'état adulte, sont au contraire très-peu avancés en sortant de l'œuf ; la majeure partie des larves est privée de pattes et demeure pendant toute sa vie dans le berceau où la mère est venue pondre son œuf. Rien ne varie plus d'ailleurs que la première demeure et l'alimentation propre au jeune insecte ; un instinct admirable guide la mère, qui place ses œufs dans les conditions les plus favorables à leur développement et à l'approvisionnement des larves qui doivent en sortir. Les unes sont nourries de miel, les autres de matières végétales, d'autres encore de proie vivante.

Tous ces insectes subissent des métamorphoses complètes, c'est-à-dire qu'ils demeurent, pendant leur état de nymphe, incapables de se mouvoir et de prendre aucune nourriture.

Sous le rapport de la classification, les Hyménoptères sont généralement divisés en deux grandes sections : les PORTE-AIGUILLON et les TÉRÉBRANS, suivant que les femelles sont armées d'un aiguillon ou d'une tarière. La première de ces sections comprend sept familles : les *Apiens*, les *Vespiens*, les *Euméniens*, les *Crabroniens*, les *Sphégiens*, les *Formiciens* et les *Chrysidiens*. La seconde section, celle des TÉRÉBRANS, comprend six familles : celles des *Chalcidiens*, des *Proctotrupiens*, des *Ichneumoniens*, des *Cynipsiens*, des *Siriciens* et des *Tenthrédiniens*. Nous allons passer successivement en revue toutes ces familles.

FAMILLE DES APIENS OU MELLIFÈRES

La première famille des Hyménoptères, celle des APIENS ou MELLI-
FÈRES, a pour types l'Abeille et le Bourdon. Tous les insectes qui la
composent savent fabriquer cette pâtée sucrée et parfumée qu'on appelle
miel, et dont ils nourrissent leurs larves. Ils ont pour caractères communs : mâchoires et lèvres ordinairement fort longues, constituant une
trompe ; lèvre inférieure plus ou moins linéaire avec l'extrémité soyeuse.
Pattes postérieures le plus souvent conformées pour récolter le pollen
des étamines, le premier article des tarses très-grand, en forme de palette
carrée ou de triangle. Ailes étendues pendant le repos.

La famille des Apiens se divise en plusieurs groupes ou tribus fondées
sur la forme des jambes postérieures et de la langue. La première de
toutes, celle des APIDES, qui renferme les Abeilles et les Bourdons, offre
pour caractères distinctifs des pattes postérieures ayant les jambes élargies
et le premier article des tarses dilaté à l'angle externe de sa base ; la
langue cylindrique presque aussi longue que le corps.

Les Abeilles proprement dites (*Apis*) ont les jambes postérieures
inermes ; le premier article des tarses quadrangulaire, avec son angle
supérieur proéminent. Ce genre comprend une dizaine d'espèces très-
analogues entre elles par la taille et les habitudes.

Celle qui vit en France et dans tout le nord de l'Europe, qui a été
l'objet des études de Réaumur et de Huber, est l'Abeille mellifique (*Apis
mellifica*, que nous figurons ici avec tous ses détails. Elle est de couleur
brune à duvet plus clair, avec l'abdomen d'un brun uniforme.

Celle dont parlent les anciens, et que l'on élève encore en Italie, en
Grèce et dans une partie de l'Orient, est l'Abeille ligurienne (*Apis ligus-
tica*. Elle ressemble beaucoup à notre espèce commune, mais en diffère
surtout par son corps brunâtre, avec les trois premiers anneaux de l'abdomen ferrugineux et bordés de noir.

Les Abeilles sont connues de toute antiquité. La Bible en fait mention et elles y sont désignées en hébreu sous le nom de *Déborah*. Les Grecs les nommaient *Melissa*, et, ne connaissant pas le sucre, le miel était pour eux d'autant plus précieux; aussi avaient-ils divinisé celui du mont Hymette et du mont Ida; mais ils avaient sur leur organisation et sur leur histoire beaucoup d'idées fausses. Ce n'est en réalité que depuis les observations admirables de Réaumur et de Huber que l'histoire des Abeilles est sérieusement connue. Ce dernier surtout a passé un grand nombre d'années à étudier les Abeilles, et ses découvertes ont fondé la véritable histoire de ces insectes, découvertes d'autant plus merveilleuses que Huber était aveugle. Il observait les faits par les yeux d'un domestique dévoué et en tirait les déductions qui ont donné le jour à l'un des ouvrages les plus importants sur les mœurs des insectes.

De toutes les sociétés que forment les animaux, celle des Abeilles est la plus parfaite, non-seulement par sa durée, mais encore par la complication des travaux qu'exécutent les individus qui la composent, travaux dont la perfection étonne même l'esprit humain.

La société des Abeilles est composée de trois sortes d'individus : les mâles, les femelles et les neutres ou ouvrières. Les femelles (fig. 87 à 97, 1 ♀, voy. p. 114, toujours en très-petit nombre — il n'en existe ordinairement qu'une dans chaque ruche — sont plus grandes que les mâles et les neutres; leur tête est presque triangulaire; leurs tarses sont dépourvus de brosses; leur abdomen, très-allongé, conique, est muni d'un aiguillon. On nomme cette femelle *reine* ou *mère-abeille*. — Les mâles des Abeilles (fig. 87 à 97, 2 ♂, voy. p. 114), que les éducateurs appellent ordinairement *Faux-Bourdons*, sont plus courts, plus ramassés et plus gros que les ouvrières. Leur tête est plus arrondie, ce qui est dû au grand développement des yeux; les tarses ont leur premier article allongé.

Les neutres ou *ouvrières* (fig. 87 à 97, 3 ♀, voy. p. 114) sont d'une taille un peu moins grande. Leur abdomen est armé d'un aiguillon dont la piqûre est très-douloureuse. Leurs pattes postérieures sont conformées pour exécuter les travaux de récolte et de construction. Ainsi, le premier article du tarse, qui a reçu le nom de *pièce carrée*, s'articule avec la jambe par son angle supérieur, de manière à se replier sur elle et à former une sorte de petite pince (fig. 87 à 97 *f*); en outre sa face interne est garnie de plusieurs rangées de poils raides qui l'ont fait nommer la *brosse*. La jambe a la forme d'une palette triangulaire et elle est creusée à sa face externe d'une petite cavité qui a reçu le nom de *corbeille*. La brosse sert à récolter le pollen des fleurs sur les étamines; la corbeille sert à l'emporter.

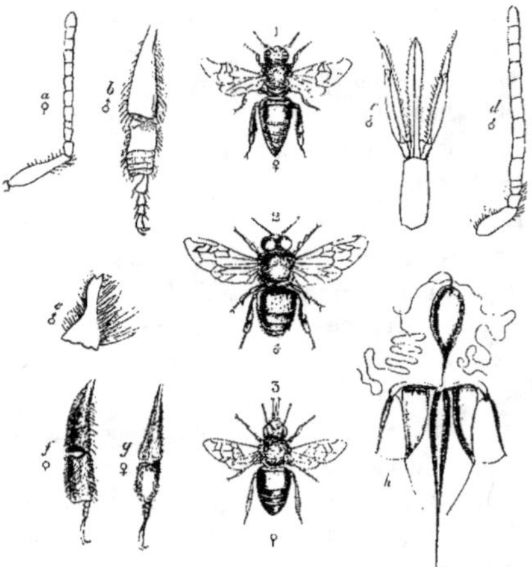

FIG. 87 à 97. — 1. Abeille femelle ou *Reine*. — 2. Abeille mâle ou *Faux-Bourdon*. — 3. Abeille neutre ou *Ouvrière*. *a*. Antenne de femelle. — *b*. Patte postérieure de mâle. — *c*. Langue de mâle. — *d*. Antenne de mâle. — *e*. Mandibule de mâle. *f*. Patte postérieure de neutre. — *g*. Patte postérieure de femelle. — *h*. Aiguillon et vésicule à venin.

L'Abeille provient d'une larve sans pattes, qui éclôt d'un œuf pondu par la reine ou mère-abeille, comme nous le verrons plus loin. Cette larve, molle, apathique, qui reste tout le temps renfermée dans sa cellule, est formée de treize à quinze segments, à l'extrémité desquels on voit d'un côté la tête, de couleur plus foncée, munie d'une petite lèvre, de mandibules courtes et d'une lèvre inférieure dont la langue porte une filière et deux palpes fort courtes. A l'autre extrémité du corps est l'anus, et, sur les côtés, il y a autant de stigmates que de jonctions d'anneaux.

Ce ver change plusieurs fois de peau, et, après sa dernière mue, se file un cocon soyeux pour y subir sa transformation en nymphe. L'insecte parfait éclôt sept ou huit jours après cette métamorphose, et il perce lui-même le cocon et le couvercle de sa cellule de cire. Toutes ses parties, molles d'abord, acquièrent de la consistance et prennent leur couleur.

Aux époques d'éclosion, le nombre des individus devient ordinairement si considérable, qu'ils ne peuvent plus être tous contenus dans la ruche. C'est alors qu'ont lieu ces émigrations qu'on désigne sous le nom d'*essaims*, et dont l'époque varie habituellement entre la mi-mai et la mi-juin. C'est toujours la naissance d'une femelle qui détermine une émigration, car deux reines ne sauraient vivre en bonne harmonie dans la même ruche.

L'essaim a ordinairement pour chef la femelle de l'année précédente, et se compose en grande partie de neutres qui ont passé l'hiver avec elle. Après avoir volé quelque temps sans se disperser, l'essaim, qui suit tous les mouvements de la reine, s'abat sur le lieu que celle-ci a choisi pour se reposer; ces individus s'accrochent les uns aux autres, et forment ainsi une grappe pendante d'une longueur souvent démesurée.

Partout où l'homme a réduit ces insectes en une sorte de domesticité, on profite de ce moment pour les faire entrer en masse dans une ruche préparée à l'avance pour les recevoir; mais quand l'essaim est sauvage, quelques neutres se détachent pour aller à la recherche d'un domicile convenable, qui consiste ordinairement en quelque cavité dans un tronc d'arbre, une fente de rocher ou tout autre endroit analogue. Quand il est trouvé, l'essaim conduit par la reine en prend aussitôt possession, et les travaux des neutres commencent sans retard. Les premiers consistent à boucher exactement tous les orifices, toutes les crevasses de leur nouveau domicile, en n'y laissant qu'une ouverture d'un faible diamètre pour l'entrée et la sortie. Elles se servent pour cela de *propolis*, matière résineuse qu'elles recueillent sur les bourgeons naissants de certains arbres, notamment le saule, le peuplier, et qu'elles emploient sans lui faire subir aucune préparation.

Ceci terminé, la récolte de la cire commence, ainsi que la construction des rayons, dont elle est l'unique matière. Ces rayons sont placés non horizontalement comme ceux des Bourdons, mais perpendiculairement, et se composent de cellules adossées par leur fond, légèrement hexagonales, et disposées de façon que leur base est formée de trois pièces rhomboïdales à peu près d'égale grandeur, de sorte que le fond d'une cellule d'un des côtés du rayon repose sur des portions de base de trois cellules du côté opposé (fig. 98); disposition qu'on a démontré mathématiquement être, conjointement avec la forme hexagonale, la plus propre à économiser l'espace et la matière. Toutes les cellules ne sont pas d'égale grandeur et varient à cet égard suivant leur destination; les plus nombreuses, destinées à recevoir les provisions de pollen et de miel, ainsi qu'à l'éducation des larves de neutres, sont les plus petites. D'autres, exactement de la même forme, mais de 2 millimètres environ plus fortes en diamètre, sont destinées aux larves des mâles. Enfin, après avoir terminé celles-ci, les neutres en construisent quatre ou cinq, qui n'ont rien de fixe dans leur position, pour recevoir les larves de femelles. Ces

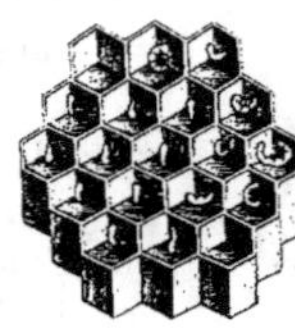

FIG. 98.
Cellules renfermant du Couvain.

dernières ont la forme d'un dé à coudre, et il entre dans leur construction près de 150 fois autant de cire que dans les cellules ordinaires; elles diffèrent encore de celles-ci en ce que leur ouverture n'est pas horizontale, mais perpendiculaire et dirigée en bas; elle est plus étroite que le fond, et les neutres l'agrandissent, ainsi que la cellule entière, au fur et à mesure que la larve qui y est contenue acquiert une plus grande taille. Le nombre des rayons dépend de la grandeur de l'habitation; ils sont parallèles et séparés les uns des autres par un intervalle de 12 à 15 millimètres environ, de sorte que les Abeilles circulent librement entre elles. Celui qui occupe le centre de l'habitation est le premier construit.

Aussitôt qu'un certain nombre de cellules ordinaires sont terminées, quelques-uns des neutres y déposent du miel, tandis que les autres sont occupés à en bâtir de nouvelles. Ceux qui apportent de la cire à cet effet ne recueillent pas de miel, et réciproquement. Chaque cellule, après avoir été remplie de cette substance, est fermée hermétiquement avec un mince couvercle de cire. Les Abeilles, en effet, le réservent pour la mauvaise saison et n'y touchent pas tant qu'il y a des fleurs. La nourriture des neutres, ainsi que celle de leurs larves, consiste en pollen, dont elles font aussi provision dans quelques cellules, en y mélant quelquefois un peu de miel.

La reine ne prend aucune part à ces divers travaux et ne quitte jamais la ruche, où les neutres l'entourent de leurs soins ; ils l'accompagnent en grand nombre partout où elle va, et la nourrissent en lui présentant au bout de leur trompe le miel qu'ils viennent de recueillir dans la campagne. Son unique charge est de pourvoir à la population de la ruche, et elle s'en acquitte en conscience. Ce qui se passe à cet égard dans la ruche, varie d'ailleurs suivant que la nouvelle colonie a eu pour reine une ancienne femelle ou une femelle de l'année.

Dans le premier cas, la femelle commence à pondre dans les cellules ordinaires, dès qu'il y en a un certain nombre de terminées, des œufs de neutres ; puis, quelque temps après, des œufs de mâles, et elle finit par déposer dans les cellules royales quatre ou cinq œufs de reine. Le développement de ces œufs a lieu très-rapidement, ainsi que la transformation des larves en nymphes et de celles-ci en insectes parfaits. L'évolution complète d'une ouvrière a lieu en vingt jours, à dater de l'instant où l'œuf a été pondu ; celle d'un mâle en vingt-quatre jours, et enfin celle d'une femelle en seize jours.

Quand la femelle a ainsi pondu tous ses œufs, elle meurt, et la ruche reste sans reine jusqu'à ce que les larves des jeunes femelles soient transformées : les neutres supportent patiemment cet interrègne sans interrompre leurs travaux. La première transformée de ces jeunes femelles se hâte de tuer les autres en les perçant de son aiguillon dans les cellules où elles sont renfermées ; si plusieurs éclosent à la fois, elles se battent à outrance jusqu'à ce qu'il n'en survive qu'une seule. Mais il peut arriver aussi que l'ancienne reine ne laisse aucune héritière; c'est ce qui a lieu lorsque les larves de jeunes femelles se transforment de son vivant en insectes parfaits; elle les massacre alors sans que les neutres s'y opposent. Il arrive dans ce cas l'une de ces deux conséquences : ou la société privée de chef cesse tout travail et se dissout, ou elle a recours au moyen suivant pour se procurer une nouvelle reine. Les neutres prennent une larve d'un jour dans une cellule ordinaire, la transportent dans une cellule royale et lui donnent pour aliment la pâtée particulière réservée pour les seules larves de femelle. D'ouvrière qu'elle eût été, la larve, ainsi élevée, devient femelle et hérite de tous les droits de la reine précédente. La nouvelle reine, quelle que soit son origine, sort de la ruche en plein jour, par un temps chaud et serein, suivie de tous les mâles qui lui font cortége, et elle célèbre ses noces. A son retour, elle devient l'objet des plus grands soins; les ouvrières l'entourent, la caressent avec leurs antennes et lui offrent à l'envi du miel. Quarante-six heures après sa rentrée, elle commence sa ponte, qui ne consiste jusqu'à l'hiver qu'en œufs de neutres; elle l'interrompt pendant toute la mauvaise saison et ne la reprend qu'en avril. Ses premiers œufs sont encore des œufs de neutres, après quoi elle en produit dans les premiers jours de mai plusieurs de femelles. Lorsque celles-ci sont arrivées à l'état parfait, les ouvrières les empêchent de sortir des cellules où elles sont renfermées, afin que leur mère ne les massacre pas. Dès que celle-ci s'aperçoit de leur existence, elle entre dans une grande agitation et parcourt la ruche dans tous les sens. Enfin, ne pouvant atteindre ses rivales, elle se détermine à quitter l'habitation et en sort accompagnée d'une foule de vieilles ouvrières. C'est ainsi que se produit le premier essaim. Le vide qu'il occasionne dans la ruche est comblé par les neutres qui éclosent en grand nombre chaque jour. Il ne reste qu'une nouvelle reine dans la ruche, qui se trouve presqu'entièrement composée d'individus de l'année. Quant aux mâles, les ouvrières les laissent en paix jusque vers la fin d'août, bien que leurs services soient inutiles; mais à l'époque en question, elles tombent sur eux et en font un massacre général qui dure ordinairement trois jours.

Ces massacres peuvent paraître cruels ; mais dans cette république sévère, la loi suprême est la conservation et le bien-être de tout le corps social ; du moment qu'un membre devient inutile, il n'obéit plus à la loi, il devient nuisible, il faut le supprimer. Ne concourant en rien aux travaux de la communauté, et passant leur vie à butiner sur les fleurs pour leur propre compte, il n'est pas juste que ces fainéants profitent pendant l'hiver des provisions qu'ils n'ont pas amassées.

Pendant l'hiver tous les travaux cessent dans les sociétés des Abeilles ; dès les premiers froids, ils commencent à languir. On ne voit plus sortir de la ruche que quelques ouvrières qui errent aux environs sans s'en éloigner beaucoup ; les autres restent dans l'habitation, pressées les unes contre les autres, et ont perdu une partie de leur activité sans toutefois s'engourdir complétement. Les Abeilles passent ainsi l'hiver, se nourrissant avec modération du miel contenu dans leurs cellules, jusqu'à ce que le printemps les rappelle à leurs occupations ordinaires.

Lorsque la tiède haleine des zéphyrs printaniers fait épanouir les corolles odorantes de milliers de fleurs dans les prairies et dans les bois, au fond de chaque calice des glandes particulières exsudent une liqueur sucrée que l'on nomme *nectar*. C'est avec ce sirop parfumé que l'Abeille fabrique son miel, et c'est pour recueillir ces gouttes de nectar qu'elle plonge au fond des corolles sa langue en forme de trompe (fig. 87 à 97 *c*, v. p. 114). L'Abeille voit à grande distance, et son odorat subtil la guide vers les fleurs préférées. Elle récolte également le pollen en se roulant dans l'intérieur des fleurs. Son mouvement fait détacher le pollen qui, en s'échappant des anthères, vient s'attacher aux poils dont son corps est couvert, et à l'aide des brosses qui garnissent les tarses de ses jambes postérieures, elle se nettoie et rassemble cette poussière jaune en deux petites boulettes qu'elle place dans la corbeille ou cavité de chaque jambe. Ce pollen, mêlé en diverses proportions au miel, forme la pâtée dont les ouvrières nourrissent leurs larves.

Pendant longtemps on avait pensé que la cire dont sont formées les alvéoles était due au pollen récolté par les ouvrières ; mais on sait aujourd'hui que la cire est sécrétée par lamelles minces entre les arceaux inférieurs des anneaux de l'abdomen. Huber confirma cette découverte, due à un paysan de Lusace, et constata même que les Abeilles nourries exclusivement de pollen ne sécrétaient pas de cire, tandis que celles qui mangeaient des matières sucrées en fournissaient.

Outre l'Abeille commune et l'Abeille ligurienne dont nous avons déjà parlé, on élève en Égypte l'Abeille à bandes (*Apis fasciata*) que l'on voit souvent représentée sur les monuments égyptiens. A l'île de France et à Bourbon on trouve l'*Abeille unicolore* qui fournit un miel vert très-estimé ; au Bengale vit l'*Abeille indienne*, au Sénégal l'*Abeille d'Adanson,* au cap de Bonne-Espérance l'*Abeille du cap,* etc.

Fig. 99. — *Melipona quadrifasciata.*

Les *Mélipones* ont les jambes postérieures munies d'une espèce de peigne à l'angle interne ; le premier article des tarses inerme ; l'abdomen convexe en dessus. Les Mélipones, propres à l'Amérique, où elles remplaçaient notre Abeille, sont plus petites, de formes plus ramassées, leur corps est plus velu, leurs pattes postérieures plus longues. Elles sont dépourvues d'aiguillon et font leurs gâteaux dans les creux d'arbres. La cire dont ils sont faits est brune. Tout autour des gâteaux à alvéoles hexagonales, qui servent au couvain, sont de grands pots arrondis où s'amasse le miel. Celui-ci est moins doux, mais plus odorant, plus coloré et plus fluide. La Mélipone à quatre bandes (*Melipona quadrifasciata*) du Brésil (fig. 99) est d'un brun roussâtre, avec une bande jaune sur chacun des quatre premiers segments de l'abdomen.

Les *Trigones* sont de très-petits Apiens, de formes raccourcies, à abdomen triangulaire, caréné en dessous. Nous figurons ici le *Trigona ruficrus* (fig. 100, v. p. 121), également du Brésil ; il est d'un noir brillant, à l'exception des cuisses postérieures, qui sont rouges. Les Trigones ont les mêmes mœurs que les Mélipones ; comme elles, elles sont privées d'aiguillons; on en connaît plusieurs espèces, dont quelques-unes des Indes et de l'Australie. Les indigènes de ce dernier pays sont très-friands de leur miel fortement parfumé. Pour découvrir les nids cachés dans les creux d'arbres, ils suivent de l'œil une de ces Abeilles au sortir de quelque fleur, ou même, pour mieux la distinguer, ils lui attachent un petit plumet de coton, et la suivent ainsi jusqu'à son trou.

Les *Bourdons* (Bombus), bien reconnaissables à leur corps gros et velu, ont pour caractères : les jambes postérieures biépineuses à l'extrémité; le premier article des tarses dilaté à l'angle externe de la base.

Les Bourdons comptent des espèces nombreuses, surtout en Europe; ils offrent dans leur organisation beaucoup de ressemblance avec les Abeilles. On trouve chez eux trois sortes d'individus : des mâles, des femelles et des neutres ou ouvrières; et ces dernières ont, comme chez les Abeilles, les pattes postérieures conformées pour la récolte du pollen. Les Bourdons forment des sociétés assez nombreuses et construisent des demeures spacieuses où ils élèvent leur progéniture; mais ces sociétés

Fig. 100. — *Trigona ruficrus* (voy. page 120).

sont annuelles et tous leurs membres meurent à la fin de l'automne, à l'exception de quelques femelles fécondes, qui vont passer l'hiver engourdies dans quelque trou et commenceront au printemps le logement de leur nombreuse postérité.

Dès les premiers beaux jours de mars, ces femelles se réveillent et se mettent aussitôt en quête d'un endroit convenable pour y établir leur nid. Elles profitent de quelque cavité naturelle ou de quelque trou de mulot, le nettoient le mieux possible, en lissent les parois, et le font communiquer au dehors au moyen d'une longue et étroite galerie, afin d'en rendre l'accès plus difficile aux ennemis.

Ces travaux terminés, la femelle forme avec du pollen une ou plusieurs masses arrondies dans lesquelles elle dépose des œufs, d'où sortent bientôt de jeunes larves, qui se trouvent ainsi au milieu de la nourriture qui leur convient. A mesure qu'elles la consomment à l'intérieur, la femelle en ajoute de nouvelle à l'extérieur de la boule, qui finit par devenir irrégulière et prendre l'apparence d'une truffe. Le moment de la transformation venu, ces larves, qui sont toutes des larves d'ouvrières, s'enveloppent dans une coque de soie de forme ovale, chacune accolant la sienne à celle de sa voisine, ce qui finit par former de véritables rayons irréguliers, composés de cellules, lorsqu'elles ont enlevé en sortant l'extrémité de ces coques (fig. 101). On trouve dans chaque nid plusieurs de ces rayons placés sans beaucoup de régularité les uns sur les autres. Aussitôt après leur naissance, les ouvrières aident la femelle dans ses travaux ; elles agrandissent le nid et nourrissent de pollen les jeunes larves qui ne sont pas encore transformées. Quelque temps après, la femelle pond des œufs de femelles et de mâles, qu'elle dépose dans les anciennes coques d'où sont sortis les neutres. Ces premiers individus sont inférieurs pour la taille à d'autres qui doivent paraître plus tard.

Fig. 101.
Coques de Bourdons des mousses.

Les neutres les nourrissent, tant qu'ils sont à l'état de larves, uniquement avec du miel et déposent le surplus de leur récolte dans les coques restées inoccupées. Vers la même époque on trouve dans les nids des espèces de godets construits avec la même cire qui forme la voûte intérieure du nid, et qui sont également remplis de miel. Après leur naissance, les femelles, qui vivent entre elles en bonne intelligence, aident les neutres dans leurs travaux. En août il naît d'autres femelles de plus grande taille, qui sont destinées à propager l'espèce l'année suivante, et lorsqu'arrivent les froids, la colonie se dissipe. Les femelles de petite taille ainsi que les neutres périssent ; celles de grande taille se cachent dans le nid même où elles se sont préparé à cet effet des cellules en mousse, et s'y engourdissent pour y passer l'hiver ; au premier printemps, elles se réveillent, comme nous l'avons vu, et vont fonder une société nouvelle.

Chaque nid peut avoir de 150 à 200 individus ; c'est à l'automne que la réunion atteint son chiffre le plus élevé ; mais aux premiers froids tout périt, sauf les quelques femelles fécondes dont nous avons parlé.

Les espèces les plus répandues dans notre pays sont : le Bourdon des mousses, le Bourdon des pierres, le Bourdon des bois, le Bourdon souterrain, le Bourdon des jardins, qui tous ont des mœurs analogues.

Fig. 102. — Nid du Bourdon des mousses.

Le Bourdon des mousses (*Bombus muscorum*) (Pl. VI) offre quelques particularités intéressantes. Son nid, qui a souvent 50 à 60 centimètres de profondeur, est recouvert d'un dôme de mousse cardée mêlée de terre (fig. 102), et la manière dont ils s'y prennent pour carder cette mousse est des plus curieuses : plusieurs Bourdons se mettent à la suite (fig. 103, voy. p. 124), le premier détache la mousse qui doit être travaillée et la pousse à celui qui est derrière lui ; le second l'éparpille avec ses pattes, puis la ramasse en une petite pelote, qu'il pousse de ses pattes de devant à celles de derrière et l'envoie à un troisième placé derrière lui, et la mousse, cardée et poussée ainsi de Bourdon à Bourdon, arrive dans l'état voulu à sa destination.

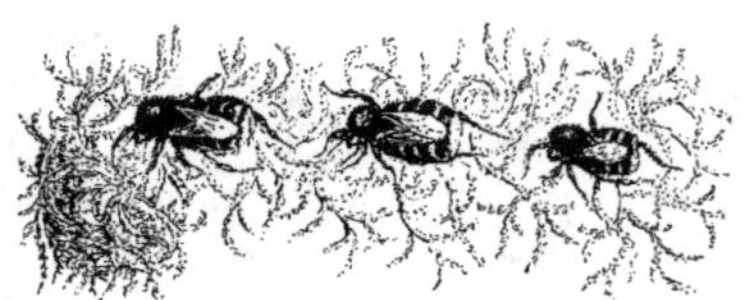

FIG. 103. — Bourdons cardant la mousse (voy. page 123).

Le Bourdon des pierres (*Bombus lapidarius*), dont nous figurons ici les

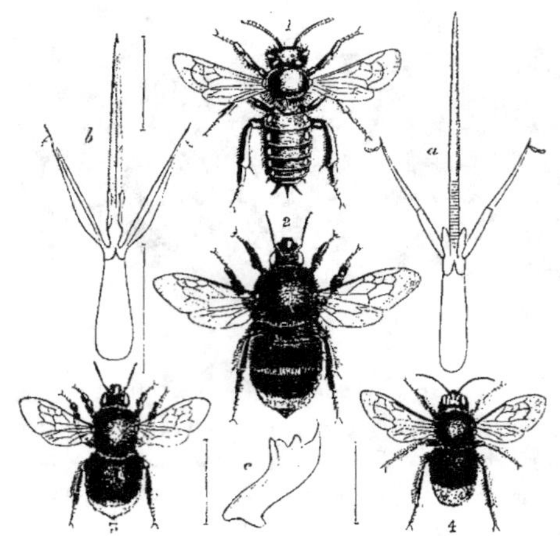

FIG. 104 à 110. — 1. *Anthidium manicatum*. — *a*. Langue d'*Anthidium*. — *c*. Mandibule d'*Anthidium*. — 2. *Bombus lapidarius* femelle. — 3. *Bombus lapidarius* neutre. — 4. *Bombus lapidarius* mâle. — *b*. Langue de *Bombus*.

trois sortes d'individus (fig. 104 (2), 104 (3) et 104 (4), ne se construit pas de nid et vit sous les pierres. La femelle et l'ouvrière sont noires, avec

l'extrémité de l'abdomen d'un rouge brique vif ; le mâle porte en outre
trois bandes jaunâtres, deux aux deux extrémités du corselet, et l'autre à
la base de l'abdomen. Cette espèce, moins industrieuse que les autres,
ne se creuse pas de nid et vit sous les pierres.

Nous avons représenté dans notre planche VI le Bourdon des bois
(*Bombus lucorum*) avec son nid ; on y voit les cellules, placées irréguliè-
rement et faites d'une cire grossière et brune. La couleur du Bourdon est

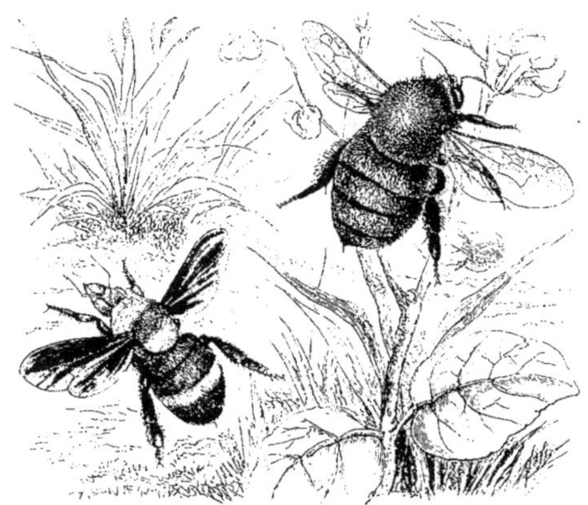

FIG. 111. *Bombus cajanensis.* — FIG. 112. *Bombus eximius.*

noire avec le devant du thorax et le second anneau de l'abdomen jaune ;
les trois derniers anneaux sont blancs.

Parmi les espèces étrangères, également fort nombreuses, nous citerons les *Bombus cajanensis* et *Bombus eximius*, que nous figurons ici.
Le premier à gauche (fig. 111) est, comme son nom l'indique, natif de
Cayenne ; il est noir avec des bandes d'un jaune brillant. L'énorme Bourdon qui s'élève à droite (fig. 112), *Bombus eximius*, habite le Bengale. Il

est couvert d'un long poil touffu d'un aspect velouté, et les segments de l'abdomen sont frangés de longs poils châtains.

La tribu des PSITHYRIDES se distingue de celle des Apides par des pattes postérieures simples, sans dilatation ni poils propres à retenir le pollen ; leur langue est cylindrique, aussi longue que le corps.

Les *Psithyres*, que l'on a pendant longtemps confondus avec les Bourdons, auxquels ils ressemblent beaucoup par leur corps velu et par la disposition de leurs couleurs, n'ont pas les pattes disposées de manière à récolter le pollen ; aussi ne construisent-ils pas d'habitation et n'existe-t-il chez eux que deux sortes d'individus, des mâles et des femelles. Incapables de nourrir et d'abriter leurs larves, ces Psithyres, grâce à leur livrée pareille, pénètrent dans les nids des Bourdons et y pondent leurs œufs ; semblables en cela aux coucous, qui déposent les leurs dans les nids d'autres oiseaux, et dont les petits avides et gloutons prennent une partie de la nourriture apportée par les pauvres parents et affament même souvent les enfants légitimes.

Les Bourdons confondent les larves étrangères avec les leurs, les entourent des mêmes soins et de la même sollicitude. Ces larves y subissent leurs métamorphoses et s'envolent à l'état d'insectes parfaits pour opérer comme l'a fait leur mère.

Quelques entomologistes donnent aux Psithyres le nom générique d'*Apathus*. Nous figurons dans notre planche VI l'*Apathus vestalis,* qui vit dans le nid du Bourdon des jardins, dont il porte la livrée. Le Psithyre des rochers (*Apathus rupestris*) pond dans le nid du Bourdon des pierres, auquel il ressemble beaucoup.

La tribu des ANTHOPHORIDES a pour caractères : les jambes postérieures dilatées en forme de palette, et le premier article des tarses offrant aussi une palette en dessus et une brosse en dessous ; la langue toujours plus longue que la moitié du corps.

Chez les insectes qui composent ce groupe, il n'existe jamais que deux sortes d'individus, des mâles et des femelles. On ne trouve plus ici ces admirables sociétés, modèles d'ordre et de prévoyance. La femelle vit solitaire et construit elle-même un nid divisé en cellules ; mais elle ne sécrète pas de cire. Dans chaque cellule elle pond un seul œuf, et la larve apode qui en sort se nourrit du miel et du pollen qu'y a déposés la mère. Celle-ci, dès qu'elle a pourvu à la sûreté et à l'alimentation de sa progéniture, meurt sans la voir éclore.

Les *Anthophores* proprement dits ont encore, comme les Abeilles et les Bourdons, les pattes postérieures élargies et munies de brosses, de façon à pouvoir récolter le pollen ; leurs mandibules sont étroites et pointues , leurs antennes courtes et filiformes. Les Anthophores sont des insectes printaniers, qui volent avec beaucoup de rapidité, ne s'arrêtant que peu sur chaque fleur. Les femelles établissent leur nid dans les terrains coupés à pic ou dans les vieux murs, se servant pour cela des trous qu'elles y trouvent et qu'avec de la terre elles savent rétrécir à la grandeur qu'elles désirent ; avec la même terre elles fabriquent de petites cellules en forme de dés à coudre, très-lisses, qu'elles remplissent de pâtée et où elles déposent un œuf ; il existe quelquefois deux de ces cellules l'une au-dessus de l'autre ; le nid est ensuite fermé avec de la terre.

Le type du genre, l'Anthophore des murs (*Anthophora parietina*), est noir, avec une bande roussâtre ou grisâtre sur le milieu de l'abdomen ; les tarses sont garnis de poils roussâtres. Cette espèce construit sur les murs des tuyaux cylindriques formés de petits grains de sable agglutinés. On la trouve assez communément aux environs de Paris. — Les Anthophores abondent dans les ravins arides de la Provence exposés au brûlant soleil du Midi ; on les y rencontre souvent en quantité telle, qu'on croirait à la présence d'une ruche ; mais, en réalité, ces insectes ne sont que des voisins indifférents qui ne s'occupent point les uns des autres, à moins que l'un d'eux ne tente de s'emparer du trou d'une de ses compagnes, ce qui donne alors lieu à de furieux combats. Ce qu'il y a de plus singulier, c'est qu'un Hyménoptère parasite, le *Melecte*, qui vit à ses dépens, et dont nous parlerons plus loin (*Nomadides*), vient impunément pondre ses œufs dans son nid, sans que l'Anthophore paraisse s'en émouvoir.

Les *Euglosses*, remarquables par leur trompe, aussi longue que tout leur corps, et par leurs jambes postérieures très-dilatées, en forme de palette creuse, sont parées des plus brillantes couleurs. Ces insectes habitent l'Amérique méridionale. L'*Euglossa Romandi,* figurée dans notre planche VII, où elle est représentée plongeant sa longue trompe dans la corolle d'une passiflore, est un très-bel insecte ; son abdomen est d'un beau vert brillant changeant en pourpre à la base ; le thorax est pourpre et la tête verte à reflets dorés.

Sur la même planche, et insérant sa trompe dans la fleur de passiflore, est un insecte du même groupe, également remarquable, le *Chrysantheda frontalis.* Son corps est d'un vert brillant, finement ponctué, et ses ailes sont brunes avec des reflets bleus bien accusés. Cet insecte est parasite et pond ses œufs dans le nid de la grande Xylocope qui vole au-dessus (Pl. VII).

Les *Eucères* sont remarquables par la longueur de leurs antennes, qui, surtout dans les mâles, dépassent parfois celle du corps tout entier. Dans notre planche VI est figurée l'*Eucera longicornis.* Elle est noire, couverte d'un duvet brun en dessus et gris cendré en dessous. Cet insecte n'est pas rare en France ; ses habitudes sont exactement les mêmes que celles des Anthophores.

Les *Xylocopes* ou *Abeilles charpentières* de Réaumur ont les jambes postérieures garnies de longs poils en dessus et en dessous ; ils ont en outre les mandibules élargies à l'extrémité, sillonnées, fortement dentées et propres à couper le bois. Ce sont des insectes de la taille de nos gros Bourdons et parfois même beaucoup plus grands.

Le type du genre, la Xylocope violette (*Xylocopa violacea*), est la seule espèce européenne ; on la reconnaît à son gros corps d'un noir violacé, et à ses ailes noirâtres, sans transparence. Sa tête et son corselet sont très-velus. Cet insecte n'est pas rare aux environs de Paris. On le voit butiner au printemps sur les fleurs des arbres fruitiers. La femelle creuse des galeries dans le bois pourri, dans le sens des fibres, et divise ces galeries en cellules, au moyen de petites séparations, comme on le voit ici (fig. 113, voy. p. 129). Dans chaque cellule, elle dépose une provision de miel et de pollen, exactement calculée pour chaque larve, et y pond un œuf ; puis, elle ferme la cellule par un plafond de sciure de bois humectée d'une salive gluante. Sur ce plafond, elle dépose un nouveau tas de pâtée et un nouvel œuf, et ferme la cellule, et ainsi de suite jusqu'à ce que sa ponte soit achevée.

Le percement de ces galeries est pour la Xylocope un travail herculéen, car elles ont parfois jusqu'à 3o centimètres et plus de longueur; ces galeries sont perpendiculaires et obliquent un peu, de manière que le fond se rapproche de la superficie du bois. Le premier œuf pondu a été déposé au fond de la galerie, et les cellules superposées de bas en haut. C'est donc l'œuf placé le plus profondément qui éclôt le premier, et comme, pour sortir de sa cellule et remonter vers l'orifice supérieur, il aurait dû traverser toutes les autres cellules et massacrer ses sœurs, sa tête se trouve tournée vers le fond de la cellule, et lorsque l'insecte parfait est éclos, il cherche naturellement à sortir de ce côté, et c'est pour cela que la mère a rapproché le fond de sa galerie de la superficie du bois. La Xylocope nouvellement née perce donc la mince paroi qui la sépare du monde et prend son vol, après avoir ainsi frayé la route à ses sœurs, qui se transforment successivement suivant l'ordre de la ponte.

FIG. 113. — Nid du *Xylocopa violacea* (voy. page 128).

On trouve des Xylocopes dans toutes les parties du monde, mais surtout dans les régions chaudes. Dans notre planche VII est représenté le *Xylocopa morio* du Brésil, d'un beau noir brillant, avec les ailes brunes, et dans la figure ci-après le *Xylocopa nigrita* (fig. 114 et 115, voy. p. 13o) de l'Afrique australe. Dans cette espèce, les deux sexes ont des couleurs différentes : le mâle (à gauche) est couvert de poils jaune orange, et ses ailes sont transparentes ; la femelle est noire, garnie d'un poil grisâtre.

On a fait les genres *Centris* et *Epicharis* de quelques Xylocopes de l'Amérique équatoriale dont les mandibules sont quadridentées ou tridentées, tandis qu'elles ne sont qu'unidentées dans les vraies Xylocopes. Dans notre planche VII est représenté le *Centris denudans,* bel Hyménoptère brésilien. Son corps est d'un beau noir velouté ; le thorax est couvert d'un poil épais, de couleur orange, et les ailes sont brunes, à reflets bleus. Ses mœurs nous sont inconnues ; mais sa structure générale et la grande ressemblance qu'il offre avec nos Xylocopes font présumer que leurs habitudes sont analogues.

La tribu des ANDRÉNIDES comprend des Apiens qui ressemblent beaucoup à ceux des tribus précédentes par l'aspect et la structure générale ;

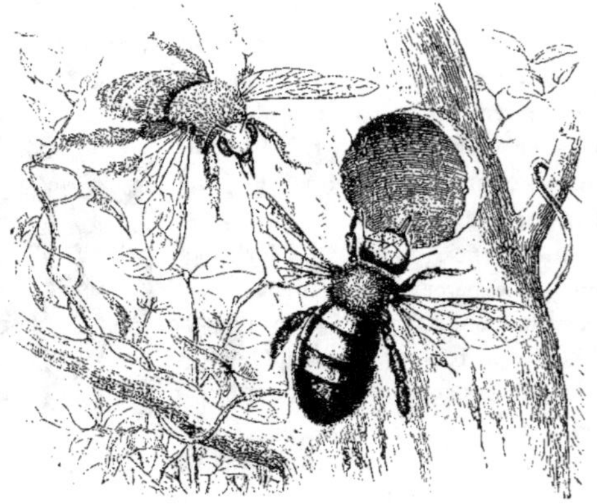

FIG. 114. — *Xylocopa nigrita* ♂. · FIG. 115. *Xylocopa nigrita* ♀ (voy. page 129).

mais ils s'en distinguent par leur languette ou lèvre inférieure dont le lobe intermédiaire, en forme de cœur lancéolé, est plus court que leur tête. Ils ont, en outre, les jambes postérieures munies de longs poils propres à récolter le pollen, avec des espaces lisses sur les hanches, à la base des cuisses et sur les côtés du corps.

Les Andrénides vivent tous solitairement et n'ont que deux sortes d'individus, des mâles et des femelles. Ces dernières ramassent avec les poils de leurs pattes postérieures le pollen des étamines et en composent avec un peu de miel une pâtée pour nourrir leurs larves. Elles creusent dans les terrains argileux, ou dans le mortier des murailles, des trous profonds pour y placer le berceau de leur progéniture, où elles déposent avec la pâtée mielleuse un œuf, et ferment ensuite l'ouverture avec de la terre ; mais on remarque cependant des différences importantes dans les habitudes, suivant les genres et les espèces.

Les *Dasypodes* ont le premier article des tarses postérieurs long, garni de très-longs poils ; leur langue est assez longue et linéaire ; leurs antennes assez longues, arquées dans les mâles, un peu renflées dans les femelles. L'espèce la plus commune, le Dasypode à pieds hérissés (*Dasypoda hirtipes*), planche IX, est très-répandue dans la plus grande partie de l'Europe. Cette espèce est couverte d'une pubescence grisâtre très-serrée, ayant l'abdomen de cette couleur chez le mâle, avec de longs poils au bord de chaque segment ; il est noir chez la femelle, avec quatre lignes transversales blanches et les pattes postérieures couvertes de poils roussâtres. Elle butine de préférence sur les plantes chicoracées, et creuse dans les chemins des trous profonds.

Une autre espèce, le *Dasypoda plumipes*, que nous représentons fig. 116, se trouve en Europe ; il a le corps noir, le thorax couvert d'un poil soyeux couleur d'or ; ses jambes sont également frangées de longs poils jaunes.

FIG. 116. — *Dasypoda plumipes.*

Les *Andrènes* proprement dites ont le premier article des tarses postérieurs court, dépourvu de longs poils ; la langue courte, dilatée à l'extrémité ; les antennes assez longues dans les deux sexes. Ce genre renferme un assez grand nombre d'espèces, la plupart indigènes. Leurs femelles creusent des trous dans un sol exposé au midi et enlèvent la terre à l'aide de leurs pattes ; elles déposent ensuite un œuf dans ces trous après l'avoir approvisionné d'une pâtée composée de pollen et de miel, et le rebouchent avec soin en y rejetant une partie de la terre qu'elles en avaient tirée. On connaît deux ou trois espèces de ce genre aux environs de Paris ; la plus commune, et celle qui lui sert de type, est l'Andrène des murs (*Andrena*

Flessæ) [fig. 117]. Elle est d'un noir bleuâtre, couverte de poils d'un blanc grisâtre ; les ailes sont noirâtres.

Nous figurons dans notre planche XI les *Andrena nitida* et *trimmerana*. La première est d'un noir brillant et poli sur le ventre, avec le thorax couvert d'un duvet jaune. Les ailes sont légèrement enfumées à leur extrémité et leurs nervures sont couleur de rouille. La seconde est également noire, mais son thorax et ses jambes sont garnis d'un poil roux assez épais sur le dos. Les antennes de la femelle sont plus longues que dans les autres espèces. La planche XI représente au-dessous de l'insecte son nid et sa larve. Cet insecte est souvent attaqué par le *Stylops Melittæ*, petit insecte figuré au haut de la planche. Au-dessus de l'*Andrena nitida*, l'on y voit figuré le *Cilissa hæmorrhoïdalis*, genre très-voisin des Andrènes. Il est noir, couvert d'un duvet jaune pâle ; les 5ᵉ et 6ᵉ segments de l'abdomen sont couverts d'un duvet jaune d'or.

Fig. 117. — *Andrena Flessa.*

Dans les *Halictes*, les antennes des mâles sont beaucoup plus longues que celles des femelles ; leurs ocelles sont disposés en ligne courbe, et leurs mandibules unidentées. L'*Halictus rubicundus*, figuré dans notre planche IX, est noir, couvert d'un duvet brun rouge, avec les segments de l'abdomen bordés de blanc. Sur la même planche sont représentés au trait, en *d* la tête du mâle et en *e* son abdomen. Les Halictes font en terre des trous profonds, à plusieurs cellules latérales, comme celui de l'*Andrena trimmerana*, représenté en bas de la planche XI.

Les *Colletes* ont le premier article des tarses postérieurs assez long, dépourvu de longs poils ; leur langue est courte, trilobée. Ces Apiens tapissent les parois de leur trou avec une liqueur visqueuse qu'elles étalent en se servant de leur languette comme d'un pinceau, et cette même matière leur sert à construire de petites cellules en forme de dé à coudre qui contiennent chacune un œuf et de la pâtée mielleuse, et sont empilées les unes sur les autres.

La tribu des Osmiides renferme des insectes nidifiants, comme les précédents, mais qui en diffèrent essentiellement par la manière dont ils récoltent le pollen. Tandis que tous les autres Apiens recueillent ce pollen sur les jambes et le premier article de leurs tarses postérieurs, ceux-ci l'entassent à l'aide des brosses de leurs pattes sous l'abdomen, où il se trouve retenu par des poils étagés dont il est garni en dessous. Ce caractère suffit pour distinguer les Osmiides de tous les autres Hyménoptères.

Cette tribu renferme plusieurs genres : les *Osmies* proprement dites ont des palpes maxillaires de quatre articles, les mandibules très-fortes, bidentées, carénées ; l'abdomen des femelles est presque ovoïde, convexe en dessus, garni en dessous d'une brosse soyeuse. Les espèces de ce genre ont des mœurs fort remarquables. L'une d'elles, l'Osmie du pavot (*Osmia papaveris*), nous offre une industrie admirable, décrite avec détail par Réaumur, dans son immortel ouvrage. Cette Osmie, à laquelle il donne si justement le nom d'*Abeille tapissière*, est longue d'environ 8 millimètres, noire, hérissée de poils d'un gris roussâtre. Elle creuse dans la terre un trou perpendiculaire de 20 à 25 millimètres de profondeur, cylindrique,

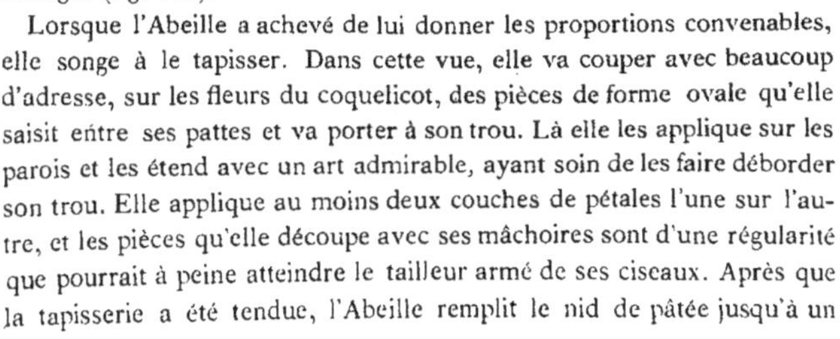

Fig. 118. — Nid de l'*Osmia papaveris*.

bien évasé et un peu ventru au fond, ressemblant à une fiole très-allongée (fig. 118).

Lorsque l'Abeille a achevé de lui donner les proportions convenables, elle songe à le tapisser. Dans cette vue, elle va couper avec beaucoup d'adresse, sur les fleurs du coquelicot, des pièces de forme ovale qu'elle saisit entre ses pattes et va porter à son trou. Là elle les applique sur les parois et les étend avec un art admirable, ayant soin de les faire déborder son trou. Elle applique au moins deux couches de pétales l'une sur l'autre, et les pièces qu'elle découpe avec ses mâchoires sont d'une régularité que pourrait à peine atteindre le tailleur armé de ses ciseaux. Après que la tapisserie a été tendue, l'Abeille remplit le nid de pâtée jusqu'à un quart environ de sa hauteur, et y dépose un œuf; puis, elle replie soigneusement les parties de la tapisserie qui dépassent l'orifice du nid, comme lorsqu'on replie sur lui-même un cornet de papier à moitié plein, et recouvre le tout de terre avec tant d'adresse, qu'on ne retrouve aucune trace du trou ni de la tapisserie. On trouve cette espèce aux environs de Paris.

L'Osmie rousse (*Osmia rufa*, [Pl. IX]) est noire, très-velue, couverte de poils roux; sur son chaperon s'élèvent deux petites cornes pointues. Cette Osmie construit son nid dans la cavité de quelque pierre ou d'un mur, à l'abri de la pluie. Elle enduit de terre les parois de la cavité, de manière à n'y laisser qu'un trou bien circulaire. Elle remplit à moitié ce trou de pâtée, y pond un œuf, puis le bouche avec de la terre.

Fig. 119. — *Osmia bicolor*.

Quelques espèces d'Osmies, entre autres l'*Osmia helicicola* et l'*Osmia bicolor* (fig. 119), mettent à profit les coquilles vides des colimaçons, celles surtout des *Helix adspersa* et *nemoralis,* pour y construire leurs nids. La première divise la coquille au moyen de cloisons papyracées en une dizaine de loges qui contiennent chacune de la pâtée et un œuf; mais la dernière (*O. bicolor*) ne paraît pondre que dans la dernière loge du fond. Les *Mégachiles,* très-voisines des Osmies, en diffèrent en ce que leurs palpes maxillaires n'ont que deux articles et que leurs mandibules sont quadridentées; leur labre, en carré long, est très-développé, d'où leur nom qui signifie *grande lèvre.* Les matériaux qu'emploient les Mégachiles varient suivant les espèces; ainsi la Mégachile des murs (*M. muraria*, que Réaumur nommait l'*Abeille maçonne,* travaille avec du mortier. Elle choisit, pour bâtir son nid, un trou ou un angle dans un mur exposé au midi. Ce nid est formé de sable et de terre finement gâchée, et liés ensemble au moyen d'une liqueur visqueuse qu'elle dégorge. Elle n'a pour outils dans cette opération que ses mandibules, qui font l'office de truelle. Elle étend sur l'endroit qu'elle a choisi une première couche circulaire du mortier ainsi préparé; puis, sur ce fondement, elle dresse, les

unes à côté des autres, cinq ou six petites cellules d'environ 2 centimètres
de hauteur et présentant la forme d'un dé à coudre. Avant de fermer
chaque loge, elle y place un œuf ainsi que la pâture nécessaire à la larve.
Quand la dernière cellule est achevée, elle étend, par dessus toutes ces
petites constructions, une couche d'une ma-
tière si solide, qu'on ne peut la briser qu'avec
des instruments de fer.

Ces nids sont assez communs aux environs
de Paris, sur les murs en moellons bien exposés au midi ; mais il faut bien les connaître
pour les distinguer, car on les prendrait
volontiers pour une plaque de terre desséchée, et aucune ouverture extérieure ne
vient déceler cette demeure. Parfois, la Mégachile des murs creuse un trou dans l'espace
compris entre deux briques, y construit ses
cellules et referme l'entrée avec de la terre ;

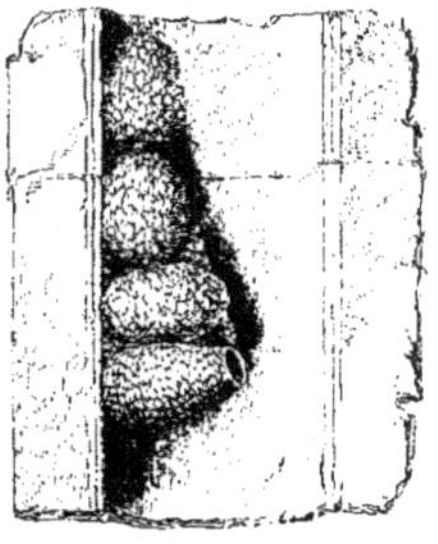

Fig. 120. — Nid du *Megachile muraria*.

c'est un nid de cette sorte que nous représentons ici (fig. 120 .

La Mégachile du rosier (*Megachile centuncularis*) Pl. IX , que
Réaumur nomme la *coupeuse de feuilles du rosier*, est noire, couverte
d'un duvet gris fauve ; son abdomen est garni en dessous de poils d'un
rouge cannelle, avec de petites taches blanches sur
les côtés. Elle creuse, le plus souvent dans un sentier
battu, ou bien quelquefois dans un vieux mur, un trou
de 4 à 5 centimètres de profondeur. dans lequel elle
construit plusieurs cellules en forme de dé à coudre
et faites de feuilles de rosier proprement jointes en-

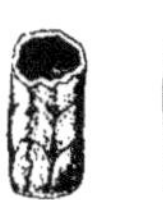

Fig. 121 et 122.

semble (fig. 121 et 122), et de façon que le fond de l'un des dés s'insère
dans l'ouverture du précédent, comme on voit chez le marchand les
dés entrés les uns dans les autres (fig. 123, voy. p. 136 . Pour faire
les pièces de sa tapisserie, elle coupe avec ses mandibules une pièce
ronde dans une feuille (fig. 124 et 125, voy. p. 136), et cela avec
autant de promptitude que nous pourrions le faire avec des ciseaux.

et avec beaucoup plus de régularité, car on les dirait tracés au compas. Elle emporte cette pièce et l'arrange dans son nid avec une propreté et une habileté incroyables ; et, sans employer aucune matière liante, elle parvient à courber ces parcelles de feuilles les unes dans les autres avec une exactitude admirable, de manière à former le dé, les feuilles s'appliquant contre les parois de la galerie, par suite de leur élasticité propre. Elle remplit alors la cellule, terminée d'une pâte miellée qui, recueillie sur les fleurs du chardon, conserve une jolie teinte rosée, puis elle y dépose un œuf. Elle ferme alors la cellule avec trois petites pièces rondes qui doivent former le fond du dé suivant, et elle procède ainsi jusqu'au bout de la galerie. On rencontre très-fréquemment cette Mégachile dans les jardins des environs de Paris. On trouve communément en France la Mégachile des poiriers (*Megachile pyrina*), et la Mégachile à ceinture (*Mega-chile cincta*) qui emploie les feuilles de la bourdaine.

Fig. 123
(voy. page 135).

L'*Anthidium manicatum*, représenté (fig. 104) à la page 124, est noir, tacheté de jaune ; sa tête est aussi large que son thorax, avec trois ocelles placés sur le front en triangle ; le ventre, un peu courbé, est muni dans la femelle d'une touffe de poils en brosse, et terminé dans le mâle par cinq épines. L'Anthidie creuse dans le tronc pourri des saules, ou utilise la galerie vide de la chenille du Cossus. Lorsque l'excavation est préparée, elle recueille sur les plantes, telles que les lychnis, les silénés, le duvet qui les recouvre pour en garnir son nid et en fabri-quer, à l'aide de la salive gommeuse qu'elle sécrète, une cellule en forme de cocon. Elle remplit à moitié cette cellule de pollen et de miel, puis y dépose un œuf d'où sort la larve à laquelle sont destinées ces provisions. Celle-ci, lorsqu'elle a atteint tout son développement, se file un cocon de

Fig. 124 et 125. — *Mégachile centuncularis* (voy. page 135).

soie d'où elle sort au milieu de l'été à l'état d'insecte parfait. Cet insecte
est assez répandu en France. Une autre espèce, qui habite le midi de la
France et l'Algérie, l'*Anthidie tachetée*, fait son nid dans les coquilles
vides des colimaçons, comme le font quelques Osmies.

La dernière tribu des Apiens, celle des *Nomadides*, renferme des
espèces dont la manière de vivre est bien différente de celle des tribus
précédentes. Celles-là ne construisent plus de nids pour abriter leurs
petits. Les organes propres à la récolte du pollen leur manquent ; leurs
pattes simples, dépourvues de palettes et de poils, ne leur permettent plus
de recueillir des provisions, et elles ne nourrissent pas leurs larves. Ne
pouvant pas construire de demeures ni préparer de nourriture pour une
progéniture incapable de se mouvoir, et qui cependant ne peut vivre que
de pollen et de miel, elles vivent en parasites
aux dépens des provisions amassées par de
plus industrieuses qu'elles. Tels sont les
Cœlyoxis, Hyménoptères velus qui ont beaucoup de l'aspect des Mégachiles, aux dépens
desquelles ils vivent la plupart. Le *Cœlyoxis
simplex*, dont nous figurons dans notre

Fig. 126. — *Nomada sexfasciata*.

planche IX le mâle et la femelle, est surtout remarquable par la
différence de forme qui existe entre les deux sexes. Dans la femelle,
l'abdomen est étroit, terminé en pointe ; dans le mâle, au contraire,
l'abdomen est large, tronqué à l'extrémité, et fortement denté, comme
le montre la figure. Chez ce dernier, la tête est aussi beaucoup plus
large et le corselet plus globuleux.

Les *Nomades* proprement dits sont de petits Hyménoptères à antennes
coudées, à palpes maxillaires de six articles. Elles ont généralement le corps
glabre et ressemblent beaucoup, par la disposition de leurs couleurs noires
ou ferrugineuses mélangées de jaune, à de petites guêpes. Ces petits
Apiens s'introduisent dans les nids des Andrènes et autres Abeilles solitaires pour y déposer leurs œufs ; les larves qui en sortent dévorent la
provision de miel des propriétaires légitimes du nid, qui meurent affamés.

La Nomade ruficorne *Nomada ruficornis*), figurée dans notre planche XI, se trouve dans les environs de Paris. La Nomade à six bandes (*Nomada sexfasciata*), figurée ci-devant (fig. 126, voy. p. 137), est noire avec l'écaille des ailes et six bandes sur l'abdomen de couleur jaune. Cette espèce se trouve en Suisse.

Les *Mélectes* sont des Apiens velus, noirâtres, tachetés de blanc. Comme les précédents, ils sont dépourvus des instruments propres à construire leur nid et à récolter le pollen, et ils vivent en parasites aux dépens des Anthophores auxquels ils ressemblent. Ces Mélectes déposent leurs œufs dans le nid des Apiens constructeurs, et leurs larves, qui éclosent les premières, se nourrissent de la pâtée mielleuse déposée par l'Anthophore, et affament ainsi les petits de celle-ci, qui, lorsqu'ils naissent, ne trouvent plus rien à manger. Dans notre planche IX est figuré le *Melecta armata*.

FAMILLE DES VESPIENS

La famille des Vespiens comprend des insectes sociaux où l'on trouve les trois sortes d'individus. Leur corps dépourvu de poils indique que ces insectes ne peuvent plus récolter le pollen des fleurs ; ils ne sécrètent pas de cire et construisent leurs nids avec des fibres végétales qu'ils coupent et mettent en œuvre à l'aide de leurs fortes mandibules. Les Vespiens ne conservent pas leurs ailes supérieures étalées au repos, comme les Apiens ; ils les plient en deux dans le sens de leur longueur, de sorte qu'elles paraissent alors très-étroites. et ne les étendent que pour voler. Leurs antennes sont coudées ; leurs pattes postérieures simples avec les jambes pourvues de deux épines à l'extrémité. Les femelles et les neutres sont toujours armés d'un aiguillon.

Comme chez les Abeilles et les Bourdons, leurs sociétés sont composées de mâles, de femelles et de neutres ; mais ces sociétés sont annuelles comme celles des Bourdons, c'est-à-dire que quelques femelles, échappées aux rigueurs de la saison. passent l'hiver engourdies dans quelque retraite, et s'éveillent au printemps pour édifier leur nid, pondre leurs œufs et élever leurs larves.

Les Vespiens, connus généralement sous le nom de *guêpes*, s'attaquent surtout aux fruits et aux matières sucrées ; ils se nourrissent d'ailleurs de toute espèce de sucs végétaux ou animaux.

La famille des Vespiens se divise en trois groupes ou tribus fondés sur la forme du corps et l'attache de l'abdomen. Ce sont les *Vespides*, les *Polistides* et les *Epiponides*. La première, celle des VESPIDES, à corps épais, à abdomen sessile, à chaperon ayant son bord antérieur tronqué, ne comprend que le genre Guêpe proprement dit (*Vespa*). Ce genre renferme un grand nombre d'espèces répandues dans toutes les parties du monde, mais plus particulièrement dans les pays chauds. Toutes sont d'une assez grande taille et offrent des couleurs jaunes ou ferrugineuses sur un fond noir.

Les sociétés des Guêpes ne durent dans nos pays que depuis le printemps jusqu'aux premiers froids. Les individus qui les composent sont
tous ailés et se ressemblent sous le rapport des couleurs. Les femelles
sont seulement plus grandes que les mâles et les neutres, et ceux-ci à peu
près égaux entre eux. Les mâles seuls sont dépourvus d'aiguillon. Les
Guêpes construisent des nids très-remarquables, dont un petit nombre
sont souterrains ou placés dans des creux d'arbres ; les autres sont établis
en plein air ; mais, quelles que soient leurs habitudes et leur industrie à
cet égard, l'origine de leurs sociétés est la même pour toutes les espèces.
Ces sociétés doivent leur naissance à des femelles fécondées l'année précédente, qui ont échappé dans quelque retraite aux rigueurs de l'hiver.
Elles se mettent isolément à l'ouvrage et jettent les fondements d'un nid
en construisant quelques cellules dans chacune desquelles elles déposent
un œuf d'où, au bout de quelques jours, sort une larve. La mère ne
trouvant pas de fleurs à cette époque, qui correspond aux premiers jours
du printemps, nourrit d'abord ces larves avec les sucs d'autres insectes,
surtout d'Hyménoptères et de Diptères, qu'elle mâche et réduit en une
sorte de bouillie. Les premiers insectes parfaits qui naissent sont des
neutres, qui se mettent aussitôt à aider leur mère en construisant de nouvelles cellules ; celle-ci finit même par ne plus travailler ni sortir du nid,
où elle continue de pondre, tant dans les cellules nouvellement faites que
dans celles qui ont déjà servi de berceau à d'autres larves. Pendant ce
temps les neutres la nourrissent en lui dégorgeant la nourriture qu'ils ont
recueillie sur les fleurs. Vers la fin de l'été, il naît des femelles et des
mâles, qui ne s'accouplent qu'au commencement de l'automne. Les
mâles meurent bientôt, et quand les premiers froids se font sentir, les
femelles se réfugient sous quelque abri pour y passer l'hiver. Vers la
même époque, en octobre, les neutres, comme pris d'un accès de fureur,
font un massacre général de toutes les larves qui existent encore dans le
nid ; puis, bientôt après, ils se dispersent et ne tardent pas à périr de
froid et de faim. La société est alors anéantie, et les femelles fécondées,
qui se sont cachées pour hiverner, en sont les seuls débris.

Les nids que construisent nos Guêpes indigènes sont formés d'une

sorte de papier grossier, mais flexible, et qu'on peut chiffonner sans le
rompre. Les matériaux qu'elles emploient à cet effet consistent en parcelles de bois sec et à demi décomposé, qu'elles réduisent en pâte à l'aide
de leurs vigoureuses mandibules, en y ajoutant une liqueur visqueuse ;
après quoi elles l'étalent en lames minces, qu'elles polissent en passant
dessus leur languette à plusieurs reprises. Ces nids, du reste, varient
pour la forme autant que les espèces.

La Guêpe vulgaire (*Vespa vulgaris*) fig. 127 que tout le monde connaît, construit un nid que l'on nomme *guêpier*. Ce guêpier est construit
sous terre, à la profondeur d'environ 16 centimètres, communiquant à
la surface du sol par un chemin rarement creusé en ligne droite. La
forme du nid est ordinairement celle d'une boule de 3 à 4 décimètres de
large. Il est entièrement composé de parcelles de vieux bois que les
Guêpes détachent à l'aide de leurs mandibules, qu'elles
humectent ensuite et pétrissent pour les convertir en
une pâte semblable à du carton et imperméable à l'eau.
Chaque ouvrière revient des champs chargée d'une
petite boulette de cette pâte molle, qu'elle porte
entre ses mâchoires ; elle va aussitôt l'appliquer à la

Fig. 127. — *Vespa vulgaris.*

partie du nid qui est en construction. Dans cette opération, elle
marche à reculons, et à chaque pas qu'elle fait, elle étale une
portion de la petite boule ligneuse sans la détacher du reste qu'elle
tient entre ses deux premières pattes. Après l'avoir ainsi étendue
en une lame mince et entièrement appliquée, elle passe et repasse sur son
ouvrage sa langue enduite d'une liqueur gommeuse qui lui donne un beau
poli. Le guêpier se compose de deux parties principales : de l'enveloppe
et des gâteaux qu'elle renferme. L'enveloppe a souvent plus de 2 centimètres d'épaisseur. Elle n'est point massive, mais composée de douze à
quinze couches qui laissent des vides entre elles, et dont chacune est
aussi mince qu'une feuille de papier.

L'expérience démontre qu'une surface bosselée offre, toutes choses
égales d'ailleurs, une bien plus grande résistance qu'une surface simplement unie. Ce principe a été appliqué avec beaucoup d'art par la Guêpe

commune dans la construction de l'enveloppe de son nid qui est rabo-teuse et semble faite de coquilles bivalves posées les unes sur les autres, de manière à ne laisser paraître au dehors que leur extérieur convexe. L'intérieur du guêpier contient douze à quinze gâteaux parallèles dispo-sés horizontalement ou par étages, et garnis chacun inférieurement de plusieurs centaines de cellules hexagonales remplies d'œufs ou de larves. Des chemins sont pratiqués pour la circulation entre ces gâteaux, et aboutissent à deux portes rondes ménagées pour l'entrée et la sortie des Guêpes. Ces planchers de carton qui supportent tant de berceaux, sont solidement soutenus, d'es-pace en espace, par des colonnes de même matière que le reste du nid ; mais massives et toujours d'un plus grand diamètre à leur base et à leur chapiteau que dans leur milieu.

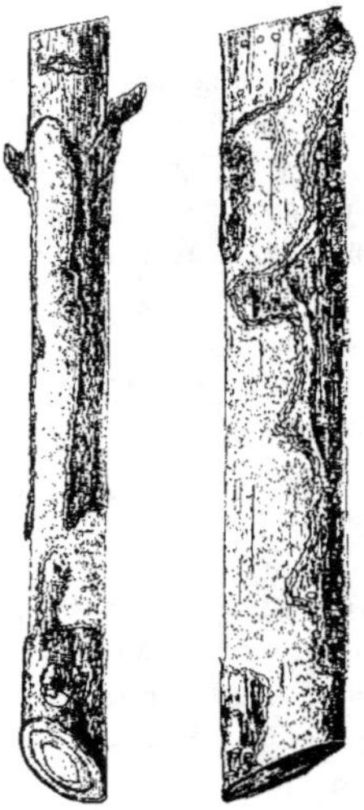

La Guêpe des arbres (*Vespa arborea*), re-présentée avec son nid dans notre planche XI, habite les bois de nos environs ; elle construit son nid avec une matière parfaitement sem-blable quant à la couleur et à la consistance ; mais au lieu de le placer en terre, elle le sus-pend entre les branches des arbustes. Ce guêpier, qui n'est jamais très-étendu, est en-touré de nombreux feuillets, ce qui, joint à sa forme sphéroïdale, lui donne l'aspect d'un chou ou d'une énorme rose grise.

Fig. 128 et 129. — Frêne et aune écorcés par les Frélons (voy. page 143).

Dans notre planche IX est représentée la Guêpe commune et au-dessus le *Vespa crabro,* la plus grande de nos espèces, et celle dont la piqûre est la plus redoutable. Le *Vespa crabro,* vulgairement connu sous le nom de *Frélon,* place son nid dans les cavités des vieux arbres, et em-ploie pour le construire d'autres matériaux que les précédentes : au lieu de bois mort, il se sert d'écorce d'arbres vivants, et le papier qu'il

fabrique est plus épais, plus grossier et plus fragile ; ce nid, qui est beaucoup plus petit que celui du *Vespa vulgaris*, est également recouvert
de plusieurs enveloppes, mais elles sont séparées les unes des autres par
des intervalles de 12 à 15 millimètres et ressemblent à de grandes
écailles. Des passages pratiqués dans leurs parois conduisent dans l'intérieur du nid. Les Frélons font souvent des dégâts assez considérables

Fig. 130 et 131. — *Vespa cincta.*

en dépouillant les arbres de leur écorce, surtout les frênes et les aunes
(fig. 128 et 129, voy. p. 142).

Dans notre planche XII est représentée une magnifique espèce étrangère, la Guêpe Mandarine (*Vespa Mandarinia*) de la Chine et du Japon.
Ses couleurs sont celles de notre Guêpe commune, mais plus brillantes,
et les ailes sont d'un jaune clair plus foncé à la base. Nos figures 130
et 131 représentent le *Vespa cincta,* également asiatique et répandu
dans presque toute l'Inde. Il est d'un brun foncé avec une large bande
jaune brillant, marquée de deux points noirs.

La tribu des Polistides comprend des Vespiens à corps élancé, à abdomen aminci à sa base en pédicule ; leur chaperon a son bord antérieur angulaire. Le genre *Polistes* est le plus nombreux en espèces et le mieux connu. Ces insectes font des nids moins parfaits que ceux des vraies Guêpes, en ce qu'ils n'ont jamais d'enveloppes ; les gâteaux sont à nu. On trouve pendant toute la belle saison, sur les genêts et d'autres arbustes, la Poliste française (*Polistes gallica*) [fig. 132]. Dès les premiers beaux jours, la femelle suspend à une tige un simple gâteau porté par un

FIG. 132. — Polistes gallica.

pédicule et contenant un petit nombre de cellules, comme on le voit dans la figure ; dans chacune d'elles elle pond un œuf, et élève les larves qui en sortent et qui, devenues insectes parfaits, aident la mère et agrandissent le nid en y ajoutant des cellules ; quelquefois aussi, mais plus rarement, elles superposent un second gâteau au premier. Depuis le moment où l'œuf a été déposé dans sa cellule, une vingtaine de jours suffisent pour que l'insecte ait accompli toute son évolution.

La Poliste de Tasmanie (*Polistes Tasmaniensis*) que nous figurons ci-après (fig. 133, voy. p. 145), est la plus brillante du genre ; son thorax est marron, son abdomen couleur de rouille et ses ailes d'un brun pâle. Son nid, comme on le voit dans la figure, ressemble à un bouquet de clochettes. Ces nids sont d'ailleurs de formes très-variables, suivant les espèces ; nous en donnons ici quelques exemples. La figure 135, à droite, représente le nid suspendu du *Polistes aterrima* ; ce sont des espèces de cornets suspendus les uns au bout des autres ; l'insecte est tout noir. Celui (fig. 134) à gauche est composé de trois corps en forme de gousses, réunis par une seule tige qui les suspend à une branche

Fig. 133. — *Polistes tasmanicus* (voy. page 144).

d'arbre. Sous cette enveloppe, les cellules, au lieu d'être placées côte à

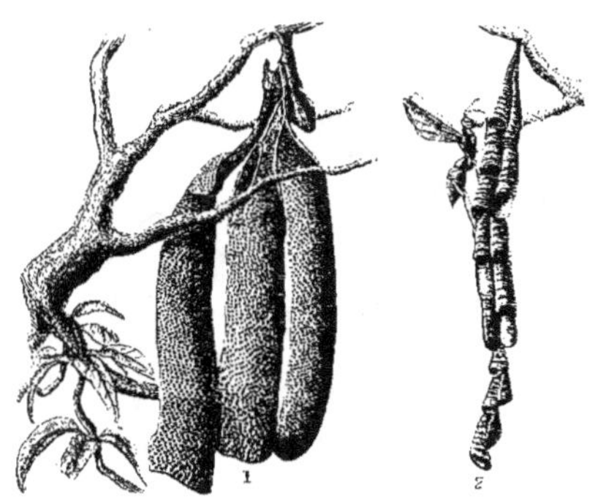

Fig. 134 et 135. — *Polistes aterrima*.

côte, sont placées sur une ligne droite alternativement, chacune d'elles dépassant de moitié la précédente. On ne sait à quelle espèce appartient ce nid qui vient du Brésil. Le genre *Apoïca*, très-voisin des *Polistes*, n'en diffère que par la forme campanulée du second segment de l'abdomen.

FIG. 136. — *Apoïca pallida.*

L'*Apoïca pallida* du Brésil, ainsi nommé de la couleur d'un brun jaunâtre pâle de son corps, construit un nid fort curieux, représenté avec son auteur dans notre figure 136.

Au même groupe appartient le *Mischocyttarus labiatus* du Brésil ; il est brun, couvert d'un léger duvet gris. Son nid, que nous figurons ici avec son constructeur (fig. 137), affecte une forme toute différente de celles que nous avons vues jusqu'ici. Il est fait d'un papier très-fort et paraît formé de trois parties distinctes. A la partie inférieure sont placées les cellules, dont l'ouverture regarde le sol, puis au-dessus de chaque cellule se trouve un auvent qui les protége contre la pluie ; enfin vient la tige par laquelle tout le nid est suspendu à quelque branche. Cette tige est très-longue et aussi solide qu'une soie de la même grosseur.

L'*Icaria ferruginea*, que nous représentons ici avec son nid (fig. 138, voy. p. 147), est voisin des Polistes. Cet insecte est noir avec une large bande couleur de rouille au centre de l'abdomen. Le nid de l'Icaria est encore de forme singulière ; il ressemble à deux flûtes de Pan accolées l'une à l'autre et suspendues par un lien fixé à la base du premier tube. Ce petit Vespien vient de l'Inde.

FIG. 137. — *Mischocyttarus labiatus.*

La troisième tribu des Vespiens, celle des *Epiponides,* comprend de petites Guêpes des régions tropicales, à corps court et ramassé, à abdomen peu ou point pédonculé, à mandibules quadridentées. Des deux genres que comprend ce groupe, le premier, *Epipone,* ne renferme que quelques espèces,

dont les constructions nous sont inconnues. Le second, *Chartergus,*
nous offre plusieurs espèces américaines très-intéressantes. L'une
d'elles, la Guêpe cartonnière (*Chartergus nidulans*), fort répandue à
Cayenne, est noire avec une ligne sur le corselet, une sur l'écusson et le
bord postérieur de chaque anneau de l'abdo-
men jaunes. Les nids que construit cette
petite Guêpe sont très-remarquables ; leur
forme se rapproche de celle des Guêpes proprement dites, c'est-à-dire elles sont complétement enfermées sous une enveloppe. Celle-
ci, aussi bien que les gâteaux, est formée
d'une sorte de carton tellement analogue à
celui que fabriquent les cartonniers, que le
meilleur ouvrier s'y tromperait lui-même. Ces
nids, quelquefois fort grands, renferment jusqu'à huit et dix gâteaux, et il n'existe aucun

Fig. 138. — *Icaria ferruginea.*
(voy. page 146).

espace pour circuler le long des parois du nid ; il est complétement fermé
de tous côtés et n'a qu'une ouverture en dessous pour le passage des
petites Guêpes. Ces nids, qui ont la forme d'un sac, sont suspendus aux
branches des arbres.

Une autre espèce de ce genre, le *Chartergus brasiliensis,* que les habitants nomment *Lecheguana,* récolte souvent son miel sur des plantes
vénéneuses et occasionne des empoisonnements chez les personnes qui
le mangent.

FAMILLE DES EUMÉNIENS

Les Euméniens ont encore de grands rapports avec les Vespiens, surtout par la disposition de leurs ailes; mais leurs caractères naturels et surtout leurs mœurs, les en distinguent bien nettement. Ils ont le corps oblong, assez allongé; des antennes composées de treize articles dans les mâles et de douze dans les femelles; leurs mandibules, beaucoup plus longues que larges, sont rapprochées en avant en forme de bec et dentées; leur languette est étroite et allongée; leurs ailes sont repliées dans le sens de leur longueur, comme chez les Guêpes.

Les Euméniens vivent solitaires; il n'existe pas chez eux d'individus neutres, et la femelle seule pourvoit au soin de sa progéniture. Les insectes parfaits vivent sur les fleurs dont ils pompent le miel; mais ils ne sont nullement organisés pour le récolter, non plus que le pollen, et ne sauraient en approvisionner leurs larves. Celles-ci sont carnassières et vivent de proie vivante; mais, ce qu'il y a de singulier, outre cette différence de régime entre l'insecte parfait et sa larve, c'est que celle-ci est privée de pieds et incapable de se mouvoir. Comment fera-t-elle donc pour se procurer cette proie sans laquelle elle ne peut vivre? C'est la mère qui la lui procurera. En effet, cette mère industrieuse, qui ne vit que du nectar des fleurs, va faire la guerre aux insectes pour assurer l'existence de sa progéniture. En général l'Euménien s'attaque à une espèce particulière pour en approvisionner son nid. La femelle pique de son aiguillon ses victimes et les emporte dans son nid. L'insecte ainsi blessé ne meurt pas de la blessure, il demeure plongé dans un état anesthésique qui, tout en le rendant incapable de se mouvoir et de se défendre, lui conserve sa fraîcheur et sa souplesse. Les larves qui éclosent auprès de ces provisions péniblement amassées par leur mère, trouvent à leur portée une nourriture convenable, en quantité suffisante pour toute la durée de leur existence de larve. Et cette pauvre mère qui, guidée par un instinct admirable, a assuré l'existence de ses petits par des moyens si opposés à sa propre manière de vivre, ne verra même jamais ses enfants; car elle aura cessé de vivre lorsque ceux-ci viendront à éclore.

On divise la famille des Euméniens en deux tribus distinctes : les EUMÉNIDES et les ODYNÉRIDES.

Dans la première sont les *Eumenes* proprement dits, bien reconnaissables à leur abdomen, dont le premier anneau ressemble à une clochette. Leur livrée est à peu près celle des Guêpes, mais leur corps est bien plus allongé. L'espèce la plus répandue de ce genre, en France, est l'Eumène étranglé (*Eumenes coarctata*), long de 12 à 15 millimètres, noir, avec des taches et le bord des segments abdominaux jaunes. Cette espèce fait son nid sur les graminées et surtout sur les bruyères; il consiste en une petite boule sphérique, de terre très-fine, dans laquelle la mère ne dépose qu'un seul œuf avec la pâture nécessaire à sa larve. Elle construit plusieurs nids de la même espèce.

Dans notre planche X est représentée une belle espèce de l'Inde, l'Eumène affamé (*Eumenes esuriens*);

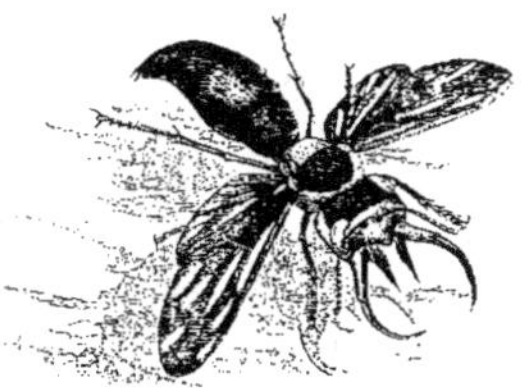

Fig. 139. — *Synagris cornuta.*

au-dessous de l'insecte est représenté le nid, qu'il approvisionne avec de petites chenilles arpenteuses. Les *Synagris* diffèrent des *Eumenes* par leur lèvre terminée par quatre lanières, tandis qu'elle est trilobée chez ces derniers. Les Synagris sont tous exotiques. L'un des plus remarquables est le *Synagris cornuta* (fig. 139), de l'Afrique australe. Sa couleur générale est noire avec le tour du corselet, les ailes et les mandibules d'un brun jaunâtre. Ces dernières sont d'une taille énorme, en forme de faulx et portent à la base une très-forte dent.

La seconde tribu des Euméniens, celle des ODYNÉRIDES, a pour caractères : l'abdomen à peine pédiculé, la lèvre trilobée avec le lobe du milieu plus grand et bifide; les palpes maxillaires longues. Les *Odynères* sont les plus nombreux et les plus répandus du groupe. Ils ressemblent à de petites Guêpes noires ceinturées de jaune. Réaumur, et après lui Audouin et Léon Dufour, ont fait des observations pleines d'intérêt sur les Odynères.

L'espèce dont parle Réaumur sous le nom de *Guêpe solitaire*, est l'Odynère à pattes épineuses (*Odynerus spinosus*) suivant Audouin, et l'Odynère des murailles (*Odynerus murarius*), de Latreille. Il est noir, avec les antennes et le front jaunes, deux taches sur le devant du corselet et quatre bandes sur l'abdomen, également jaunes. Cet Odynère, qui n'est pas rare aux environs de Paris, creuse dans le sable ou dans les vieilles murailles un trou cylindrique, qu'il prolonge au dehors, en y adaptant un petit tuyau construit en guillochis avec la terre qu'il retire de sa galerie souterraine. Ce tuyau est sans doute destiné à garantir son nid de l'invasion des insectes étrangers. Quand ce nid est terminé, il y dépose un œuf; mais avant d'en maçonner l'entrée, il était nécessaire de pourvoir à la nourriture de la larve qui doit prendre tout son accroissement dans cette retraite et y subir toutes ses transformations. L'Odynère s'en va donc chercher une petite chenille verte sans pattes qui, dans le repos, se tient roulée sur elle-même; il la saisit, la force à s'étendre le long de son corps, afin qu'elle puisse entrer plus facilement dans son trou, et vient la déposer au fond de sa cellule, où la chenille se roule d'elle-même en anneau. L'Odynère en entasse ainsi dix à douze, toutes disposées en forme annulaire, puis il ferme l'ouverture du trou avec les matériaux de l'échafaudage qu'il avait construit à l'entrée. La larve de l'Odynère éclôt, mange une première chenille, puis une seconde, et ainsi successivement jusqu'à la dernière. Alors elle a atteint tout son développement, et se file un cocon pour s'y transformer en nymphe, et ce n'est qu'au printemps suivant qu'elle perce le plafond de sa demeure et prend son essor à l'état d'insecte parfait.

Une autre espèce d'Odynère, l'*Odynerus rubicola*, placée par quelques auteurs dans le genre *Oplopus*, construit son nid dans une tige de ronce sèche; elle le divise en loges, au moyen de terre sableuse pétrie, et dépose dans chacune d'elles un œuf avec de petites chenilles de Pyrales. La larve passe l'hiver engourdie dans sa cellule et se métamorphose au printemps suivant.

Le *Rhynchium nitidulum*, figuré dans notre planche X, est un Odynère de l'Inde; il établit son nid dans les branches du bambou.

FAMILLE DES CRABRONIENS

Comme les Euméniens qui les précèdent et les Sphégiens qui les suivent, les Crabroniens vivent à l'état d'insecte parfait sur les fleurs, comme c'est le cas de presque tous les Hyménoptères; mais leurs larves ne vivent que de proie vivante. Cette proie leur est apportée par les mères, qui creusent dans la terre ou dans le bois, comme nous l'avons vu précédemment, une demeure pour leur progéniture.

Les Crabroniens sont des Hyménoptères de moyenne taille, reconnaissables à leur tête large et carrée et à leurs jambes plus ou moins ciliées ou épineuses. En outre, leur labre est peu saillant, leurs mâchoires et leur lèvre courtes ne constituent pas de trompe; leurs antennes sont droites, leurs pattes robustes.

La famille des Crabroniens se divise en trois tribus : les *Crabronides*, les *Larrides* et les *Bembécides*, basées sur la forme du labre et des mandibules.

La première tribu, celle des CRABRONIDES, dont le labre est caché et les mandibules unies sans échancrure, renferme des genres nombreux; elle a pour type le genre *Crabro* assez riche en espèces, dont plusieurs offrent des habitudes pleines d'intérêt. Le Crabro à grosse tête (*Crabro cephalotes*) creuse des cellules dans le bois pourri à l'aide de ses mandibules, et en rejette à mesure les parcelles avec ses pattes postérieures. Dans chaque cellule il dépose un œuf qu'il approvisionne de Diptères. Les Crabro ont les antennes coudées, fusiformes dans les mâles et filiformes chez les femelles. Leurs larves (Pl. VIII, *f*) sont apodes.

Dans la planche VIII est représenté le *Crabro quadrimaculatus*, l'un des plus communs. Il est noir tacheté de jaune; le ventre porte quatre bandes jaunes interrompues au milieu, d'où son nom de *quadrimaculatus*.

Le *Crabro subterraneus* (fig. 140, voy. p. 153) est du midi de l'Europe; il est noir tacheté de jaune.

Dans le genre *Tripoxylon*, les antennes sont en massue et les mandibules bidentées. Le *Tripoxylon rejector* est figuré dans notre planche X et au-dessus de lui ses cellules allongées, qu'il approvisionne de petites araignées vertes; puis il dépose un œuf dans chacune d'elles et en ferme l'ouverture.

Les *Diodontes* et les *Pemphredon* qui creusent des tubes dans le bois pourri, apportent à leur nid une quantité considérable de Pucerons qu'ils vont chercher sur les plantes en les saisissant avec leurs mandibules.

Les *Mellines* ont des antennes presque filiformes et des mandibules tridentées (Pl. VIII, *c. d. e.*). Le Melline des champs (*Mellinus arvensis*), représenté dans notre planche VIII, est noir varié de jaune, avec les pattes de la même couleur. Cet Hyménoptère creuse son nid dans les terrains sablonneux, et les approvisionne avec des Diptères de diverses espèces. La larve se nourrit de ces insectes, et lorsqu'arrive le moment de sa transformation en nymphe, elle se construit une coque soyeuse qu'elle consolide avec les débris de ses victimes.

Les *Cerceris* se reconnaissent à leurs antennes renflées en massue et aux premiers segments de l'abdomen qui sont étranglés. On en

Fig. 146. — *Crabro subterraneus.*
(voy. page 152).

connait plusieurs espèces habitant la France et la plus grande partie de l'Europe. L'une d'elles, le Cerceris des sables (*Cerceris arenaria*), creuse son nid dans les terrains sablonneux, et offre cette particularité singulière, qu'au lieu de choisir pour la nourriture de ses larves, comme font les autres Crabronides, des insectes à téguments mous tels que les Chenilles, les Diptères, les Araignées, il recherche les Coléoptères les plus durs et principalement des Charançons. Il faut croire cependant qu'il choisit de préférence ceux qui sont nouvellement éclos et dont les téguments n'ont pas encore eu le temps de se solidifier. Le *Cerceris arvensis*, représenté dans notre planche VIII, est comme ses congénères, noir varié de jaune. Comme l'espèce précédente, il approvisionne ses larves avec des

Charançons, entre autres les *Otiorhynchus*, dont l'enveloppe cornée est si dure qu'on a de la peine à la percer avec une épingle.

Les *Philanthes* à antennes brusquement terminées en massue, à mandibules unidentées, à abdomen contracté à la base, nous offrent un exemple de témérité singulière. Le Philanthe apivore (*Philanthus apivorus*) rôde autour des ruches, et, malgré sa taille plus petite et le redoutable aiguillon de son adversaire, il fond sur le dos de l'abeille occupée à butiner dans quelque fleur, la saisit avec ses mandibules par le cou, et lui enfonce son aiguillon dans l'abdomen, avant qu'elle ait eu le temps de se mettre en défense. Puis il l'emporte engourdie dans son nid pour servir de pâture à ses larves. Il est curieux de voir le Philanthe emportant cet insecte plus gros que lui, et s'efforçant de le faire entrer dans son trou, en le tirant à lui à reculons. Parfois, malgré tous ses efforts, il ne peut en venir à bout; il sort alors, lui coupe les pattes et les ailes, et fait entrer son corps mutilé en le comprimant comme à la filière. La larve du Philanthe, repue d'abeilles, se file un curieux cocon en forme de fiole allongée, dans lequel elle se transforme en nymphe, puis en insecte parfait. Le nid du Philanthe consiste en une galerie presque horizontale de 20 à 25 centimètres de profondeur, qu'il creuse avec ses mandibules dans les talus des chemins sablonneux. Le Philanthe apivore est noir tacheté de jaune; son abdomen, de cette dernière couleur, porte une tache triangulaire noire sur chaque anneau.

Les espèces du genre *Astate* se distinguent à leurs antennes grêles, filiformes, à leurs mandibules arquées, bidentées, à leurs jambes épaisses. Ces insectes font leurs nids, comme les précédents, dans les chemins sablonneux et les approvisionnent avec des larves et des nymphes de Punaises des bois. A la planche VIII est représenté l'*Astata boops* mâle; en *g.*, planche VIII, on voit la tête de la femelle.

La seconde tribu, celle des LARRIDES, est caractérisée par un labre toujours caché et des mandibules offrant à leur base, au côté interne, une profonde échancrure. Les représentants de ce groupe ne sont pas nombreux : ce sont des insectes de petite taille, de couleur noire enfumée, variée de jaune. Ils sont principalement répandus en Europe et dans le nord de l'Afrique. Leurs mœurs sont analogues à celles des autres Crabroniens.

La troisième et dernière tribu de la famille des Crabroniens est celle des Bembécides. Ces insectes, en général propres aux régions chaudes du globe, sont d'une assez grande taille, et ont un corps robuste, de couleur noire tachetée de jaune. Ils ont pour caractères le labre triangulaire, visible; les mandibules pointues, unidentées au côté interne. Leurs habitudes se rapprochent beaucoup de celles des précédents; les femelles creusent des trous dans le sable pour y déposer leurs œufs, et les remplissent d'insectes pour servir à la subsistance de leurs larves.

FIG. 141. — *Bembex rostrata.*

Ces Crabroniens sont extrêmement agiles et volent rapidement de fleur en fleur, en faisant entendre un bourdonnement aigu. Quelques-uns exhalent une odeur de rose très-prononcée.

FIG. 142. — *Stizus speciosus* ♂ (voy. page 156).

Le Bembex à bec *Bembex rostrata*, fig. 141, type du genre *Bembex*, est noir avec cinq bandes sinuées d'un jaune citron; les pattes sont de même couleur. On trouve cette espèce aux environs de Paris. Elle creuse des trous profonds dans les terrains sablonneux exposés au plein midi, et y entasse une quantité de petits Diptères, surtout des Syrphides; puis elle y dépose ses œufs et ferme l'entrée du nid. Une autre espèce, le Bembex à larges tarses (*Bembex tarsata*), du midi de l'Europe, nourrit ses larves avec des Diptères du genre Bombylius.

Les *Stizes* ont, au contraire des Bembex, le labre et les mâchoires courts et ne formant pas la trompe. Quelques espèces se rencontrent dans la France méridionale et l'Espagne; elles vivent dans les terrains sablonneux.

Les *Stizes*, dont le nom tiré du grec signifie *pointe*, faisant allusion à l'acuité du dard dont ils sont armés, ressemblent beaucoup à de grosses Guêpes, comme le montre la figure ci-contre (fig. 142, voy. p. 155). Ce bel insecte est le *Stizus speciosus*, de l'Amérique du Nord, où on le désigne sous le nom de *Guêpe mineuse*, par suite de son habitude de creuser dans la terre des trous profonds. Ces trous sont destinés à recevoir leurs œufs et la nourriture appropriée aux larves qui en sortiront. C'est avec des Gryllons que le Stizus américain approvisionne son nid ; la piqûre de son aiguillon les plonge dans une sorte d'anesthésie qui les livre sans défense aux petites larves. La figure représente le mâle ; la femelle est beaucoup plus grosse.

FAMILLE DES SPHÉGIENS

Les insectes de la famille des Sphégiens, qui doit son nom au genre *Sphex,* ont des mœurs analogues à celles des Crabroniens, c'est-à-dire que, vivant eux-mêmes sur les fleurs, ils produisent des larves carnassières pour lesquelles ils sont obligés d'amasser des provisions en quantité suffisante pour conduire ces larves jusqu'au moment de leur transformation en nymphe. Toutefois le lieu choisi pour la construction du nid, sa structure, et la nature des aliments qui y sont déposés, varient à l'infini.

Les Sphégiens sont souvent de très-grande taille, surtout ceux des régions tropicales, et c'est parmi eux que l'on trouve les plus forts Hyménoptères. La plupart sont d'une couleur bleu violacé, plus ou moins noirâtre et brillante, souvent tachetés de blanc ou de rouge. Les femelles sont toujours armées d'un redoutable aiguillon.

La famille des Sphégiens est caractérisée par une tête large ; un labre toujours saillant ; des mâchoires et une lèvre assez courtes ; des antennes longues, contournées dans les femelles ; des pattes propres à fouir, à jambes et tarses fortement ciliés ; les postérieures beaucoup plus longues que les autres. — On y distingue trois tribus : les *Sphégides,* les *Scoliides* et les *Mutillides,* caractérisées par la forme de leurs antennes.

La première tribu, celle des Sphégides, porte des antennes longues, filiformes ou sétacées. Les *Pompiles,* à mandibules bidentées, pratiquent des trous dans le vieux bois ou profitent d'ouvertures déjà toutes faites ; quelques-uns creusent leur nid dans le sable. Ils approvisionnent leurs larves avec des Araignées, et ne redoutent pas de les aller chercher jusque sur leur toile, même les plus grosses ; mais le plus souvent ils s'adressent aux Araignées errantes qui ne filent pas de toile. Rien n'est curieux comme d'assister à ce duel entre le Pompile et l'Araignée. Dès que le premier a aperçu la toile, il vient se poser dessus ; l'Araignée, avertie par l'ébranlement des fils et espérant une proie, sort de sa retraite ; mais elle s'arrête bientôt en reconnaissant qu'elle a affaire à un redoutable adversaire. Elle prend peur et veut fuir ; mais le Pompile ne lui en laisse pas le temps. Il fond sur elle et la perce de son terrible aiguillon ; l'Araignée, engourdie par le venin, tombe sur sa toile, et son vainqueur l'emporte dans son nid. Arrivé là, il pose sa proie sur le bord et, d'un coup de tête, la pousse au fond du trou, où il a déposé un œuf. Six à huit Araignées, suivant leur grosseur, complètent sa provision. Il bouche ensuite l'entrée de l'habitation.

On connaît un assez grand nombre de Pompiles européens ; les plus répandus dans nos pays, pendant toute la belle saison, sont le Pompile varié (*Pompilus variegatus*), noir, avec les ailes diaphanes offrant deux bandes transversales noirâtres ; le Pompile des chemins (*Pompilus viaticus*), également noir, avec les trois premiers anneaux de l'abdomen roux et les ailes brunes avec l'extrémité noire. Dans notre planche VIII est représenté le *Pompilus fuscus*. C'est une femelle, comme le montrent ses antennes recourbées en anneau ; elles sont simplement arquées dans le mâle. En *a*, sont la mâchoire et la palpe maxillaire, en *b*, la lèvre et les palpes labiales. Son corps est d'un noir brillant avec les trois premiers segments de l'abdomen roux ; les ailes sont enfumées. Cette espèce approvisionne son nid avec de grosses Araignées du genre Epeire, auxquelles elle coupe la tête et les pattes pour donner à ses larves leur énorme abdomen gonflé de sucs.

FIG. 143. — *Pompilus atrox.*

Le *Pompilus atrox*, que nous représentons ici (fig. 143), est une des plus belles espèces du genre ; il habite l'Amérique du Nord. Il est d'un noir brillant avec une large tache orange vers la base de l'abdomen, en dessus. Nous ne connaissons pas ses habitudes, qui doivent être analogues à celles des autres Pompiles.

Les *Pepsis* sont les géants de la famille ; ils habitent l'Amérique méridionale, où leur piqûre est très-redoutée. Dans notre planche XII est représentée l'une des plus grandes espèces du genre, le *Pepsis heros* du Brésil. Il est d'un bleu presque noir, d'un lustre velouté, les ailes sont brunes et luisantes.

Le *Pepsis elevata*, que nous figurons ici (fig. 144), est d'un noir velouté, à reflets verts ; ses antennes sont jaunes dans leur dernière moitié.

Près des Pepsis se placent les *Mygnimia*, également de grande taille.

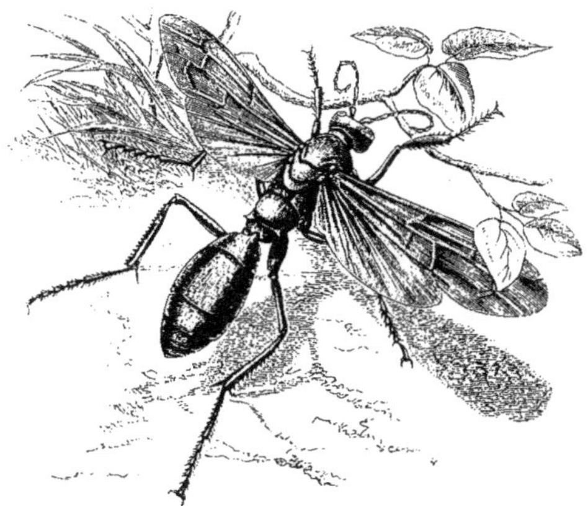

Fig. 144. — *Pepsis elevata.*

L'espèce que nous figurons ici, le *Mygnimia avicula* (fig. 145, voy. p. 160), habite Java. Il est en entier d'un noir mat, parsemé d'un léger semis blanc, comme la gelée blanche. Les ailes sont également noires, les supérieures portant à leur extrémité une large tache blanche satinée.

L'on n'a pas encore observé les mœurs de ces insectes ; mais selon toute probabilité elles se rapprochent de celles des autres genres de la famille.

Le genre *Sphex* se distingue par des mandibules larges, arquées et bidentées; leur prothorax rétréci forme une sorte de cou distinct du

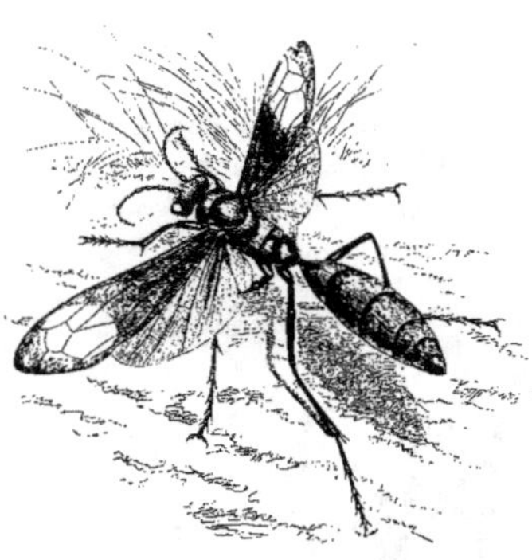

FIG. 145. — *Mygnimia avicula*, (voy. page 159).

métathorax, et leur abdomen est attaché au corselet par un pédicule très-long. Les Sphex sont nombreux en espèces, surtout exotiques. Ils creusent dans les terrains sablonneux un trou assez profond, dans lequel ils déposent un œuf, et qu'ils approvisionnent avec divers insectes suivant les espèces. Le Sphex à ailes jaunes (*Sphex flavipennis*) y dépose des Grillons engourdis par son aiguillon; le *Sphex albisecta* approvisionne sa nichée avec des Criquets; le *Sphex bleu* s'attaque aux Araignées. Avant de déposer sa victime dans le nid, le Sphex la pose sur

le bord et descend dans son trou plusieurs fois de suite, pour s'assurer sans doute qu'il ne s'y est pas caché quelqu'ennemi; puis il y tire sa proie à reculons et bouche le nid. La larve qui sort de l'œuf dévore sa victime réduite à l'impuissance, puis se file un cocon enduit d'un vernis violacé, et y devient nymphe; elle sort au bout d'une vingtaine de jours à l'état de Sphex, prend son essor, butine sur les fleurs et bientôt fait son nid, si c'est une femelle. Nous figurons

FIG. 146. — *Sphex argentata*.

ici le Sphex argenté (*Sphex argentata*) [fig. 146], ainsi nommé de la large bande argentée qui entoure le milieu de son abdomen; cette bande est due au duvet très-fin qui le couvre, et qui parfois, comme dans la figure ci-jointe, s'étend sur le métathorax. Le reste du corps est noir avec les ailes transparentes. Ce bel insecte se trouve sur le continent et dans l'Archipel indien.

Les *Ammophiles*, très-voisins des Sphex, s'en distinguent par leurs mandibules plus longues, arquées et tridentées. Le type du genre, l'Ammophile des sables (*Ammophila sabulosa*) [fig. 147], est noir, avec un large anneau roux sur l'abdomen. Cette espèce, répandue dans nos environs pendant tout l'été, creuse avec ses pattes, dans la terre, au bord des chemins, des trous assez profonds, dans lesquels elle dépose une grosse chenille qu'elle a engourdie en la pi-quant de son aiguillon. Elle pond un œuf auprès et ferme l'entrée du trou avec des grains de sable ou de petits cailloux. L'Ammophile des sables attaque toujours les grosses che-nilles des Papillons de nuit, bien qu'elles pèsent souvent deux fois autant que lui; mais il en vient toujours à bout à force de courage et de persévérance.

FIG. 147. — *Ammophila sabulosa.*

Les *Pélopées* ont les mandibules arquées et faiblement unidentées; la plupart des espèces habitent les parties chaudes du globe; mais on en connaît quelques-unes en Europe. Le Pélopée tourneur (*Pelopœus spirifex*), noir, à pédicule jaune, celui-ci très-long, est assez fréquent dans le midi de la France, mais très-rare aux environs de Paris. Il construit sous les pierres, avec du sable et de la terre, agglutinés par cette salive particulière que presque tous les insectes nidifiants ont la propriété de sécréter par la bouche, un nid assez grossier renfermant cinq ou six cellules verticales. La mère approvisionne ces cellules avec des Araignées qu'elle a piquées de son aiguillon.

Nous figurons dans notre planche XII le *Pelopœus lœtus*, espèce australienne dont le nid est représenté au-dessus d'elle, appliqué contre un tronc d'arbre. Cet insecte a la tête et le corselet noirs, avec une tache

11

jaune au milieu de ce dernier ; le pédicule et le tiers de l'abdomen sont jaunes, et le reste de l'abdomen noir ; les antennes sont jaunes, ainsi qu'un étroit collier autour du cou.

Dans notre planche X est figuré le *Parapison rufipes* de l'Inde ; c'est à première vue un insecte assez insignifiant ; il est d'un brun foncé recouvert d'un duvet blanchâtre. Mais son nid et ses mœurs sont très-curieux. Ce nid est représenté dans le bas de la planche, à gauche, fixé à la tige d'une fleur. Les cellules sont construites en terre gâchée et agglutinée au moyen de la salive de l'insecte, polies et comme doublées à l'intérieur d'une substance soyeuse. Le Parapison femelle dépose dans chacune de ces cellules un œuf, puis il y enfouit une dizaine de petites Araignées d'un vert pâle que la larve trouvera à point au moment de sa naissance. Lorsqu'elle a dévoré toutes ses provisions, la larve se file une enveloppe de soie, dont elle sort peu après à l'état d'insecte parfait.

Des insectes très-semblables quant à la forme aux Pélopées, mais qui en diffèrent par leur labre quadrilobé et leur corps peint de couleurs métalliques, les *Chlorions,* habitent les régions chaudes des deux hémisphères. Ces insectes construisent des nids comme ceux des Pélopées, en terre gâchée et agglutinée, dans laquelle sont percées un plus ou moins grand nombre de cellules. On trouve à l'Ile Bourbon et à l'Ile de France le *Chlorion compressum,* entièrement d'un beau vert métallique, avec la base des cuisses d'un roux vif. Cet insecte est très-utile par la guerre acharnée qu'il fait aux Blattes ou Kakerlacs qui infestent nos colonies. Il est singulier de voir avec quelle hardiesse il se jette sur ces insectes, malgré leur grande taille relative. Dès que le Chlorion aperçoit une Blatte, il s'élance sur elle, la saisit avec ses mandibules entre la tête et le corselet, et, se retournant sur lui-même, il lui enfonce son aiguillon dans l'abdomen. Il s'éloigne alors jusqu'à ce que sa victime ne donne plus signe de vie, puis la traîne jusqu'à son nid ; mais presque toujours l'ouverture de celui-ci est trop étroite pour donner passage à la Blatte. Le Chlorion ne se décourage pas pour si peu ; il arrache les ailes et les pattes de la Blatte, et entrant lui-même dans le trou à reculons, il tire avec ses mandibules le corps qui s'allonge et se comprime contre les parois du tube.

Le *Chlorion lobatum* que nous figurons ici (fig. 148) vient de l'Inde,
où il est assez répandu. Son corps brillant et poli est d'un beau vert éme-
raude variant quelquefois au bleu ; les ailes sont d'un jaune clair et brillant. La femelle est beaucoup plus grande que le mâle ; c'est elle que nous
représentons ici. Elle fait la chasse aux Araignées pour en approvisionner
son nid.

La seconde tribu des Sphégiens, celle des SCOLIIDES, se distingue par
des antennes épaisses, souvent fusiformes. Les *Sapyges*, noires tachetées
de blanc (*Sapyga punctata*), pa-
raissent vivre en parasites aux dépens d'autres Hyménoptères dans
le nid desquels elles déposent leurs
œufs.

Les Scolies proprement dites ont
les mandibules tridentées, les palpes
de trois articles. Ce sont d'assez
grands insectes, noirs tachetés de
jaune. Le type du genre, la Scolie
des jardins (*Scolia hortorum*), longue
de 35 à 40 millimètres, est noire,
velue, à front jaune ; l'abdomen est
noir, avec une large bande trans-

Fig. 148. — *Chlorion lobatum* ♀.

versale jaune sur le deuxième et le troisième segment, souvent inter-
rompue, surtout dans la femelle. Cet insecte, répandu dans le midi de
l'Europe, vole sur les fleurs, au plein soleil.

La Scolie des jardins paraît nourrir ses larves avec celles de
l'*Oryctes nasicornis*, gros Coléoptère qui vit dans le tan et le bois
pourri ; peut-être aussi les approvisionne-t-elle, à leur défaut, avec les
larves du Hanneton.

Une autre Scolie (*Scolia bicincta*) nourrit ses larves avec la grande
Sauterelle verte. Le *Scolia procera* que nous figurons ici (fig. 149,
voy. p. 164), est le géant du genre. Son corps est noir avec des taches
jaunes ; ses ailes d'un noir brillant à reflets métalliques verts. Cette

belle espèce vient de l'Inde. Elle creuse dans le sable des trous profonds, et alimente ses larves avec de gros Orthoptères.

Les *Myzines* habitent les régions chaudes des deux continents ; elles ont les mandibules bidentées, les palpes maxillaires de six articles. Les femelles diffèrent tellement des mâles par l'épaisseur de leur corps, par la brièveté de leurs antennes et les épines des jambes, que plusieurs

Fig. 149. — *Scolia procera* (voy. page 163).

auteurs en avaient fait un genre distinct sous le nom de *Plesie*. Nous ne connaissons pas leurs mœurs.

La troisième tribu de la famille des Sphégiens, celle des Mutillides, caractérisée par des antennes filiformes assez épaisses, se compose d'insectes très-remarquables par la différence extrême qui existe entre les mâles et les femelles ; ces dernières sont toujours privées d'ailes et ressemblent à de grosses Fourmis ; elles ont les antennes courtes et courbées, l'abdomen plus court que dans les mâles. Ceux-ci sont plus petits que les femelles, toujours ailés ; leurs antennes sont plus longues, droites ; l'abdomen plus allongé.

On a longtemps ignoré la manière de vivre de ces insectes; on trouve les mâles sur les fleurs, les femelles courant avec rapidité dans les endroits sablonneux, pénétrant dans toutes les fissures du terrain. Leurs jambes fortement armées d'épines avaient fait penser qu'elles creusaient des demeures pour leurs larves, et leur puissant aiguillon devait servir, croyait-on, à engourdir les insectes dont elles nourrissaient celles-ci. Mais on sait aujourd'hui que ces Hyménoptères vivent en parasites dans les nids des Abeilles solitaires. Leurs larves dévorent, non la pâtée mielleuse, mais les propres larves des Abeilles.

Les *Mutilles* proprement dites ont l'abdomen ovoïde dans les deux sexes; le corselet cubique; leur tête est large, leurs antennes peu coudées, souvent contournées. Assez nombreuses en espèces, les Mutilles sont répandues dans les parties chaudes des deux hémisphères ; elles sont en général agréablement variées de rouge et de jaune. Nous citerons parmi elles la Mutille européenne (*Mutilla europæa*). Elle est d'un noir

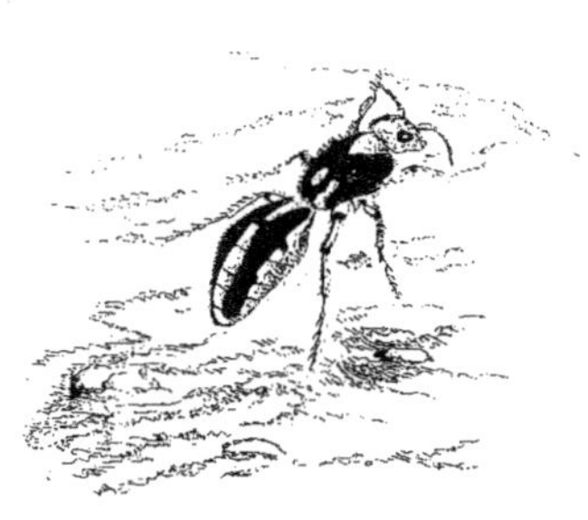

Fig. 150. — *Mutilla cerbera*

bleu; le mâle a le premier segment thoracique noir, les autres d'un rouge sanguin; les trois premiers anneaux de l'abdomen sont bordés de blanc soyeux; les ailes sont enfumées. Chez la femelle, tout le thorax est en dessus d'un rouge de sang. Nous avons figuré dans notre planche VIII le mâle et la femelle de cette espèce.

Le *Mutilla cerbera* dont nous représentons ici la femelle (fig. 150), est noir et blanc; son corps est couvert d'un poil court assez épais. Cette espèce vit à Bahia; la piqûre de son aiguillon est très-douloureuse.

Les *Thynnes* sont des Mutilles à antennes droites dans les mâles, contournées dans les femelles; à mandibules bidentées dans les deux sexes. Dans le *Thynnus australis* de la Nouvelle-Hollande, les deux sexes diffèrent tellement l'un de l'autre, que quelques naturalistes en avaient fait non-seulement des espèces et des genres différents, mais les avaient même placés dans des familles distinctes. Le mâle ressemble en effet, d'une manière frappante, à une grosse Guêpe ou à un Frélon, et la femelle rappelle une énorme Fourmi rousse.

Fig. 151 et 152. — *Scleroderma cylindricum*, mâle et femelle.

Les *Scleroderma* forment le passage des Sphégiens aux Formiciens par les Mutilles. Ce sont des insectes de petite taille, dont les téguments sont d'une dureté extrême ; c'est ce qu'indique leur nom générique. Le *Scleroderma cylindricum* d'Albanie, dont nous figurons ici les deux sexes (fig. 151 et 152), n'a que 2 millimètres, le mâle, et 3 1/2 millimètres, la femelle ; leur couleur est brun rouge foncé. Ces insectes vivent en parasites sur les chenilles et les chrysalides des Papillons de nuit.

FAMILLE DES FORMICIENS

Cette famille comprend un très-grand nombre d'espèces, dont les mœurs et les instincts sont au moins aussi admirables que ceux des Abeilles et des Termites. Elles offrent pour caractères généraux : une tête triangulaire à mandibules fortes ; à mâchoires et lèvre inférieure au moins aussi courtes que les mandibules ; à antennes toujours coudées ;

Fig. 153 à 155. — Fourmis mâle, femelle et neutre (voy. page 168).

des pattes assez grêles et longues ; l'abdomen ovale, attaché par un pédicule étroit.

Ces insectes, très-nombreux partout, sont répandus dans toutes les parties du monde. On les divise en trois tribus, dont les mœurs et les métamorphoses sont analogues. Ce sont les *Myrmicides,* qui ont deux nœuds au pédicule de l'abdomen et un aiguillon chez les femelles et les neutres ; les *Ponérides,* qui n'ont qu'un nœud au pédicule et un aiguillon chez les femelles et les neutres ; enfin, les *Formicides,* qui n'ont qu'un nœud au pédicule et pas d'aiguillon. Dans les deux premières tribus, les larves ne filent pas de cocon pour se changer en nymphe. Nous donnerons ici le tableau général des mœurs des Fourmis de notre pays, celles qui ont été le mieux étudiées.

Nous avons vu combien sont industrieux les Termites, les Guêpes, les Abeilles, les Osmies; mais les Fourmis les surpassent encore et donnent des preuves d'un raisonnement qui dénote chez elles plus que de l'instinct.

Les sociétés des Fourmis se composent de mâles et de femelles ailés (fig. 153 et 154, voy. p. 167), et de neutres aptères (fig. 155, voy. p. 167), qui, outre ces caractères tirés des ailes et des organes génitaux, se distinguent ordinairement entre eux par la taille. Les femelles sont beaucoup plus fortes que les deux autres sortes d'individus. Les ouvrières sont d'un tiers et quelquefois de moitié plus petites; les mâles tiennent en général le milieu entre les deux. Mais, dans la plupart des espèces, on observe, outre les neutres ordinaires qui forment la masse de la population et qui ne s'occupent que des travaux de l'habitation, d'autres individus beaucoup plus grands et pourvus de mandibules plus allongées et plus robustes; ceux-ci sont chargés de défendre l'habitation en cas d'attaque, et n'en sortent que pour aller à la rencontre de l'ennemi qui se présente et le combattre.

La forme et la nature des habitations de nos Fourmis indigènes varient presque autant que les espèces; les unes creusent dans la terre des cavités dans lesquelles elles établissent des étages superposés, soutenus par des piliers irréguliers et communiquant entre eux par des passages qui se croisent dans tous les sens; le tout est quelquefois surmonté d'autres étages construits avec des bûchettes, des brins d'herbe, de paille et autres objets semblables, et qui finissent par former un dôme arrondi plus ou moins élevé; d'autres pratiquent dans le bois carié des vieux troncs d'arbres des demeures analogues; il en est qui se contentent de galeries creusées dans le sein de la terre sous une pierre. Les espaces vides qu'on observe entre chaque étage dans ces demeures souterraines sont destinés au séjour des larves, que les neutres sont presque sans cesse occupés à transporter d'un étage à l'autre pour les maintenir dans la température qui leur convient; mais ils ne sont pas des magasins comme le

croyaient les anciens. Les Fourmis de nos pays passent en effet l'hiver
dans l'engourdissement, et pendant la belle saison leur nourriture consiste
en insectes, chenilles de petite taille, débris d'animaux de toutes sortes
auxquels elles joignent des substances végétales sucrées; cependant nous
verrons plus loin que certaines Fourmis des pays chauds qui ne s'engourdissent pas, font des provisions. Les Fourmis ont surtout un goût tout
particulier pour la liqueur miellée que sécrètent les pucerons, et non
contentes d'aller la recueillir sur les arbres où ces insectes font leur
séjour, elles les emportent quelquefois eux-mêmes dans leurs demeures
pour les avoir toujours à leur disposition, et les gardent soigneusement,
comme nous faisons de nos bestiaux.

Ces fourmilières, dont nous admirons souvent la grandeur, n'ont eu
que d'humbles commencements. L'union des mâles et des femelles a lieu
au milieu de l'été, en août; vers cette époque, des milliers d'individus
des deux sexes quittent l'habitation, surtout à la chute du jour; leur
réunion paraît comme un nuage qui s'élèverait et s'abaisserait avec len-
teur. Les mâles meurent bientôt; les femelles ne reviennent plus pour la
plupart à la fourmilière; les autres y sont ramenées par les neutres, qui
en retiennent ainsi autant qu'ils en peuvent saisir. Les femelles ne pondent
qu'au printemps suivant, et la fourmilière passe ainsi tout l'hiver sans
œufs ni larves.

Les femelles qui se sont échappées s'établissent seules dans quelque
cavité du sol et y pondent leurs œufs, qui n'éclosent qu'au retour de la
belle saison. Jusque-là, et tant que des neutres ne sont pas sortis de ces
œufs, elles remplissent les fonctions d'ouvrières, creusant les premières
galeries de l'habitation, soignant et nourrissant les jeunes larves. Celles-
ci, si elles sont des ouvrières, aussitôt après leur dernière transformation, aident leur mère et ne lui laissent bientôt plus rien à faire. Ce qu'il
y a de remarquable, c'est qu'aussitôt qu'elles sont devenues fécondes,
ces femelles se débarrassent elles-mêmes de leurs ailes en les tordant à
l'aide de leurs pattes jusqu'à ce qu'elles tombent (fig. 156, voy. p. 170).
Comme elles pondent un immense nombre d'œufs, la société s'accroît avec
d'autant plus de rapidité que les métamorphoses s'accomplissent très-

rapidement dans cette famille; il ne s'écoule guère que vingt-trois jours entre la ponte de l'œuf et l'apparition de l'insecte parfait. La fourmilière ainsi établie dès les premiers beaux jours du printemps, est encore médiocrement élevée au milieu de l'été, époque où les femelles la quittent en majeure partie pour aller en fonder de nouvelles; mais elle s'accroît chaque année et finit par acquérir avec le temps des dimensions considérables. Les Fourmis n'abandonnent le lieu où elles se sont établies que

FIG. 156. — Fourmis femelles s'arrachant les ailes (voy. page 169).

lorsqu'elles y ont été trop souvent tourmentées, ou que quelques accidents l'ont rendu inhabitable.

Trois occupations principales absorbent tous les moments des neutres, qui composent la partie laborieuse de la communauté : agrandir ou réparer l'habitation, soigner les nymphes et faire des excursions au dehors afin de chercher tant des matériaux que des vivres pour elles-mêmes ainsi que pour les *mâles* et les *femelles* aux besoins *desquels* elles sont chargées de pourvoir. Ces dernières sont aussi l'objet de soins et de respects particuliers dès qu'elles deviennent mères. Les neutres, non-seulement les nourrissent, mais les entourent, les nettoient et les caressent en leur passant leur languette sur le corps, et leur épargnant jusqu'à la peine de marcher en les portant à l'aide de leurs mandibules. Les larves sont soignées non moins assidûment, depuis le moment de leur naissance jusqu'à celui de leur transformation en insectes parfaits. Les neutres les transportent sans cesse d'un étage à l'autre de l'habitation, suivant le degré de température : elles les nourrissent en leur dégorgeant dans la bouche la miellée ; si la fourmilière est attaquée, leur premier soin est de les mettre en sûreté en les emportant loin des atteintes de l'ennemi. Dans beaucoup d'espèces, ces larves, en se transformant en nymphes, s'enveloppent d'une coque soyeuse dont elles seraient incapables de sortir lorsqu'elles sont arrivées à leur dernier état ; ce sont les neutres qui leur rendent encore ce service en déchirant cette coque avec leurs mandibules.

La nature et la forme des constructions des Fourmis varient selon l'instinct particulier et les habitudes des espèces. La Fourmi brune (*Formica brunnea*), par exemple, construit en terre des bâtisses extrêmement délicates et cependant très-solides, en forme de dôme. Ce dôme, qui s'élève à 25 centimètres et plus au-dessus du sol, est en terre gâchée, assez lisse, et forme une croûte dure. Si l'on enlève ce dôme extérieur, on voit qu'il recouvre tous les étages situés au-dessus du sol et que tous ces étages se recouvrent l'un l'autre par tranches concentriques. Chaque étage a de 12 à 15 millimètres de hauteur, et les murs et les cloisons en sont d'un grain si fin que la surface en paraît polie. On y voit des salles nombreuses communiquant entre elles par de nombreuses galeries qui se croisent en tous sens, comme un labyrinthe, et l'on remarque au centre de chaque étage une salle plus grande que les autres et dont la voûte est supportée par de petites colonnes et par des arcs-boutants d'un travail merveilleux. On compte souvent sept ou huit étages supérieurs au niveau du sol, et dont le plus bas au rez-de-chaussée communique avec les étages souterrains. Au-dessous du niveau du sol se trouvent autant d'étages creusés dans la terre et dont les matériaux ont servi pour les constructions extérieures. Ces étages souterrains sont plus spacieux que les supérieurs ; c'est là que sont placées la nourrisserie et les chambres aux provisions. Une telle disposition procure aux Fourmis, suivant les besoins, des températures très-variées. Ainsi quand un soleil trop ardent rend les appartements supérieurs plus chauds qu'elles ne le désirent, elles se retirent avec leurs petits dans le fond de la fourmilière, et lorsque les étages inférieurs deviennent à leur tour inhabitables pendant les pluies, les Fourmis transportent tout ce qui les intéresse dans les étages les plus élevés.

Rien n'est plus intéressant que de voir travailler les Fourmis ; elles attendent pour cela que la rosée ou une petite pluie ait humecté le sol. Toutes alors se mettent en mouvement. Chaque ouvrière façonne avec ses mâchoires de petites pelotes de terre, qu'elle applique ensuite sur le mur en construction et étale avec ses pattes antérieures. Dans cette opération, ses mâchoires lui servent de ciseaux, ses pattes de truelle, ses antennes de compas. Le soleil donnera à la maçonnerie la cohésion convenable. Tous les travaux sont réglés entre les Fourmis ouvrières, et il faut bien qu'elles puissent s'entendre pour faire coïncider exactement les parties d'une même construction, car chaque Fourmi travaille à une portion distincte. Ce qui prouve d'ailleurs leur intelligence, c'est que leurs constructions ne se ressemblent pas toutes et ne sont pas toujours tracées sur un plan uniforme ; elles sont, au contraire, admirablement appropriées à la nature du terrain qu'elles ont choisi.

Ces prodiges d'architecture ne sont-ils pas faits pour nous confondre, lorsque nous considérons l'être infime qui les a produits ? Que sont en réalité, toutes proportions gardées, ces temples hindous, ces pyramides d'Égypte, ces cathédrales tant vantées et que les hommes ont mis des siècles à bâtir, lorsqu'on les compare aux constructions cyclopéennes que les Fourmis bâtissent en quinze jours ?

Les Fourmis les plus communes de nos bois (*Formica rufa*) [Pl. VIII] construisent à la surface du sol de vastes demeures qui nécessitent une quantité prodigieuse de matériaux. Au dehors, il s'annonce par ce large dôme que vous avez si souvent vu s'élevant au-dessus du sol, comme un amas de morceaux de bois, de fétus de paille, de brins de feuilles accumulés sans ordre (fig. 157). Mais, en réalité, ce formidable

FIG. 157. — Nid du *Formica rufa*.

enchevêtrement de bûchettes est parfaitement disposé, de manière à former à l'intérieur des chambres et des galeries qui permettent une circulation facile dans toutes les parties de l'édifice. Disposés avec un art admirable, ces morceaux de bois se trouvent étayés les uns par les autres ; les premiers sont enfoncés dans la terre. Aussi la construction dans son ensemble offre-t-elle une remarquable solidité. Ces fourmilières ont plusieurs ouvertures que les habitants ferment à la chute du jour et dans les temps de pluie, au moyen de bûchettes entre-croisées. D'autres, moins habiles, s'établissent sous une large pierre qui servira de toiture et creusent au-dessous, dans la terre, des galeries (*Formica cunicularia*); ce sont les mineuses. Mais, de toutes les Fourmis, celles qui font les plus admirables travaux, sont les Fourmis fuligineuses : elles sculptent avec une délicatesse merveilleuse, et dans les bois les plus durs, une multitude d'étages horizontaux, communiquant les uns avec les autres, et dont les planchers, aussi minces que du papier, sont soutenus tantôt par des cloisons, tantôt par des rangées parallèles de petites colonnes (fig. 158). Toutes

FIG. 158.
Fragment du nid du *Formica fuliginosa*.

les parties de l'édifice sont polies et recouvertes d'un enduit qui leur donne la couleur du vieux chêne. Mais il est impossible de décrire tout ce dédale de salles, de loges, de galeries, toutes les cloisons, les colonnades, les arcades de cette merveilleuse cité, chef-d'œuvre de sculpture par la légèreté et la délicatesse du travail, et qui ne témoigne pas moins de la patience que de l'intelligence de l'insecte qui l'exécuta.

Toutes les espèces de Fourmis ne sont pas également habiles dans l'art de bâtir ; il en est même dont les instincts et l'organisation sont incompatibles avec tout travail. Telles sont les Fourmis rousses (*Formica rufescens*) auxquelles leurs mœurs belliqueuses ont fait donner aussi le nom d'*Amazones*. Incapables de bâtir ou d'élever leurs petits, n'ayant que des armes ou des instincts guerriers, elles s'adressent à des espèces plus industrieuses, qu'elles réduisent en esclavage et obligent à travailler pour elles. Elles partent en corps, envahissent une fourmilière voisine dont elles enlèvent les larves et les nymphes après un combat meurtrier (fig. 159).

FIG. 159. — Fourmis rousses et noires-cendrées.

Jamais elles n'enlèvent les Fourmis adultes ; car celles-ci ne se soumettraient pas à la vie d'ilotes et prendraient la fuite ; tandis que les larves des Fourmis étrangères n'ayant pas encore reçu de leurs parents l'éducation et le goût de la liberté, élevées dans cette république spartiate, sont facilement dressées à l'esclavage dans lequel elles se croient nées. Aussi les Amazones s'adressent-elles toujours aux races dont l'humeur est pacifique et les instincts domestiques. Ce sont surtout les Fourmis des prés, les Noires-cendrées, comme les appelle Huber *Formica nigro-cinerea*, qui sont en butte à leurs invasions. Ces larves et ces nymphes élevées par les ouvrières esclaves, et, comme elles, ne connaissant pas d'autre patrie, développeront leurs facultés instinctives et se livreront aux mêmes travaux. Ce sont ces noires-cendrées seules qui travaillent, bâtissent, vont aux provisions, tandis que les rousses, peuple de soldats, n'ont d'autre occupation et d'autre talent que celui de la guerre. Malgré la différence des conditions, une harmonie constante ne cesse de régner entre les deux espèces.

La *Fourmi sanguine*, qui est d'un rouge vif, a des habitudes semblables à celles de la Fourmi rousse ; elle va enlever les larves et les nymphes de la Fourmi mineuse (*Formica cunicularia*) pour se faire servir par elles.

Les Fourmis nous offrent de nombreuses preuves de discernement, de jugement, dans une foule de cas ; on ne saurait nier leur intelligence. On les voit en toute occasion se communiquer leurs idées au moyen de leurs antennes et peut-être par une mimique dont nous ne pouvons pénétrer le secret. Comment en pourrait-il être autrement pour travailler de concert à leurs vastes constructions ou pour combiner leurs expéditions lointaines? Lorsque le moindre danger menace la cité, celles qui en sont témoins vont aussitôt jeter l'alarme et prévenir tous les habitants logés dans les étages inférieurs, et on les voit aussitôt accourir en foule pour participer à la défense commune. Si une Fourmi étrangère vient à pénétrer dans la fourmilière, on la chasse aussitôt, comme un espion. Si les habitants de deux fourmilières trop rapprochées viennent à se gêner dans leurs opérations, des combats ont lieu avec un ordre et un ensemble admirables. Les Fourmis se battent avec un acharnement singulier, et leurs combats sont souvent très-meurtriers. Lorsqu'une Fourmi a été blessée, celles qui la rencontrent s'empressent de lui porter secours et de la rapporter au domicile commun. A chaque instant nous voyons la raison, l'intelligence apparaître dans les divers actes qu'exécutent les Fourmis.

Nos Fourmis indigènes se nourrissent de matières fluides animales ou végétales ; elles attaquent de petites larves, des vermisseaux, dont elles hument les parties liquides, et se montrent particulièrement avides de substances sucrées; elles lèchent le miel sur les fleurs, sucent le jus des fruits; l'on sait combien elles recherchent le sucre et les confitures. Ce n'est pas pour elles seules; douées de la faculté de dégorger les substances que contient leur estomac, elles puisent une énorme quantité de nourriture afin d'alimenter les compagnes retenues au logis par le travail, et surtout les larves.

Qui ne connaît la charmante fable de La Fontaine, *la Cigale et la Fourmi*, dans laquelle le fabuliste représente cette dernière comme un modèle de prévoyance? et combien de fois lui a-t-on reproché de s'être trompé sur ce point! Les Fourmis de nos climats n'amassent point; elles ne prennent pas soin d'emplir leurs greniers en vue de la mauvaise saison. En effet, elles ne mangent pas de graines et n'ont nullement besoin de provisions pour l'hiver, pas plus que la Cigale; car, comme le Loir et la Marmotte, elles s'engourdissent dès les premiers froids. Et cependant le bon La Fontaine a raison. Il a emprunté le sujet à Ésope, qui habitait la Grèce; Salomon et Élien ont parlé des greniers des Fourmis, et c'est une croyance universelle dans tout l'Orient. Il existe, en effet, dans les pays chauds et jusque sur le littoral de la Méditerranée, des espèces qui ne s'engourdissent pas l'hiver et qui se comportent tout autrement que les Fourmis du Nord. Elles récoltent les graines des plantes et les entassent dans des greniers souterrains qui ont parfois une grande étendue. Mais, avant de les emmagasiner, elles ont soin de les dépouiller de leurs enveloppes et de leurs capsules, parties sans usage et qui ne feraient qu'embarrasser. Le sol de ces magasins est toujours cimenté avec soin et garni d'un revêtement de petits cailloux, ce qui prouve que les Fourmis savent parfaitement que, pour être conservées, les substances alimentaires doivent être mises à l'abri de l'humidité, et ce qu'il y a de plus étonnant, c'est qu'elles ont soin de manger d'abord le germe des graines pour les empêcher de se développer sous l'influence de la chaleur et de l'humidité. Ces Fourmis, que M. Mogridge a observées près de Menton et qu'il appelle *Moissonneuses*, sont les *Atta barbara* et *structor*.

Les Fourmis sont donc aussi admirables que les Abeilles dans leurs instincts et leurs travaux; mais, tandis que ces dernières sont utiles à l'homme et constituent pour lui un bien précieux, les Fourmis au contraire lui sont un fléau; car non-seulement elles ne produisent rien qui puisse servir à son industrie, mais elles lui nuisent souvent en creusant le sol, en envahissant les maisons et les offices, en perforant les poutres et les arbres. Elles sont incommodes par l'odeur qu'elles répandent et par la morsure qu'elles font sentir quand elles s'introduisent jusque dans nos vêtements. Certaines grosses Fourmis des régions tropicales, dont nous parlerons plus loin, sont même un danger pour l'homme, qui est obligé de leur céder la place.

Fig. 160. -- *Atta barbara.*

La première tribu de la famille des Formiciens, celle des Myrmicides, caractérisée par le premier segment de l'abdomen qui forme deux nœuds, et par la présence d'un aiguillon chez les femelles, comprend plusieurs genres. Celui des *Attes* est facilement reconnaissable à la grosseur énorme de la tête; il renferme plusieurs espèces européennes dont le type est l'Atte maçonne (*Atta structor*); elle construit des nids dans le sable, et forme avec les matériaux qu'elle en retire une sorte de couvercle à l'entrée. Cette espèce, ainsi que l'*Atta barbara* (fig. 160), habitent le midi de la France et font des approvisionnements de grains. Nous en avons parlé plus haut.

Les *Œcodomes* diffèrent des Attes par leur tête ou leur corselet épineux. L'espèce la plus connue, l'Œcodome céphalote (*Œcodoma cephalotes*) de l'Amérique méridionale (fig. 161, voy. p. 179), a des habitudes fort curieuses. C'est une grosse Fourmi de 16 à 20 millimètres, d'un brun marron ou noirâtre, avec une grosse tête luisante, divisée, et armée postérieurement de deux épines; le corselet porte six tubercules. Cette grosse Fourmi coupe les feuilles des arbres et les emporte pour construire son nid. Voici ce qu'en rapporte un voyageur français, M. Lund: «J'avais toujours regardé comme exagérés, dit ce naturaliste, les récits que font les voyageurs du tort que certaines Fourmis font aux arbres en les dépouillant de leurs feuilles; mais voici un fait dont j'ai été moi-même témoin. Passant un jour près d'un arbre presque isolé, je fus surpris de voir, par un temps calme, des feuilles qui tombaient comme de la pluie. Ce qui augmenta mon étonnement, c'est que les feuilles détachées avaient leur couleur naturelle et que l'arbre semblait jouir de toute sa vigueur.

«Je m'approchai pour trouver l'explication de ce phénomène, et je vis qu'à peu près sur chaque pétiole était postée une Fourmi qui travaillait de toute sa force. Le pétiole était bientôt coupé et la feuille tombait par terre. Une autre scène se passait au pied de l'arbre. La terre était couverte de Fourmis occupées à découper les feuilles, à mesure qu'elles tombaient, et les morceaux étaient sur-le-champ transportés dans le nid. En moins d'une heure le grand œuvre s'accomplit sous mes yeux, et l'arbre resta entièrement dépouillé.»

Lorsque les bandes reviennent de la cueillette on croirait une multitude de feuilles animées en marche. Ces fourmis commettent souvent de

Fig. 161. — *Œcodoma cephalotes* (voy. page 178).

grands dégâts en s'attaquant aux plantations de caféiers et d'orangers.

Les feuilles découpées en pièces rondes sont employées à la construction d'énormes dômes qui protégent les souterrains. Ces couches de feuilles interposées entre des couches de terre rendent leurs voûtes imperméables même aux pluies torrentielles des régions tropicales. Leurs souterrains s'étendent sous le sol à des distances souvent considérables; le directeur du Jardin botanique de Para en détruisit un qui n'avait pas moins de 65 mètres de longueur. Non-seulement les Œcodomes ravagent les plantations, mais elles pénètrent de nuit dans les habitations pour enlever le manioc et autres provisions de bouche.

Les *Ecitones* ne sont pas moins remarquables; longues, minces, avec une large tête plate armée d'énormes mandibules tranchantes et pointues, de grandes pattes grêles, ces Fourmis de l'Amérique méridionale sont pourvues d'un redoutable aiguillon ; elles mordent et elles piquent. Éminemment carnassières, les Écitones chassent en troupes innombrables, semant la terreur parmi tous les êtres vivants. Elles grimpent sur les arbres, visitant toutes les feuilles, toutes les crevasses du tronc, et tuent impitoyablement toutes les Araignées, toutes les larves et chenilles qu'elles découvrent et qui ne peuvent leur échapper. Les Indiens les évitent avec soin, et l'on cite des voyageurs qui, ayant commis l'imprudence de s'endormir au pied d'un arbre, ont été assaillis et dévorés par ces terribles insectes. L'Écitone légionnaire (*Eciton legionis*) habite les lieux découverts. L'*Eciton hamata*, représentée dans notre figure 162, fréquente particulièrement les forêts. Cette espèce, à laquelle ses longues mandibules recourbées et aiguës comme un hameçon ont valu son nom, attaque tous les petits animaux, même les Guêpes, qui cherchent en vain à se défendre.

FIG. 162. — *Eciton hamata.*

Certaines Écitones sont aveugles et ne font pas d'excursions à découvert ; elles construisent des galeries et des tunnels pour atteindre les nids qu'elles pourront dévaster (fig. 163, voy. p. 181).

Le genre *Myrmica*, à palpes maxillaires très-longues, à mandibules triangulaires, comprend plusieurs espèces indigènes. La plus commune en France est la Fourmi rouge (*Myrmica rubra*) ; elle est rougeâtre avec le premier nœud muni d'une seule épine en dessous. Cette Fourmi établit son nid dans la terre, sous des pierres ou des détritus. Une très-petite espèce de ce genre (*Myrmica domestica*) habite les maisons à Londres et à Brighton, où elle est un véritable fléau, pénétrant dans les endroits les mieux clos et dévastant tout ce qui est à sa portée.

Les Formiciens de la seconde tribu, celle PONÉRIDES, se distinguent
par le premier segment de l'abdomen formant un seul nœud; les femelles

FIG. 163. — Écitones construisant leurs galeries (voy. page 180).

sont, comme chez les Myrmicides. pourvues d'un aiguillon redoutable.
La plupart de ces Fourmis, dont quelques-unes
sont gigantesques, habitent surtout les régions
tropicales. Telles sont celles du genre *Componotus*. L'espèce la plus remarquable et à
laquelle sa grande taille a fait donner le nom
de *Gigas*, est répandue dans l'Inde et à Bornéo.
Comme le montrent nos figures ci-jointes,
cette Fourmi, dont la taille atteint celle de nos
Guêpes, est réellement un animal redoutable.
Le mâle (fig. 164) est beaucoup moins grand que
la femelle (fig. 165, voy. p. 182 ; tous deux
sont pourvus d'ailes et ont le thorax noir et

FIG. 164. — *Componotus gigas*, mâle.

l'abdomen brun. Ce dernier est terminé chez la femelle par un aiguillon
redoutable. La figure 166, (voy. p. 182) représente le neutre ou soldat ;
celui-ci est un peu moins gros que la femelle, mais sa tête est énorme,

carrée et armée de formidables mâchoires, larges, plates et dentées comme une scie. Ces énormes Fourmis grimpent le long des arbres ou courent sur les chemins en quête d'une proie qui ne leur échappe guère; les plus grosses Araignées, les Vers, les Mollusques et même les petits Reptiles succombent sous leurs terribles morsures.

FIG. 165. — *Camponotus gigas*, femelle (voy. page 181).

Les *Ponères* sont des Fourmis américaines pour la plupart; on en connaît une espèce en France, longue de 5 millimètres et d'un brun foncé et luisant. Cette espèce (*Ponera contracta*) vit sous les pierres réunie en petites sociétés de huit à dix individus; pendant le jour elle ne sort pas de sa retraite.

Le *Ponera grandis* (fig. 167, voy. p. 183) est encore un des géants de la famille; il habite l'Amérique méridionale, où il est assez répandu. Cette espèce paraît vivre, comme la précédente, en petites sociétés de cinq ou six individus sans grande industrie; leur nid consiste en une excavation creusée sous une pierre. Les femelles et les neutres sont armés d'un aiguillon dont la piqûre est très-douloureuse.

Le curieux nid que nous représentons ici de grandeur naturelle

FIG. 166. — *Camponotus gigas*, neutre (voy. page 181).

(fig. 168, voy. p. 183) est l'ouvrage d'une petite Fourmi de Malacca, à laquelle les entomologistes anglais donnent le nom peu harmonieux de *Polyrachis textor*. Ce nid, fait de fibres végétales, semble être tissé en crin, et sa texture est assez lâche pour que l'on puisse voir ses habitants au travers. La Fourmi est noire.

La troisième et dernière tribu, celle des FORMICIDES, comprend les espèces dont le premier segment de l'abdomen forme un seul nœud, et qui sont privées d'aiguillon.

Le genre *Polyergus* a pour caractère : les mandibules étroites, arquées, terminées en pointe crochue. Le type du genre est le Polyergue roussâtre (*Polyergus rufescens*), cette singulière Fourmi amazone qui, impropre à bâtir et à élever ses petits, enlève les larves et les nymphes d'espèces plus industrieuses et les réduit en esclavage pour les obliger à travailler pour elle. Nous en avons déjà parlé avec détails.

FIG. 167. — *Ponera grandis*, neutre (voy. p. 182).

Le genre *Formica* ou les Fourmis proprement dites sont les plus nombreuses, les plus répandues et les mieux connues de la famille ; c'est à elles que se rapportent les faits généraux que nous avons relatés au commencement de cet article. Nous avons donné des détails sur les divers modes de construction employés par ces admirables petits êtres. Les plus habiles d'entre eux sont : la Fourmi rousse (*Formica rufa*), une des plus communes du genre ; nous l'avons figurée à la page 167 sous ses trois conditions. Elle construit dans les endroits sablonneux, avec toutes sortes de débris et de fragments de bois, un nid représenté à la page 173. La Fourmi brune (*Formica brunnea*, l'une des plus petites et des plus industrieuses de nos Fourmis communes, construit

FIG. 168. — *Polyrachis textor* (voy. page 182).

de vastes fourmilières à étages nombreux et d'un fini merveilleux. La Fourmi charpentière (*Formica fuliginosa*) sculpte dans le tronc des arbres les plus durs de vastes nids d'une délicatesse extrême (fig. 158, voy. p. 174).

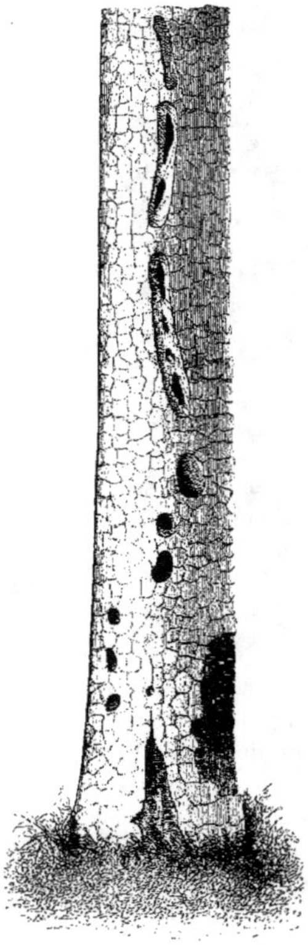

On voit fréquemment les Fourmis courir sur les arbres et les arbustes, et parfois en grand nombre; mais c'est pour y chercher les pucerons et les gall-insectes qui sécrètent une liqueur sucrée dont elles sont très-avides.

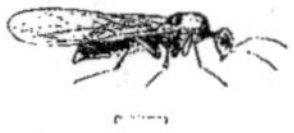

Fig. 169.
Formica flava, femelle.

Il existe entre certaines espèces de Fourmis et les Pucerons des rapports bien plus singuliers encore. Les Fourmis jaunes (*Formica flava*, [fig. 169 et 170], par exemple, sortent rarement de leur demeure, ne visitent guère les arbres ou les fruits, et ne font pas la chasse aux vermisseaux. Cependant elles ne manquent pas de nourriture, et ce sont les Pucerons qui la leur fournissent

Fig. 170.
Formica flava, neutre.

presque exclusivement. Les Fourmis jaunes ne se contentent pas de sucer le tube des Pucerons qu'elles rencontrent; elles font mieux, elles les enlèvent et les transportent dans le voisinage de leur cité, sur des plantes basses, où elles les parquent, comme nous faisons des troupeaux, en élevant autour d'eux une enceinte pour les empêcher de fuir ou de s'égarer. Ces bergers d'un nouveau genre ne perdent jamais

Fig. 171. — Pin excavé par la *Formica ligniperda*.

de vue leurs petits bestiaux; elles en prennent le plus grand soin et
vont aux différentes heures du jour leur demander le lait miellé dont
elles sont si friandes. C'est leur bétail; ce sont leurs vaches et leurs
chèvres.

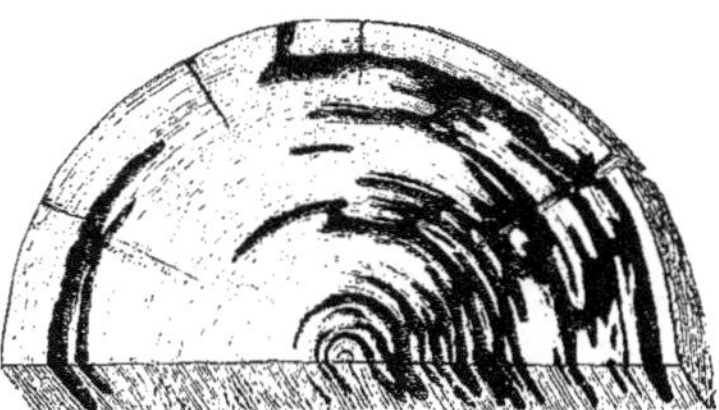

Fig. 172. — Coupe d'un tronc de pin excavé par le *Formica ligniperda*.

Une espèce de Fourmi, le *Formica ligniperda*, cause parfois de grands
dégâts dans les pins et les sapins, dont il ronge le tronc et entraîne
parfois la mort. On voit ici un spécimen de leur travail (fig. 171 et 172).

Le *Formica gracilescens*, très-agile, poi-
lu, à longues pattes grêles, a depuis quelques années envahi les serres du Jardin des
plantes de Paris. Il vient de la Guyane
et a détruit toutes les espèces françaises.

Une Fourmi très-singulière habite le Mexique : c'est le *Myrmecocystus mexicanus*,
connu au Mexique sous le nom de *Hormiga
mielera*, c'est-à-dire «Fourmi à miel». En
effet, cette Fourmi fait du miel et l'emmaga-
sine d'une manière tout à fait singulière.

Fig. 173. — *Myrmecocystus mexicanus*
(voy. page 186).

Nous voyons les Abeilles, les Bourdons,
les Osmies et autres fabricants de miel renfermer cette précieuse substance
dans des cellules pour la conserver; mais nos Fourmis mexicaines la
conservent dans leur propre corps. Certaines ouvrières se nourrissent

exclusivement du nectar des fleurs, et la matière sucrée s'accumule dans leur ventre au point de le distendre comme une vessie gonflée (fig. 173, voy. p. 185); c'est la membrane élastique qui relie les segments de l'abdomen entre eux qui s'étend ainsi, et les segments cornés y restent marqués en noir comme des chevrons. On vend au Mexique ces Fourmis à la mesure, et on en exprime le miel en pressant le ventre entre les doigts.

FAMILLE DES CHRYSIDIENS

Les Chrysidiens sont de jolis petits Hyménoptères, remarquables par l'éclat de leurs couleurs, qui leur a fait donner le nom de *Guêpes dorées*. La forme générale de leur corps rappelle en effet, en petit, celle des Guêpes; mais leurs téguments très-durs et très-polis, verts, bleus, pourpres ou dorés, le disputent en éclat aux pierres précieuses.

Les insectes compris dans cette famille sont de petite taille et d'égale largeur partout; leur tête inclinée porte des antennes de treize articles, coudées, filiformes, et toujours en mouvement; les mandibules sont arquées et pointues. L'abdomen, attaché au thorax par un pédicule très-court, est généralement plat et voûté en dessous, très-bombé en dessus; les derniers anneaux peuvent s'engaîner les uns dans les autres, ou s'allonger comme les tubes d'une lorgnette; il est terminé chez les femelles par un aiguillon dont la piqûre est très-douloureuse.

Les Chrysidiens, bien que peu nombreux en genres et en espèces, sont répandus dans les diverses parties du monde; on les rencontre pendant toute la belle saison, voltigeant de fleur en fleur, et ils brillent au soleil comme des pierres précieuses. Mais si leur extérieur est séduisant, il n'en est pas de même de leurs habitudes, qui sont perverses; car ils jouent dans la classe des insectes le même rôle que le Coucou dans celle des oiseaux. Dépourvus de l'industrie nécessaire pour préparer un asile à leur postérité, ils s'approprient par la ruse les nids que d'autres plus habiles ont construits. Ces parasites effrontés épient le moment où une femelle quitte sa cellule commencée, s'y introduisent et déposent au milieu des provisions qu'elle renferme un œuf à côté de celui du légitime propriétaire. La larve qui en sort dévore les vivres destinés à sa compagne et la réduit à mourir de faim; ou bien elle s'attaque à celle-ci même, se cramponne sur son dos et la suce, mais lentement, de manière à ne pas lui faire perdre promptement la vie. Ce n'est que lorsqu'elle-même a pris tout son accroissement, qui est rapide, qu'elle achève sa victime. Cependant ces parasites n'exercent pas toujours leur industrie impunément ; quelquefois ils ont affaire à plus forte partie qu'eux et portent la peine de leur audace. Lepelletier de Saint-Fargeau, l'historien des Hyménoptères, en rapporte l'exemple suivant : « L'*Hédychre royal* place ordinairement ses œufs dans le nid de l'*Osmie maçonne*. J'ai observé une femelle de cet Hédychre qui, après être entrée la tête la première dans une cellule presque achevée de cette Osmie, en était ressortie et commençait à y introduire la partie postérieure de son corps, en marchant en arrière, dans l'intention d'y déposer un œuf, lorsque l'Osmie arriva, portant une provision de pollen et de miel ; elle se jeta aussitôt sur l'Hédychre en produisant un bourdonnement de colère. L'Hédychre surprise se contracta aussitôt en boule et si parfaitement que ses ailes seules dépassaient. L'Osmie cherchait vainement à la saisir avec ses mandibules, mais celles-ci n'avaient aucune prise sur un corps aussi lisse et glissaient sans pouvoir la blesser. Ce que voyant, l'Osmie lui coupa les quatre ailes au ras du corselet et la laissa tomber à terre. Elle visita ensuite sa cellule avec une sorte d'inquiétude, puis, après avoir déposé sa charge, elle retourna aux champs. Alors, l'Hédychre, qui n'avait pas bougé jusque-là, se remit sur ses pieds, monta vivement le long du mur directement au nid d'où il avait été précipité, et fut pondre son œuf dans la cellule de l'Osmie, en ayant soin de le cacher sous la pâtée afin qu'il ne pût être aperçu par l'Osmie. »

La famille des Chrysidiens, peu nombreuse en genres, ne comprend qu'un seul groupe, celui des Chrysidides, dont le type est le genre *Chrysis* qui lui donne son nom. Il a pour caractères : des palpes maxillaires de cinq articles, un peu plus longues que les labiales, qui n'ont que trois articles ; les mandibules unidentées. La Chrysis dorée (*Chrysis ignita*), très-répandue dans notre pays, est représentée dans notre planche VIII. Elle est d'un beau bleu mêlé de vert avec l'abdomen rouge doré, terminé par quatre dents distinctes. Cette espèce dépose ses œufs dans les nids de divers Crabroniens, tels que les Philanthes et les Cerceris.

Les *Hédychres*, dont nous avons parlé plus haut, ont les palpes maxillaires beaucoup plus longues que les labiales ; leurs mandibules sont tridentées.

Les *Euchrées* ont les palpes maxillaires et les labiales de la même longueur ; leurs mandibules sont unidentées. L'Euchrée pourpre (*Euchrœa purpurata*) est d'un vert doré avec l'abdomen violet pourpre. Elle se trouve en Europe, mais n'y est pas commune.

Fig. 174. -- *Stilbum splendidum.*

Les *Stilbes* se distinguent des Euchrées par leur métathorax prolongé en épine. Nous figurons ici le *Stilbum splendidum* (fig. 174), le plus grand de la famille. Il est entièrement d'un beau vert bleuâtre et habite les Indes orientales.

FAMILLE DES CHALCIDIENS

Cette famille est la première de la section des *Térébrans*. Dans les familles précédentes ou *Porte-aiguillon*, nous avons presque toujours vu les femelles armées d'un aiguillon venimeux, leur servant soit d'arme défensive, soit pour engourdir une proie dont elles approvisionnent leur nid pour la nourriture de leurs larves. Dans les familles d'Hyménoptères qui vont suivre, les larves sont carnassières ou vivent des sucs végétaux; mais, dans le premier cas, les femelles déposent leurs œufs sous la peau même de divers insectes, larves ou chenilles, et les petites larves qui en sortent les rongent lentement ; dans le second, les femelles déposent leurs œufs dans les tissus végétaux et déterminent par là un afflux de séve qui sert à l'alimentation des larves. Dans l'un et l'autre cas, les femelles n'ont plus un aiguillon venimeux, mais simplement une tarière ou tube destiné à percer la peau des victimes et à pondre l'œuf dans la plaie.

Les Chalcidiens offrent donc cette organisation. Ils ont en outre le corps oblong, plus ou moins épais ; les mâchoires assez longues, les palpes maxillaires très-courtes; les antennes coudées, de douze ou treize articles. Leurs ailes n'ont le plus souvent qu'une seule nervure bifurquée.

Les larves des Chalcidiens sont carnassières, comme celles des familles précédentes, mais non de la même manière; celles-ci, en effet, trouvent à leur portée une proie vivante qui y a été déposée par les soins de leur mère, ou elles ont été introduites à l'état d'œuf dans les nids d'autres espèces plus industrieuses, dont elles dévorent les provisions. Les femelles des Chalcidiens déposent leurs œufs dans le corps même d'une chenille ou d'une larve, qui continue néanmoins à exister assez longtemps pour que la larve de l'Hyménoptère prenne tout son accroissement. Elle existe ainsi renfermant en elle-même des germes de mort.

Comment l'insecte peut-il vivre en étant ainsi rongé chaque jour? La larve de l'Hyménoptère n'attaque d'abord aucun des organes nécessaires à la vie de l'insecte qu'elle dévore ; elle ne s'attaque qu'au tissu graisseux qui entoure le canal intestinal. C'est seulement à l'époque de sa métamorphose en nymphe, lorsqu'elle sent qu'elle n'aura plus besoin de nourriture, qu'elle immole ordinairement sa victime. Elle s'en prend alors à tous ses organes, et ne laisse souvent que la peau, dans laquelle elle subit sa transformation. Quelquefois il n'existe qu'une seule larve dans le corps d'un insecte ainsi attaqué ; mais dans des cas nombreux on trouve une assez grande quantité d'individus, ce que permet leur petite taille.

Tous ces Hyménoptères carnassiers rendent d'éminents services à l'agriculture en détruisant chaque année un grand nombre de chenilles et de larves phytophages. Mais il arrive un moment où ces insectes carnassiers prédominent et finissent par anéantir presque en entier la race des insectes herbivores ; alors ils périssent à leur tour faute de pâture, et les insectes nuisibles reparaissent en abondance au bout de peu de générations. C'est ce qui explique comment les ravages de nos arbres forestiers, de nos vergers, de nos vignes, de nos céréales ne se produisent que par intermittences.

Les Chalcidiens constituent une famille nombreuse en espèces ; mais toutes sont d'une taille fort exiguë.

Les *Chalcis* proprement dits sont les plus grandes espèces de la famille ; ils ont l'abdomen distinctement pétiolé, ovoïde, conique, à tarière droite ; les cuisses postérieures très-renflées, les tibias arqués, les antennes plus ou moins renflées à l'extrémité. Les Chalcis déposent leurs œufs dans le corps de diverses chenilles ; c'est ainsi que la Chalcide petite *Chalcis minuta*) vit aux dépens de la chenille de la Pyrale de la vigne et en détruit chaque année un grand nombre. Le type du genre est la Chalcide à pieds en massue, *Chalcis clavipes,* longue de 7 à 8 millimètres, entièrement noire avec les fémurs postérieurs et les tarses jaunes. Cette espèce, qu'on peut regarder comme le type du genre, se trouve communément dans les endroits aquatiques.

Une Chalcide du Midi, dont on a fait le genre *Chirocère*, a des antennes en éventail.

Les *Eurytomes*, aux antennes poilues, sont de petite taille, de couleur

noire et brillante. Ils vivent dans le corps des larves d'autres Hyménoptères qui, parfois, sont elles-mêmes parasites.

Les *Diplolépis* ont une forme cylindrique, avec une tarière presque
aussi longue que le corps chez les femelles. A l'état d'insectes parfaits, ils
fréquentent les fleurs, surtout les ombellifères.
Les femelles déposent leurs œufs dans le corps
des larves des Cynips renfermées dans leurs galles
et dont nous parlerons un peu plus loin.

Fig. 175. — *Pteromalus larvorum.*

Les *Corunes*, à antennes filiformes, à abdomen
étranglé, vivent sur d'autres larves d'Hyménoptères.
La Corune en massue (*Coruna clavata*), qui est verte, à pattes testacées,
dépose ses œufs sur la larve d'un petit Braconide, qui lui-même vit aux
dépens des Pucerons.

Les *Pteromales* ont les antennes grêles, à massue fusiforme ; leur
abdomen est plus court que le thorax et fortement aplati.

Les larves de ces petits Hyménoptères vivent aux dépens des chenilles
et des chrysalides des Lépidoptères ; ils sont utiles à l'agriculture en ce
qu'ils restreignent beaucoup le nombre d'une foule d'espèces nuisibles ;
mais, d'un autre côté, ils font le désespoir des collectionneurs de Papillons, qui voient souvent sortir d'une chrysa-
lide, au lieu du Papillon qu'ils attendaient,
une foule de petits Chalcidiens.

Le Ptéromale commun (*Pteromalus commu-*
nis) attaque souvent la Pyrale de la vigne.
Il en est de même du Ptéromale des larves
(*Pteromalus larvarum*), qui a les pattes entièrement jaunes. Nous figurons ici cette espèce
assez commune, ainsi que le *Pteromalus pu-*
parum (fig. 175 et 176).

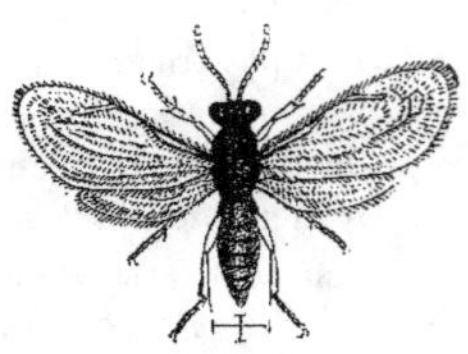

Fig. 176. — *Pteromalus puparum.*

Certains Ptéromales vivent aux dépens des Pucerons ; d'autres déposent leurs œufs dans les nids des Osmies et des Odynères.

Les *Cléonymes* se reconnaissent au premier abord à leur corps large et
déprimé. Le *Cleonymus maculipennis* est représenté fig. 177. C'est un

joli petit insecte d'un bleu métallique profond, à reflets verts; les antennes sont rouges, terminées de noir; les ailes sont tachetées de brun.

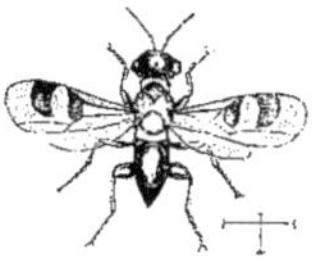

Les *Encyrtes* sont de très-petits Chalcidiens, dont quelques-uns ne dépassent guère 1 millimètre de longueur. Ils s'attaquent principalement aux petits Hémiptères des genres Cochenille, Kermès, Puceron; quelquefois aussi à de petits Coléoptères, tels que les Coccinelles.

Fig. 177. — *Cleonymus maculipennis.*

Les *Eulophes* sont encore de très-petits insectes, remarquables par leurs antennes flabellées, surtout dans les mâles. Ces petits Hyménoptères sont répandus sur les fleurs pendant toute la belle saison; les femelles déposent leurs œufs dans le corps des petites chenilles des Phalènes et des Teignes. Quelques-uns s'attaquent à des Diptères.

FAMILLE DES PROCTOTRUPIENS

Les divers genres que renferme cette famille ont pour caractères généraux : un corps oblong, des antennes de dix à quinze articles, filiformes ou un peu épaissies à l'extrémité, des palpes maxillaires longues et
pendantes. Leurs ailes supérieures n'ont, comme dans la famille précédente, qu'une seule nervure bifurquée ; les inférieures en sont totalement
privées.

Au point de vue des mœurs et des habitudes, les Proctotrupiens se
rapprochent beaucoup des Chalcidiens. Comme eux, ils sont de très-petite
taille, et vont pondre leurs œufs dans le corps des larves et des nymphes
des autres insectes. Leur corps est ordinairement revêtu de nuances
bronzées et de couleurs à reflets métalliques, et leurs
fines ailes sont irisées des plus brillants reflets.

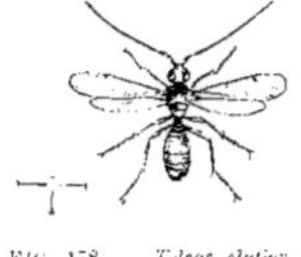

Fig. 178. — *Teleas elatior.*

Nous distinguerons dans la famille des Proctotrupiens
deux tribus : la première, celle des PROCTOTRUPIDES,
portant des ailes proportionnées à la dimension du
corps ; la seconde, celle des MYMARIDES, ayant des
ailes étroites, quelquefois linéaires, élargies à l'extrémité
en une petite palette.

A la première appartiennent les *Proctotrupes* proprement dits, très-
petits Hyménoptères qui déposent leurs œufs dans le corps des larves
de divers Diptères. On les distingue à leur abdomen en clochette presque
sessile et à leurs antennes de douze articles insérées au-dessous du
front.

L'une des plus grandes espèces de cette tribu est le *Teleas elatior*
représenté figure 178. Dans ce genre, les pattes sont conformées pour
le saut ; les antennes, composées de douze articles, sont poilues ;
ces antennes sont de formes très-différentes dans les deux sexes,

comme on le voit par les figures ci-jointes : *a* représente celle de la femelle, et *b* celle du mâle. Le *Teleas elatior* est d'un noir bleuâtre profond, et ses ailes sont irisées. Quelques espèces de ce genre sont à peine longues d'un demi-millimètre, et pondent leur œuf dans l'*œuf* d'un Papillon. Ce qu'il y a de curieux, c'est qu'un seul œuf, gros comme une tête d'épingle, puisse suffire à la nourriture d'une de ces larves pendant toute la durée de son existence. Tel est le *Teleas ovulorum*, petit insecte microscopique noir à pattes jaunes, que l'on voit sortir souvent des œufs des Papillons nocturnes.

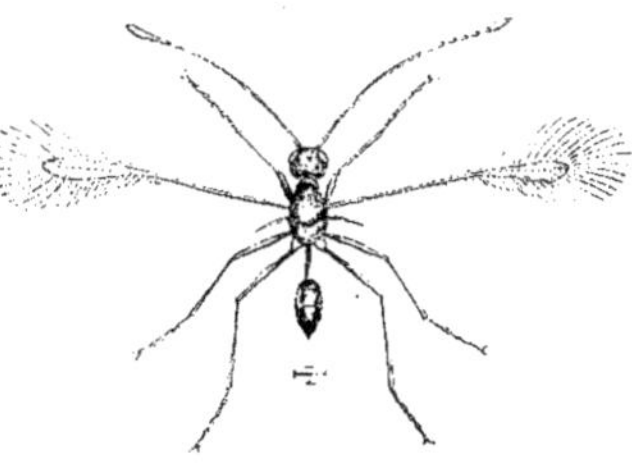

Fig. 179 et 180.

Les *Gonatopes* sont de singuliers insectes. L'espèce que nous figurons ici (fig. 181), le *Gonatopus celebicus*, vient de l'île de Célèbes. On le prendrait à première vue pour une Fourmi jaune de grande taille. Il a 8 à 9 millimètres de longueur ; sa couleur est un jaune pâle, et les femelles sont privées d'ailes. Il court avec rapidité sur le sable.

Fig. 181. — *Gonatopus celebicus.*

La seconde tribu, celle des Mymarides, renferme de très-petits Hyménoptères bien singuliers par l'extrême ténuité de leurs ailes et par la longueur de leurs antennes. Celles-ci sont filiformes et composées de neuf à treize articles ; leurs ailes supérieures sont comme portées sur un long filet, élargies au bout en spatule, et les inférieures sont souvent réduites à une simple nervure courte et droite.

Ces singuliers insectes sont rares ; on les trouve surtout en Angleterre. L'espèce la plus curieuse du

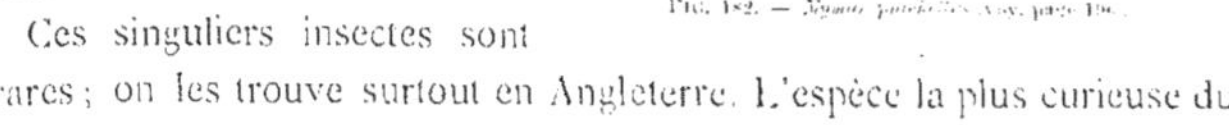

Fig. 182. — *Mymar pulchellus* (voy. page 196).

genre *Mymar*, le plus important du groupe, est le Mymar joli (*Mymar pulchellus*), que nous figurons ici (fig. 182, voy. p. 195). Il a 2 millimètres de longueur; sa couleur est un jaune d'ocre brillant, légèrement pubescent. Ses ailes supérieures sont formées d'une nervure costale longue et d'une membrane ovalaire allongée, noire au sommet et blanchâtre à la base; cette expansion est garnie de longs cils bruns tout autour. Les ailes inférieures sont rudimentaires, formées d'une seule nervure très-courte et pointue.

FAMILLE DES ICHNEUMONIENS

La famille des Ichneumoniens renferme les plus grandes espèces de Térébrans. Leur nom leur vient de l'Ichneumon, ce carnassier vermiforme que vénéraient les Égyptiens, parce qu'ils lui attribuaient le pouvoir de pénétrer dans l'intérieur du corps du crocodile et de le faire périr en lui dévorant les entrailles.

Comme les deux familles précédentes, celle des Ichneumoniens semble n'avoir été créée que pour modérer la trop forte multiplication des autres insectes. Les larves de cette famille ne pouvant vivre que de substances animales, leur mère s'adresse à d'autres larves, surtout aux chenilles; elle dépose à cet effet sous la peau de la victime qu'elle a choisie un ou plusieurs œufs qui éclosent bientôt; les larves qui en proviennent rongent le tissu graisseux de leur hôte, en ayant grand soin de ménager les organes essentiels à la vie; les uns le laissent vivre assez longtemps pour qu'il puisse se transformer en nymphe; d'autres, qui subissent leur propre métamorphose au dehors, quand ce moment arrive, percent la peau de leur victime et lui donnent la mort. Non-seulement les larves, mais les nymphes, les œufs et même des insectes parfaits deviennent ainsi la proie des Ichneumoniens; chaque espèce a à cet égard ses habitudes dont elle ne s'écarte jamais; chaque Ichneumon a sa victime désignée à l'avance, et il sait parvenir jusqu'à elle, soit qu'elle vive en plein air, soit qu'elle ait sa demeure dans l'intérieur des végétaux ou dans une retraite que lui a préparée sa mère. La nature, qui n'est pas moins occupée à détruire qu'à créer, et qui est également admirable dans les deux cas, a ainsi placé près d'un grand nombre d'espèces d'insectes autant de parasites qui sont chargés de les maintenir dans les limites qui leur ont été assignées.

Les Ichneumoniens sont des insectes d'une taille moyenne, au corps très-élancé, et bien reconnaissables aussi à leurs antennes longues, filiformes et toujours vibrantes. Leur abdomen est attaché au thorax par un pédicule grêle; cet abdomen est souvent remarquable par sa longueur chez certaines femelles. Leurs ailes sont très-veinées et offrent toujours des cellules complètes.

Ces Hyménoptères sont répandus en grand nombre dans toutes les parties du monde; ils offrent une assez grande variété dans la coloration et dans la taille.

La famille des Ichneumoniens se divise en trois tribus, à chacune desquelles se rattache une série de genres. Ces tribus sont les *Braconides*, les *Ichneumonides* et les *Évaniides*, distinguées entre elles par le nombre des articles des palpes labiales ou par l'implantation de l'abdomen sur le thorax.

La première tribu, celle des Braconides, a des palpes labiales de trois articles; elle renferme les plus petits des Ichneumoniens. On les reconnaît à leur corps long très-grêle, avec des ailes grandes par rapport à leur frêle complexion, à leur petite tête arrondie supportant de longues antennes très-déliées; les femelles ont ordinairement leur tarière saillante et d'une finesse extrême.

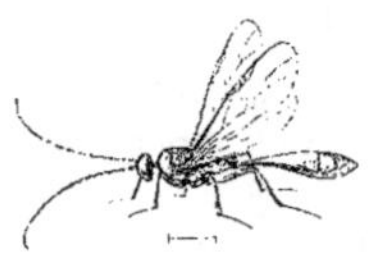

Fig. 183. — *Bracon clavatus.*

Le genre *Hybrizon* renferme de très-petits Ichneumoniens, qui déposent leurs œufs dans le corps des Pucerons. Le type du genre, l'*Hybrizon aphidum*, est long de 1 1 2 millimètres; il est noir, avec le devant de la tête et du corselet jaunes; les jambes antérieures sont de la même couleur. Cet insecte est très-commun dans toute l'Europe.

Les *Bracons* proprement dits forment le genre le plus nombreux de la tribu. La plupart sont d'une taille moyenne, et leur corps est agréablement nuancé de couleurs vives. On les voit, durant toute la belle saison, voltiger sur les fleurs, et les femelles déposent leurs œufs dans le corps de divers insectes; on en a vu sortir de l'abdomen de plusieurs Coléoptères des genres *Cis, Ptinus, Otiorhynchus*, etc. Nous figurons ici le *Bracon clavatus* fig. 183), qui dépose ses œufs dans le corps de la larve d'un Coléoptère, l'*Anobium striatum*; il est long de 2 à

3 millimètres, noir avec les premiers anneaux de l'abdomen rouges. Les petits Braconides du genre *Anisopelma* pénètrent dans les maisons dans le but de déposer leurs œufs dans le corps des larves des Ptines et des Vrillettes qui rongent nos boiseries.

Les *Microgasters* sont des Braconides de petite taille, à antennes grêles, de dix-huit articles, fort répandus dans nos pays, où ils rendent des services signalés. Ils s'attaquent en effet aux chenilles de ces Papillons blancs si communs partout, et qui commettent tant de dégâts dans les jardins potagers. Le Microgaster dépose un assez grand nombre d'œufs dans la même chenille. Les petites larves vivent longtemps aux dépens des parties graisseuses de cette chenille. Celle-ci a acquis tout son développement à la même époque que les parasites qui la rongent ; elle abandonne alors la plante qui lui servait de pâture, et grimpe le long des murs pour s'y fixer et y subir sa transformation en chrysalide.

Mais les larves de Microgaster, elles aussi, ont atteint tout leur développement et vont se transformer en

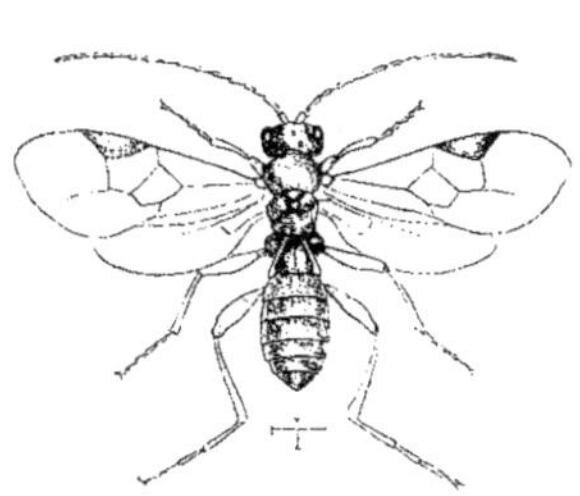

Fig. 184. — *Microgaster glomeratus*.

nymphes. Ils attaquent alors les organes importants de la chenille et ne laissent qu'une dépouille inanimée, qu'ils percent de toutes parts, et tout autour d'elle chaque individu se file un petit cocon soyeux d'un jaune pâle, parfaitement ovale. Quelques jours après en sort l'insecte parfait.

Des expériences suivies ont prouvé que les Microgasters détruisent ainsi plus des neuf dixièmes des chenilles des Papillons blancs. Par les ravages qu'ils exercent encore dans les potagers, on peut calculer ce qu'ils seraient sans ces petits Braconiens.

L'espèce dont nous venons de parler est le *Microgaster glomeratus* (fig. 184). Il est long de 2 1/2 millimètres, de couleur noire avec les pattes d'un fauve testacé. Les autres espèces du même genre vivent de la même manière sur diverses chenilles.

La tribu des ICHNEUMONIDES est composée d'espèces plus grandes et plus belles que celles des Braconides. Ce sont ceux que l'on connaît plus généralement sous le nom d'*Ichneumons*. Cette dénomination est cependant réservée scientifiquement à un seul genre de cette tribu. Les Ichneumonides se distinguent des Braconides par leur taille plus grande et surtout par leurs palpes de quatre articles. Les divers genres de ce groupe sont caractérisés surtout par la forme des antennes et de l'abdomen.

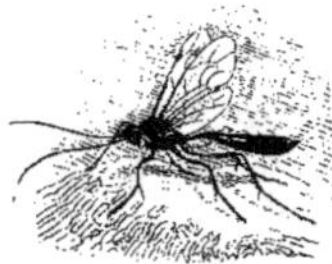

FIG. 185. — *Paniscus testaceus*
(voy. page 201).

Les *Ophions* ont les antennes filiformes extrêmement grêles, et se reconnaissent en outre à leur abdomen plus ou moins comprimé et en faucille. Leur tarière est courte, mais saillante. Le type du genre est l'Ophion jaune (*Ophion luteus*), commun dans presque toute l'Europe. Cet insecte

FIG. 186. — *Pimpla manifestator* (voy. page 201).

vit aux dépens des chenilles du genre *Dicranura*; comme les autres Ophions, il pond ses œufs en dehors des chenilles, attachés à leur peau par un pédicule contourné. Les larves qui sortent de l'œuf enfoncent leur tête sous la peau de la chenille et la rongent ainsi. Il n'y a jamais plus d'un ou de deux de ces grands parasites par chenille.

L'insecte parfait a 25 millimètres de longueur ; il est d'un jaune roussâtre avec les yeux verts.

Les espèces du genre *Paniscus* sont des Ophions à tarière plus longue, à pattes et antennes plus grêles. Notre figure 185 (voy. p. 200) représente le *Paniscus testaceus*, qui a les mêmes mœurs.

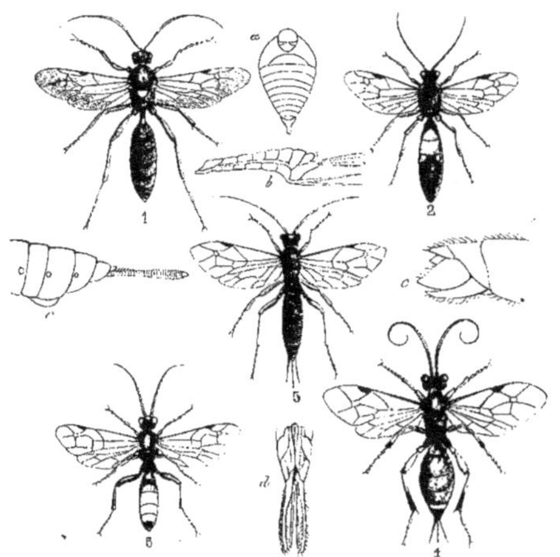

FIG. 187 à 196 (voy. pages 202 et 203).

1. *Ichneumon proteus.* — 2. *Ichneumon crassorius.* — 3. *Tryphon rutilator.* — *a*. Larve de *Tryphon.* — 4. *Cryptus migrator.* — 5. *Pimpla instigator.* — *b*. Abdomen de la femelle. — *d*. Le même vu en dessous. — *e*. Abdomen du mâle.

Les *Pimplas* ont l'abdomen arrondi, la tarière plus ou moins saillante chez les femelles, quelquefois très-longue. Les espèces du genre *Pimpla* proprement dit se distinguent surtout par la longueur de la tarière des femelles.

Le *Pimpla manifestator*, type du genre, nous en offre un exemple (fig. 186, voy. p. 200). C'est un grand insecte noir avec les pattes longues et roussâtres, sauf les postérieures, qui sont noires. Commun dans toute l'Europe, il recherche les chenilles nocturnes pour leur confier ses œufs, et sa longue tarière sait les atteindre au fond des crevasses ou dans les trous où elles se cachent.

Une espèce voisine, le *Pimpla instigator*, plus petit et à tarière plus courte, est également fort répandue et offre les mêmes mœurs; elle est représentée dans la figure 187 (5) [voy. p. 201].

Quelques espèces de Pimpla déposent leurs œufs dans des cocons d'araignée, où les petites larves se développent et subissent leurs transformations.

Les *Cryptus* se distinguent des *Pimpla* par leur abdomen pédonculé, convexe et ovalaire; leur tarière est saillante, mais plus courte. Comme les précédents, les Cryptus ont des habitudes très-variées : les uns, comme certains Braconides, pénètrent dans nos maisons pour y rechercher les larves des Ptines et des Anobium; d'autres déposent leurs œufs dans les chenilles et les chrysalides de divers Lépidoptères. Le *Cryptus migrator* (fig. 187) [4] est noir, avec l'abdomen rouge foncé. Sa tarière est courte. Cette espèce est parasite des Abeilles solitaires du genre *Odynerus*. Le *Cryptus cyanator*, représenté ci-contre (fig. 197), dépose ses œufs dans le corps des chenilles rouleuses de feuilles, qu'il perce à travers les murs de sa maison.

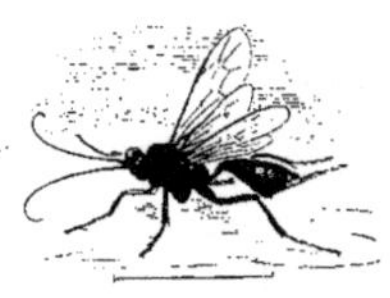

Fig. 197. — *Cryptus cyanator.*

Les *Ichneumons* proprement dits forment l'un des groupes les plus nombreux de la famille. Il comprend les espèces à abdomen pédiculé, convexe, nullement comprimé latéralement, et à tarière cachée. Leur tête est courte et étroite, leurs antennes longues et grêles. Les espèces indigènes sont très-abondantes dans toute l'Europe, et un des moyens les plus puissants qu'emploie la nature pour maintenir dans de justes limites la multiplication d'une foule d'espèces nuisibles, qu'elles attaquent à l'état de larves ou de chenilles. On les voit sans cesse occupées à la recherche de leurs victimes, courant avec vivacité ou voletant, en agitant vivement leurs antennes, ce qui leur a valu le nom de *Mouches vibrantes.*

La plupart des espèces présentent des couleurs jaunes ou rougeâtres sur fond noir, ce qui leur donne un faciès très-agréable.

Parmi les espèces les plus remarquables, nous citerons l'Ichneumon correcteur (*Ichn. castigator*) des environs de Paris (fig. 198). Il est long de 15 à 17 millimètres, noir, avec les pattes et le stigmate des ailes fauves. Il attaque diverses chenilles de Papillons diurnes.

L'Ichneumon marcheur (*Ichn. ambulatorius*), également répandu aux environs de Paris, est long de 15 à 18 millimètres, noir, avec la première moitié des antennes, les quatre pattes antérieures et l'écusson fauves; abdomen ayant

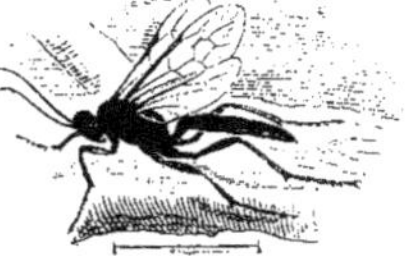

Fig. 198. — *Ichneumon castigator.*

les deuxième et troisième segments rouges et les quatre suivants bordés de blanc; le stigmate de l'aile noir.

L'*Ichneumon proteus* (fig. 187) [1] est noir, avec l'écusson et une tache sur le milieu des antennes jaunes; les ailes sont transparentes, ombrées à l'extrémité. Une autre espèce, représentée sur la même planche (fig. 187) [2], est l'*Ichneumon crassorius*. Il existe une assez grande différence entre les deux sexes : la femelle est noire, à l'exception de l'écusson, qui est jaune; le mâle porte sur le milieu de l'abdomen une large bande orange. Ces deux Ichneumons attaquent les chenilles diurnes.

Fig. 199. — *Thyreodon eganens* (voy. page 201).

Dans le genre *Tryphon*, les tarses postérieurs sont plus grêles et allongés; l'abdomen est oblong et fixé par un pédicule très-court. L'espèce représentée figure 187 [3] est le *Tryphon rutilator*; cet insecte est noir; l'abdomen est d'un rouge foncé avec la base et l'extrémité noires. Sur la même planche en *a* est figurée la larve du Tryphon.

Il arrive parfois que la femelle meurt avant d'avoir pu se débarrasser
de tous ses œufs, de sorte qu'il en reste quelques-uns engagés dans
l'oviducte; quand les larves viennent à éclore, ne trouvant aucune autre
nourriture autour d'elles, elles dévorent le cadavre de leur mère, ou
même parfois se mangent entre elles.

L'un des plus beaux Ichneumons est le *Thyreodon cyaneus* du Brésil,
que nous représentons figure nᵒ 199 (voy. p. 203). C'est un des plus

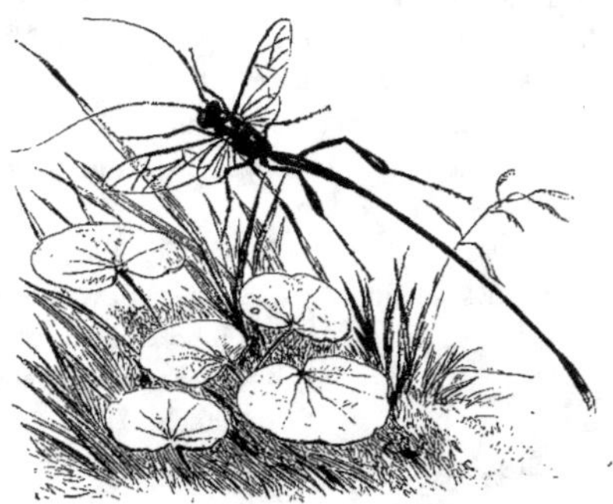

FIG. 200. — *Pelecinus polyturator* (voy. page 205).

grands du genre; il est noir, avec des reflets pourpres veloutés; les ailes,
d'un brun foncé, sont glacées de reflets pourpres magnifiques.

La troisième tribu de la famille des Ichneumoniens est celle des ÉVA-
NIIDES. Les insectes qu'elle renferme se font remarquer par leur abdomen
implanté sur le thorax immédiatement au-dessous de l'écusson; leurs
palpes labiales sont de quatre articles.

Cette tribu est la moins nombreuse; elle ne se compose que de
quelques genres peu riches en espèces.

Les *Pelecinus* sont des insectes de l'Amérique méridionale, très-singuliers par la longueur extraordinaire de leur abdomen, qui les ferait prendre
à première vue pour des Libellules. En effet, chez les femelles principa-

lement, sa longueur égale six ou huit fois celle de la tête et du thorax réunis ; il est en outre d'une extrême ténuité ; dans les mâles il est un peu renflé à son extrémité.

Nous figurons ci-devant le *Pelecinus polyturator* (fig. 200, voy. p. 204) ; il est d'un noir brillant, avec les ailes transparentes. Il habite l'Amérique du Nord, et est parfois très-commun dans les forêts de pins.

Les *Fœnes* sont de jolis petits Ichneumoniens au corps grêle, long,

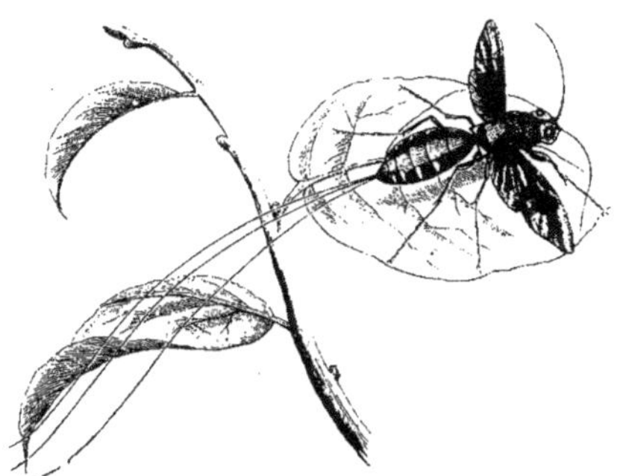

FIG. 201. — *Megabyre Schuckhardi* (voy. page 206).

comprimé latéralement ; aux antennes d'une finesse extrême ; les femelles portent à l'extrémité de l'abdomen une tarière très-longue et très-déliée ; leurs pattes postérieures sont renflées. Le *Fœnus ejaculator*, type du genre, est long de 12 à 15 millimètres, noir, avec la base et l'extrémité des jambes jaunes, les deuxième et troisième segments de l'abdomen roussâtres. C'est la seule espèce européenne ; elle attaque les larves des Guêpes et des Abeilles.

Les *Évanies*, qui donnent leur nom à la tribu entière, ont un aspect singulier, dû à la position de leur abdomen. Celui-ci est inséré exactement au-dessous de l'écusson, pédiculé brusquement dès sa base, très-court et comprimé. On connaît plusieurs espèces d'Évanies, toutes très-voisines les unes des autres, de couleur noire. Le type du genre, l'*Evania appen-digaster,* est la seule espèce que possède l'Europe. L'*Evania Desjardinsii* des îles Mascareignes dépose ses œufs dans le corps des Blattes.

Une espèce très-remarquable, propre à l'Australie, est le *Megalyra Schuckhardi* (fig. 201, voy. p. 205). Cet insecte est noir, couvert par places de duvet blanc, et fortement pointillé sur la tête et le thorax. Les segments de l'abdomen portent de chaque côté une touffe de poils blancs, et la tarière de la femelle est trois fois aussi longue que l'insecte entier.

FAMILLE DES CYNIPSIENS.

Les Cynipsiens sont de petits Hyménoptères, au corps court et oblong ; aux antennes filiformes de treize à quinze articles ; aux mâchoires munies de palpes fort longues ; aux pattes grêles et simples. Leurs ailes présentent quelques nervures, qui forment plusieurs cellules complètes sur les supérieures et une seule sur les inférieures.

Nous avons vu jusqu'à présent, dans la nombreuse série des Hyménoptères que nous avons passés en revue, les premiers nourrir leurs larves de miel et de pollen, les autres les approvisionner d'insectes engourdis par la piqûre de leur aiguillon ; d'autres enfin les déposer dans le corps même d'autres insectes qu'elles dévorent vivants. Ceux qui vont nous occuper maintenant ont, à l'état de larve, une nourriture toute végétale.

Tout le monde connaît ces petites excroissances charnues dont sont parfois couvertes les feuilles du chêne, et qui, par leur forme et la vivacité de leurs couleurs, ressemblent à de petites pommes d'api en miniature (fig. 202, voy. p. 208).

La comparaison paraît d'autant plus juste, que non-seulement leur enveloppe verte et rouge rappelle ce fruit, mais que leur intérieur est également formé d'une pulpe ferme, fraîche et juteuse ; seulement, lorsqu'on les ouvre, à la place du cœur on trouve une cavité au milieu de laquelle se tient un petit ver blanc et transparent, recourbé en arc. Mais par où a-t-il pu entrer ? il n'y a aucune trace de trou.

Si l'on observe avec attention, on verra se poser sur une feuille une petite mouche dont le dos bossu porte quatre ailes fines et transparentes ; sa couleur est d'un brun sombre et elle n'offre à l'œil rien de bien remarquable. Cette mouche est un *Cynips*. On la voit faire sortir de son ventre une longue tarière, dont l'extrémité est barbelée comme un fer de flèche, et l'enfoncer dans le tissu de la feuille. Cela fait, elle s'envole et va faire la même opération sur plusieurs autres feuilles du chêne. Si vous examinez à l'aide du microscope la tarière du Cynips, vous verrez qu'elle est creusée dans toute sa longueur d'une gouttière, et c'est par cette gouttière que la mouche pond ses œufs, car cette tarière n'est autre chose qu'un instrument de ponte.

Lors donc que la mouche a piqué la feuille, elle dépose un œuf dans la plaie et y fait couler en même temps un liquide irritant qui produit sur la feuille le même effet que la piqûre d'une Abeille ou d'un Cousin produit

FIG. 202. — Galle du Cynips de la feuille du Chêne (voy. page 207).

sur notre peau. La feuille s'enflamme, se tuméfie; la sève s'épanche au dehors par les vaisseaux que cette blessure a ouverts, se durcit à l'air et produit cette petite boule au milieu de laquelle se trouve logé l'œuf que la mouche avait déposé dans la plaie faite par sa tarière. Au bout d'un certain temps l'œuf éclôt, et le petit ver qui en sort se trouve logé en sûreté et protégé contre tous les accidents; mais comme ce rat de La Fontaine, qui s'était retiré du monde dans un fromage de Hollande, il se nourrit en grignotant les murs de sa maison, et ronge sa boule jusqu'au moment où il s'endort pour passer l'hiver et se changer lui-même en

mouche dans le courant de la belle saison. Ces petites pommes sont donc
le résultat de la piqûre du Cynips, et on leur donne le nom de *galle*. Ce
sont les piqûres d'une autre espèce de Cynips qui déterminent sur des
chênes nains, en Orient, les excroissances connues sous le nom de *noix de
galle* (fig. 203). Celles-ci sont dures, ligneuses, couvertes de tubérosités, et
atteignent souvent la grosseur d'une noix. On les emploie dans l'industrie
pour la teinture en noir des étoffes et la fabrication de l'encre ; si l'on
recueille au printemps quelques-unes de ces jolies petites pommes d'api,
l'on en verra sortir en juin ou en juillet la petite mouche bossue et enfumée ; cependant il arrive parfois qu'au lieu de celle-ci on voit sortir de
la galle une mouche bien différente ; droite élancée, de formes élégantes
et d'un noir brillant, ce ne peut être un enfant de la mouche bossue et
ventrue du Cynips.

En effet, c'est un Ichneumon que sa mère a déposé à
l'état d'œuf dans la galle, et qui, devenu larve, a dévoré
celle du Cynips.

On connaît un grand nombre de Cynips qui tous
agissent à peu près comme celui dont nous venons de
parler, et qui est le Cynips du chêne (*Cynips quercus*).
La plupart de ces galles sont sphériques et souvent

Fig. 203. — Noix de galle
(*Cinips tinctoria*) [voy.
page 212].

très-dures ; mais il en est beaucoup qui affectent des formes diverses. Les
larves des Cynipsiens subissent leurs métamorphoses dans ces singulières
habitations. Le plus souvent une seule larve habite une galle ; mais quelquefois il en est plusieurs qui y vivent en société. La plupart y subissent
leur transformation en nymphe ; quelques-unes cependant en sortent pour
s'enfoncer en terre. La sortie de l'insecte se fait toujours remarquer par
un trou pratiqué à la surface de la galle, comme on le voit ci-dessus.

Les galles produites par les Cynips, non-seulement affectent des formes
très-variées, mais se forment sur différentes parties des plantes ; celles-ci
tiennent immédiatement à l'arbre ; celles-là y sont attachées par un pédicule ; on en voit sur les feuilles, les pétioles, les branches, l'écorce, etc.
Une espèce très-petite place ses œufs dans les graines de figuier, et dans
tout l'Orient on l'emploie à hâter la maturité des figues. Voici en quoi

consiste ce procédé connu sous le nom de *caprification*. On enfile plusieurs de ces fruits qui renferment des Cynips et on les place sur des figuiers tardifs. Les insectes en sortent couverts de poussière fécondante, s'introduisent dans l'œil des nouvelles figues, en fécondent les graines et hâtent ainsi la maturité du fruit.

FIG. 204. — *Cynips quercus pedunculi* (voy. page 212).

Les Cynipsiens sont répandus dans le monde entier ; mais on ne connaît bien les mœurs que des espèces européennes, la petitesse de leur taille les ayant fait échapper aux investigations des voyageurs.

Les genres compris dans cette famille ne sont pas nombreux.

Le premier qui sert de type à la famille et lui donne son nom, est le genre *Cynips*. Les insectes qui le composent ont l'abdomen ovale, court, comprimé en dessous et tronqué obliquement à son extrémité ; dans les femelles, la tarière est roulée en spirale dans l'intérieur du ventre avec son extrémité logée dans une coulisse de la partie inférieure de l'abdomen. C'est seulement lors du dépôt des œufs que cette tarière est susceptible de se dérouler. Les antennes sont presque filiformes chez les vrais Cynips.

FIG. 205. — *Cynips inflator* (voy. page 212).

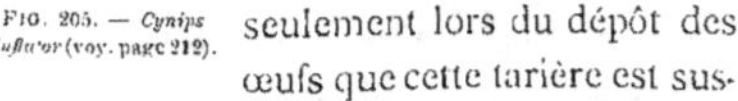

FIG. 206 et 207. — *Cynips corticalis* (voy. page 212).

Parmi les espèces les plus répandues, nous citerons le Cynips des feuilles du chêne (*Cynips quercus*) figuré d'autre part (fig. 202, p. 208), et auquel se rapportent les généralités exposées plus haut. Dans notre planche XIII est figuré le *Cynips Kollari*, ainsi que les galles produites par ses piqûres. Ces galles, très-communes sur les chênes en Angleterre, sont placées sur les branches à la naissance du pédoncule des feuilles ; elles ont 25 à 3o millimètres de diamètre et sont dures comme du bois ; l'insecte trouve cependant le moyen de ronger cette épaisse et dure muraille pour sortir de sa prison.

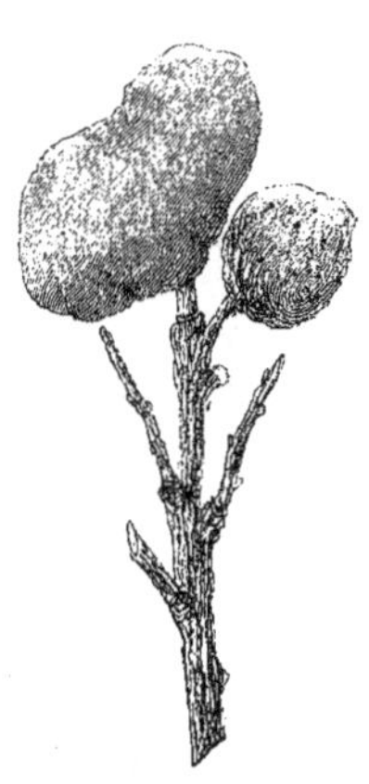

FIG. 208. -- *Cynips terminalis* (voy. page 213).

La noix de galle, dont on se sert pour la confection de l'encre et des teintures noires, avec une dissolution d'acide sulfurique ou de sulfate de fer, est produite par un Cynips qui habite le midi de l'Europe et surtout le Levant. On lui donne le nom de Cynips de la galle à teinture (*Cynips gallæ tinctoriæ*). C'est un petit insecte long de 5 millimètres, d'un fauve pâle, avec un duvet soyeux et blanchâtre ; des ailes diaphanes, avec les nervures jaunes, l'abdomen fauve, avec une tache noire au milieu. Quand le moment de la ponte est venu, la femelle fait de petites entailles sur un chêne d'Orient (*Quercus infectoria*), et dans chaque fente elle dépose un œuf. Les excroissances ne tardent pas à se développer, et la petite larve établie au centre de la galle se nourrit de la substance qui l'entoure. La noix de galle est plus petite qu'une noix, habituellement de forme ronde et tellement dure qu'on ne peut la briser qu'au marteau ; sa

FIG. 209. -- Rose du Saule (*Cynips salicis*) (voy. page 213).

couleur extérieure est d'un gris brunâtre lisse. Quelques-unes de ces galles sont percées d'un trou, comme on le voit dans la figure 203, page 209 : c'est quand l'insecte est sorti ; mais on les recueille avant ce moment, parce qu'elles contiennent alors plus de matière astringente.

Le Cynips de la rose (*Cynips rosæ*) est une des espèces les plus communes dans notre pays. Il est noir, avec les pattes ferrugineuses ; l'abdomen de la même couleur, avec l'extrémité noire.

FIG. 210. — Galle du *Cynips apterus* (voy. page 213).

Les galles produites par cet insecte sont assez communes sur les rosiers ; elles sont fort singulières et connues sous le nom de *bédégars*. Ce sont des excroissances chevelues, de couleur verte, qui entourent les tiges du rosier ; leur dimension atteint souvent celle d'une petite pomme ou d'une nèfle, dont elles rappellent un peu la forme. Elles paraissent composées d'une quantité considérable de filaments serrés très-compactes, dont plusieurs ont leurs extrémités libres et plus ou moins ramifiées, ce qui leur donne cette apparence chevelue. A l'intérieur du noyau sont plusieurs loges, dont chacune contient un œuf ou une larve.

Un autre Cynips des pédoncules du chêne (*Cynips quercus pedunculi*) pique les chatons des fleurs mâles du chêne et produit de petites galles rondes, ce qui les fait ressembler à des grappes de groseilles (fig. 204, voy. p. 210).

Les piqûres des Cynips produisent les déformations les plus singulières : le *Cynips inflator* pique les bourgeons qui se développent en forme de petits

FIG. 211.
Cynips calicis (voy. page 213).

artichauts (fig. 205, voy. p. 210) ; un autre pique l'écorce de l'arbre et la fait soulever en cloques épaisses, au milieu desquelles est déposé un œuf (fig. 206 et 207, voy. p. 210) ; c'est le *Cynips corticalis*.

D'autres (*Cynips terminalis*) produisent à l'extrémité des branches de grosses tubérosités (fig. 208, voy. p. 211) dans lesquelles vivent plusieurs larves. Le *Cynips salicis* produit, par sa piqûre, sur les gros bourgeons du saule ces galles feuillues, rougeâtres, connues sous le nom de *roses du saule* (fig. 209, voy. p. 211). Les plus curieuses, telles que de grosses truffes dures ou des pommes de pin déformées (fig. 210, voy. p. 212), s'attachent au chevelu des racines en hiver, à plusieurs décimètres sous terre. Il en sort des *Cynips aptères* semblables à des Fourmis à gros ventre, marchant lentement au pied des chênes sur la terre humide ou sur la neige, en faisant vibrer leurs longues antennes. On ne connaît encore que la femelle de cette espèce; peut-être le mâle est-il ailé.

Une autre espèce, le *Cynips calicis*, pique le calice des jeunes glands du chêne, dont le fruit déformé se développe en feuillets superposés et recoquillés (fig. 211, voy. p. 212).

FAMILLE DES SIRICIENS.

Cette famille est la moins nombreuse de tout l'ordre des Hyménoptères ; elle ne comprend que trois genres répartis dans deux tribus.

Les Siriciens sont en général des insectes de grande taille, dont le corps
est long et cylindrique, et non plus étranglé au milieu comme dans les
familles précédentes, l'abdomen étant attaché au thorax dans toute sa
largeur. Ils ont une tête semi-globuleuse, des mandibules courtes et
épaisses, très-robustes, des antennes sétacées ou filiformes assez longues
et vibratiles comme chez les Ichneumons ; leurs ailes sont très-veinées.
Les Siriciens sont lignivores, au moins à l'état de larves ; ils fréquentent
les bois très-couverts, et produisent en volant un bourdonnement
sonore.

La première tribu des Siriciens, celle des Oryssides, se distingue par
ce caractère qui les rapproche des Cynipsiens, d'avoir une tarière capil-
laire roulée en spirale dans l'intérieur de l'abdomen ; mais leurs formes
générales et leurs autres caractères les font ressembler aux vrais Sirex. Un
seul genre rentre dans cette tribu (*Oryssus*), qui ne renferme lui-même
que deux espèces ; l'Orysse couronné (*Oryssus coronatus*) habite le midi
de la France ; il est long de 12 millimètres, d'un noir luisant, avec l'abdomen d'un rouge fauve.

La seconde espèce, l'*Oryssus unicolor*, plus petite que la précédente,
a l'abdomen noir. Cette espèce est fort rare à Paris, où elle a été trouvée
par le célèbre entomologiste Latreille.

Les *Oryssus* se trouvent au printemps dans les bois, souvent posés sur
les troncs d'arbres au soleil ; ils paraissent rechercher de préférence les
sapins et les hêtres.

La tribu des Siricides a pour caractères principaux : la tarière très-
robuste, toujours saillante et droite ; les ailes parcourues par de fortes
nervures. Cette tribu comprend deux genres, les *Sirex* proprement dits

et les *Xyphidria;* ces derniers ayant des palpes maxillaires de cinq articles, tandis que celles des Sirex n'ont que deux articles.

Les Sirex sont des insectes de grande taille, très-robustes. Leur vol est
rapide et accompagné d'un bourdonnement sonore. Au moyen de leur
tarière les femelles percent les bois des arbres verts pour y déposer leurs
œufs. Les larves qui en sortent sont allongées, cylindriques, à anneaux
plissés transversalement; le dernier est muni d'une petite pointe. Ces

FIG. 212. — *Sirex gigas* (voy. page 216).

larves sont armées de mandibules robustes, et causent parfois, lorsqu'elles
sont en grand nombre, des dégâts notables. C'est de préférence sur le
sapin et le mélèze que les femelles des Sirex vont déposer leurs œufs, en
choisissant de préférence les arbres fraîchement coupés ou récemment
écorcés. Les larves vivent à l'intérieur de ces arbres plusieurs années, et
se filent une coque soyeuse lorsqu'elles sont sur le point de se transformer en nymphes.

Assez rares dans nos régions, les Sirex sont très-répandus dans les grandes forêts de sapins du nord de l'Europe. L'espèce type du genre est le Sirex géant (*Sirex gigas*) que nous représentons ci-devant (fig. 212, voy. p. 215). Il est long de 25 à 30 millimètres; noir, avec le second anneau de l'abdomen et les trois derniers jaunes; les jambes sont de la même couleur.

Dans notre planche XIII est représenté le *Sirex juvencus*, belle espèce qui fréquente les grandes forêts de l'Europe. Il est d'un noir violet, avec la base des antennes et l'abdomen fauves.

Les *Xyphidries* sont des Siriciens de moyenne taille, à tête globuleuse, séparée du thorax par un étranglement. Elles ont les mêmes mœurs que les Sirex. Le type du genre est la Xyphidrie chameau (*Xyphidria camelus*), longue de 18 millimètres, noire, avec deux lignes blanches sur la tête et une petite tache triangulaire de même couleur sur la plupart des anneaux de l'abdomen.

FAMILLE DES TENTHRÉDINIENS.

La dernière famille des Hyménoptères, celle des Tenthrédiniens, comprend des insectes à corps court et parallèle, à abdomen non pédiculé, mais uni au thorax sur toute sa largeur. La tarière des femelles est écailleuse, logée entre deux autres lames qui lui servent d'étui, dentelée en scie pour inciser les végétaux où elles déposent leurs œufs ; cette conformation leur a fait donner le nom de *mouches à scie.*

Dans cette famille les larves ont un aspect tout nouveau ; elles doivent résider sur les végétaux qu'elles ravagent, et ont des pattes multiples pour se déplacer. Ces larves ressemblent beaucoup aux chenilles par leur forme et leurs couleurs ; mais leurs pattes membraneuses ou mamelons sont en nombre plus considérable que chez les chenilles ; de dix au plus chez ces dernières, elles sont au nombre de quatorze à seize chez les Hyménoptères. On donne à ces larves le nom de *fausses chenilles,* qui leur convient très-bien. La plupart, si on les touche, relèvent la partie postérieure de leur corps d'un air menaçant ou se roulent en spirale ; elles laissent souvent suinter un liquide d'odeur désagréable. Pour se métamorphoser en nymphe, elles se filent une coque soyeuse, soit dans la terre, soit sur les plantes où elles ont vécu. Elles y deviennent nymphes et nullement chrysalides comme on pourrait le croire d'après leur ressemblance avec les chenilles ; mais elles ont cela de commun avec ces dernières, qu'elles restent souvent enfermées dans leurs coques fort longtemps, et y passent même quelquefois l'hiver.

La famille des Tenthrédiniens se divise en plusieurs tribus. La première, celle des CÉPHIDES, se distingue par un corps grêle et comprimé, une tarière à péine saillante, de longues antennes ordinairement épaissies à l'extrémité.

Les *Cèphes* ont les antennes épaissies à l'extrémité, de vingt et un articles. Leurs larves sont molles, avec six pattes écailleuses, mais pas de fausses pattes membraneuses. Ces larves vivent à l'intérieur de certaines tiges et causent parfois des dégâts assez considérables. Tel est le *Cephus pygmæus* (fig. 213), petit insecte noir, à anneaux jaunes sur l'abdomen. La femelle insère au mois de mai un œuf dans une tige de blé ou de seigle, qu'elle a percée au moyen de sa tarière ; la larve qui en sort (fig. 214) se nourrit de la moelle de la tige, et parvenue au terme de sa croissance, peu de jours avant la moisson, elle descend vers la terre pour s'y transformer en nymphe ; mais auparavant, pour assurer sa sortie sous la forme ailée au printemps suivant, elle coupe circulairement la paille en dedans, un peu au-dessus du sol. Les épis attaqués par le Cephus se reconnaissent aisément : ils sont blanchâtres et droits, et s'élèvent au-dessus des autres, qui sont encore verts et se courbent sous le poids des grains, tandis que les premiers sont entièrement vides.

En outre, la coupure circulaire, opérée par la larve au bas de la tige, fait que celle-ci se brise au pied lorsqu'il fait du vent. Le champ présente alors le même aspect que s'il avait été traversé dans tous les sens par des animaux.

FIG. 213. — *Cephus pygmæus.*

FIG. 214. Larve de *Cephus pygmæus.*

La seconde tribu, celle des TENTHRÉDIDES, se compose de toutes les espèces à corps épais, à antennes plus courtes que le corps. Cette tribu, beaucoup plus considérable que la précédente, se subdivise en quatre groupes distincts.

Le premier comprend les Lydas et les Lophyres, à antennes longues, sétacées et multiarticulées. Les *Lyda*, qui constituent le principal genre, ont les antennes grêles et sétacées. Leurs larves sont dépourvues de pattes membraneuses, aussi marchent-elles lentement ; elles s'aident, comme certaines chenilles, pour descendre d'une feuille sur une autre, en se laissant suspendre au bout d'un fil. Ces larves habitent en société sur divers arbres, dont elles dévorent les feuilles. On connaît plusieurs espèces de Lyda, dont quelques-unes sont fort nuisibles. De ce nombre est la Mouche à scie du poirier (*Lyda piri*), qui cause parfois de graves dégâts sur ces arbres fruitiers. Ses larves ou fausses chenilles, d'un jaune d'ocre, vivent en groupes sous un nid de soie très-clair qui enveloppe le

bouquet de feuilles qu'elles veulent manger (fig. 215). Quand elles l'ont
dévoré, elles se transportent auprès d'un autre bouquet de feuilles et
l'enveloppent d'une nouvelle toile pour le ronger à leur aise. Lorsqu'elles
ont ainsi atteint leur entier accroisse-
ment, elles se laissent glisser à terre au
bout d'un fil, et s'enfoncent dans le sol
pour y passer l'hiver et y subir leurs
métamorphoses. L'insecte parfait que
nous figurons ici (fig. 216) est noir,
tacheté de jaune.

Une autre espèce, le *Lyda hortensis*,
représentée dans notre planche XIII,
a des mœurs analogues. Elle est d'un
noir bleu brillant, avec le ventre
·orange.

Le *Lyda inanita* vit sur le tremble.

Les *Lophyres* ont des antennes multi-

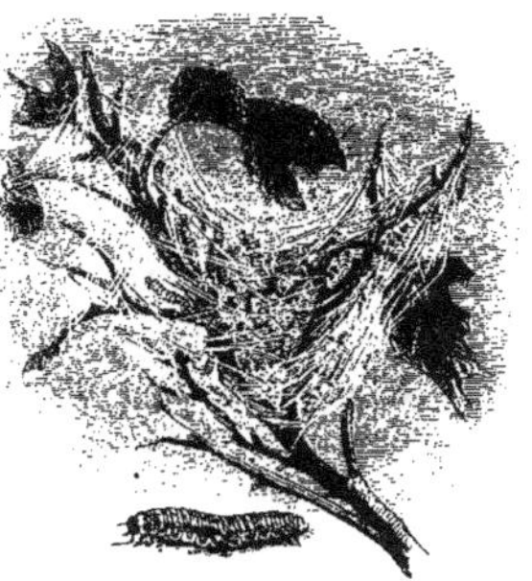

FIG. 215. — Larve et Nid de *Lyda piri.*

articulées en panaches, à double rangée dans les mâles et en dents de
scie chez les femelles (Pl. XIV, *d. e*).

Le type du genre est le Lophyre du pin (*Lophyrus pini*), figuré dans
notre planche XIV. Le mâle est entièrement noir; la femelle a le corps jaunâtre, tacheté de noir. Les larves de cette espèce vivent parfois rassemblées en grand nombre sur les pins, et y occasionnent des dégâts considérables. Selon un auteur allemand, ces larves et quelques
autres du même genre (*L. pinastri*, *juniperi*) ont détruit
en Franconie, il y a quelques années, plusieurs milliers
d'acres plantés de pins. Les larves de Lophyres (*b*) dévorent les jeunes pousses de ces arbres, et elles se filent
une coque soyeuse sur l'arbre même (*c*); jamais elles ne
s'enfoncent en terre.

FIG. 216. — *Lyda piri.*

Le genre *Cladius* renferme quelques espèces indigènes, dont le type
est le *Cladius difformis*, petit Hyménoptère noir, avec les pattes blanchâtres. La larve de cet insecte est d'un vert pâle, légèrement poilue, avec

la tête ferrugineuse ; ses pattes membraneuses sont au nombre de quatorze. Ces larves vivent sur les rosiers et s'y construisent, entre les
branches ou dans les plis des feuilles, des cocons pour s'y métamorphoser en nymphe. Celle-ci ressemble beaucoup
à la larve, mais on n'y reconnaît plus de pattes.
L'insecte parfait éclôt environ quinze jours après
la transformation en nymphe, c'est-à-dire dans
le mois de juillet. Les mâles ont les antennes
pectinées.

Les Nemates (*Nematus*) sont très-répandus
dans notre pays. Leurs antennes sont simples,
de neuf articles ; leurs mandibules sont échancrées. Les larves de ces Hyménoptères vivent
sur les feuilles des arbres et causent parfois des
dégâts considérables. Tel est le Nemate du groseillier (*Nematus grossulariæ*) [fig. 217], un des

Fig. 217. — *Nematus grossulariæ.*

plus communs, dont les larves fourmillent dans certaines années sur les
groseilliers, au point de les dépouiller complétement de leurs feuilles,
ce qui fait avorter les fruits. Ces larves (fig. 218) sont glabres et portent
vingt-deux pattes ; elles sont d'une couleur verdâtre
claire, avec des séries transversales de tubercules.

L'insecte parfait a la tête et le corselet noirs ; l'abdomen jaune, avec l'extrémité noire ; ses ailes sont
transparentes et irisées. La femelle dépose ses œufs
tout le long des nervures des feuilles, comme les
grains d'un chapelet, et au bout d'une huitaine de
jours les petites larves éclosent et se mettent à ronger les feuilles. Chaque femelle dépose sur un groseillier une soixantaine d'œufs, et chaque larve qui

Fig. 218. — Larve de *Nematus grossulariæ.*

en sort consomme trois ou quatre feuilles avant de se transformer en
nymphe.

Le Nemate du saule (*Nematus capreæ*), long de 7 à 8 millimètres,
est jaune, avec le dessus du corps noir. Sa larve est verte, tachetée de

noir. Cette espèce vit sur le saule marceau, dont elle dévore les feuilles nouvelles et fait ainsi périr les jeunes arbustes.

Le Nemate septentrional, dont quelques auteurs font un sous-genre (*Cræsus septentrionalis*) à cause de la forme dilatée de l'extrémité des tibias et du premier article des tarses, a les antennes de la longueur du corps. Il est noir, avec le milieu de l'abdomen fauve, ainsi que les jambes. Cette espèce, figurée dans notre planche XIV, vit à l'état de larve (*a*) sur le saule, dont elle ronge les feuilles. Cette larve est verte, avec de grandes taches jaunes; elle recourbe l'ex-

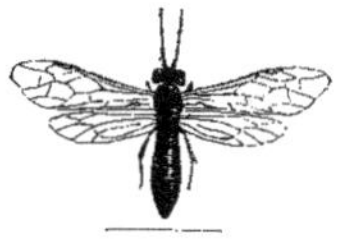

Fig. 219. — *Dolerus grossulariæ.*

trémité de son corps jusqu'au-dessus de sa tête lorsqu'on l'inquiète. Au moment de sa transformation elle file une coque noire.

On trouve d'autres Nemates sur divers arbres, qui en souffrent beaucoup, car en peu de temps ils les dépouillent de toutes leurs feuilles.

Les *Dolères* ont le corps plus grêle et plus élancé que les autres Tenthrédiniens; leurs antennes sont plus longues et plus grêles.

Le *Dolerus grossulariæ* (fig. 219) est noir, à ailes transparentes et irisées. Il dépose ses œufs sur les branches des groseilliers, et les larves qui en sortent rongent les feuilles et les dépouillent parfois de toute leur verdure, ce qui fait avorter les fruits.

Fig. 220 et 221. — *Tenthredo rosarum et sa Larve* (voy. page 222).

Les vraies *Tenthrèdes* ont le corps plus épais, les antennes de neuf articles. Leurs larves ont dix pattes membraneuses, en tout seize. Ces larves sont souvent rassemblées en grand nombre sur certains arbres, qu'elles dépouillent de leurs feuilles.

L'une d'elles, appartenant au sous-genre *Allantus*, la Tenthrède de la scrophulaire (*Tenthredo scrophulariæ*), figurée dans notre planche XIV, vit sur la plante dont elle porte le nom. Elle est noire, avec les anneaux de l'abdomen, à l'exception du second et du troisième, ayant le bord postérieur jaune. La larve de cette espèce (c) ne construit pas de cocon régulier, comme le font la plupart des Tenthrédides, mais seulement une cellule terreuse au pied de la scrophulaire.

Fig. 222. — *Tenthredo fulvicornis.*

La Tenthrède à une bande (*Tenthredo zonatus*), figurée dans notre planche XIV, est moins commune que la précédente ; on la trouve rarement aux environs de Paris. Elle est noire, avec le chaperon, les angles antérieurs du thorax, l'écusson, les jambes et une large bande sur l'abdomen d'un jaune clair.

La Tenthrède des rosiers (*Tenthredo rosarum*), figurée d'autre part (fig. 220 et 221, voy. p. 221), est d'un jaune ferrugineux, avec la tête, les antennes et le thorax d'un brun noir. La femelle dépose ses œufs dans l'écorce du rosier, et il en sort, au bout de huit jours, de petites fausses chenilles jaunes, marquées de points noirs, qui se mettent à dévorer les feuilles et les jeunes pousses, et y causent parfois de grands dégâts.

Fig. 223 et 224. — *a*. Larve du *Tenthredo fulvicornis*. — *b*. Fruit attaqué par la Larve.

La Tenthrède à cornes fauves (*Tenthredo fulvicornis*), représentée figure 222, est noire, à antennes jaunes. La femelle dépose ses œufs dans les fleurs en boutons, et la larve (fig. 223, *a*) se nourrit au sein du fruit naissant, qui n'atteint pas son développement et tombe (fig. 224, *b*). La larve est alors arrivée à toute sa croissance, et elle sort du fruit pour se transformer dans le sol.

Fig. 225. — *Selandria æthiops.*

Les *Selandria* ont le corps court, assez large ; les antennes, de neuf articles, sont un peu renflées à l'extrémité. Une espèce assez commune dans les jardins fruitiers, le *Selandria æthiops* (fig. 225), vit sur le poirier, où sa larve cause parfois de grands dommages. Cette larve est noirâtre, renflée à la partie antérieure et enduite d'une humeur visqueuse. Bien qu'elle soit pourvue de vingt pattes, elle est très-paresseuse et semble collée à la feuille sur laquelle elle se tient. Ces habitudes et sa viscosité lui ont fait donner le nom de *larve limace*. Cette espèce ronge les feuilles du poirier, et lorsqu'elle est nombreuse, elle le dépouille de toute sa verdure, arrête ainsi sa végétation et empêche les fruits de se développer.

Fig. 226. — *Athalia centifoliæ.*

Fig. 227. — Larve d'*Athalia centifoliæ.*

La Selandrie à poitrine noire (*Selandria melanosterna*), qui n'est pas rare en France, est de couleur jaunâtre, avec la tête, les antennes et la poitrine noires. La larve de cet Hyménoptère vit sur les peupliers; elle est d'un jaune verdâtre, avec des séries de points noirs, et tout son corps est couvert de poils blancs.

Les *Athalies* ont les antennes un peu en massue ou pectinées dans les mâles; leur corps est court et aplati. Quelques-unes causent des dégâts assez considérables; tel est l'Athalie de la rose à cent feuilles (*Athalia centifoliæ*) [fig. 226], dont les larves font souvent le désespoir des jardiniers (fig. 227).

Fig. 228. — *Athalia spinarum.*

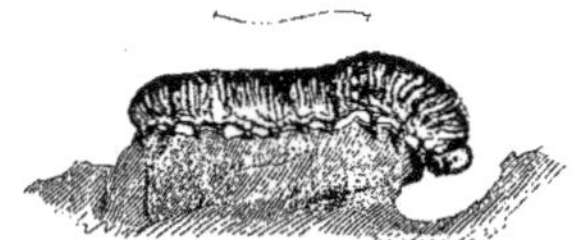

Fig. 229. — Larve d'*Athalia spinarum* (voy. page 224).

Une autre espèce, encore plus nuisible, est l'*Athalia spinarum* ou Mouche du navet, le fameux *Turnip-fly* des Anglais, que nous représentons dans notre planche XIV et ci-dessus, figure 228. La tête et les antennes sont noires; le thorax est jaune à la partie supérieure, noir sur les côtés et en arrière; l'abdomen est jaune, et les ailes sont transparentes et irisées; les pattes sont jaunes, tachetées de noir. La femelle dépose ses œufs sur la face inférieure des feuilles, et les larves qui en sortent dévorent celles-ci et n'en laissent que les nervures. Cette espèce se multiplie souvent au point de détruire complétement la récolte. La larve (fig. 229, v. p. 223) est d'un gris noir plombé; elle a vingt pattes et est complétement nue. Lorsqu'elle a atteint tout son développement, elle se creuse dans le sol une petite cellule ovale, polie en dedans, et s'y métamorphose en nymphe pour ne devenir insecte parfait qu'au printemps suivant.

Les *Hylotomes* sont bien reconnaissables à leurs antennes de trois articles, dont le dernier en massue allongée, cylindrique; leurs mandibules sont échancrées, leurs quatre jambes postérieures munies dans leur milieu d'une épine. Leurs larves ont dix-huit pattes. Ce caractère des antennes est très-remarquable chez les Hylotomes; les deux premiers articles sont très-courts; le troisième ou dernier forme à lui seul toute l'antenne, qui atteint en longueur l'extrémité du corselet (Pl. XIV, *d*); cet article est nu dans les femelles, velu dans les mâles. Le corselet est globuleux et l'abdomen ovalaire.

Le type du genre est l'Hylotome du rosier (*Hylotoma rosæ*), figuré dans notre planche XIV. Il est d'un fauve rougeâtre clair, avec la tête, les antennes, le thorax noirs; les tarses sont annelés de noir. La larve est en dessus couleur de feuille-morte, parsemée de petits tubercules noirs, de chacun desquels sort un poil; les côtés et le dessus sont vert pâle. Lorsqu'elle ronge la feuille sur laquelle elle est placée, elle la tient embrassée à l'aide de ses six pattes antérieures et contourne le reste de son corps en l'air en forme d'S. Lorsqu'elle se dispose à se transformer en nymphe, cette larve descend en terre et se forme une double coque rougeâtre à l'extérieur et blanche à l'intérieur. Cette espèce est commune aux environs de Paris.

Les *Schizocères* diffèrent très-peu des Hylotomes; mais leurs antennes sont fourchues dans les mâles. Le *Schizocerus pallipes*, représenté dans notre planche XIV, montre bien ce caractère singulier; les antennes sont non-seulement pectinées, mais doubles, les deux branches prenant naissance sur le premier article. La tête et le thorax de ce curieux insecte sont noirs ; son abdomen est jaune, ses tarses très-pâles.

Les *Céphalocères* sont des Hylotomes de l'Amérique du Sud, dont les antennes sont composées de sept articles.

Le dernier groupe de la tribu des Tenthrédides est celui des *Cimbex*, qui comprend les plus beaux et les plus grands insectes de la famille. Ils ont pour caractères des antennes renflées en une forte massue, n'ayant pas plus de huit articles.

Leur corps est épais et trapu ; leur tête aussi large que le thorax ; leurs yeux sont divisés et leurs mandibules tridentées.

Ces Hyménoptères ont en général un vol lourd et ils produisent en volant un fort bourdonnement. Comme celles des genres précédents, les larves des Cimbex vivent sur les plantes dont elles rongent les feuilles. Elles ont douze paires de pattes et se métamorphosent dans des cocons qu'elles se filent entre les branches.

On connaît plusieurs espèces de Cimbex dans notre pays ; le type du genre est le Cimbex jaune (*Cimbex lutea*),

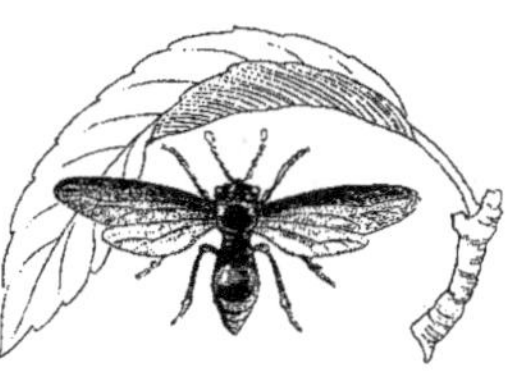

FIG. 230. — *Cimbex humeralis.*
(voy. page 226).

représenté avec sa larve et son cocon dans nos planches XIII et XIV. Sa larve vit sur le hêtre, le bouleau, le saule, dont elle ronge les feuilles ; mais, au contraire de la plupart des larves de Tenthrédiniens qui se tiennent à la face inférieure des feuilles, celle de cette espèce préfère le côté supérieur.

Le cocon que se file la larve, pour s'y transformer en nymphe, est solide, d'une texture serrée comme du cuir et de couleur brune. Il est fixé à quelque branche, souvent caché parmi les feuilles ; l'insecte parfait n'en sort qu'au printemps suivant. Il est jaune, tacheté de violacé brunâtre.

Le Cimbex des bois (*Trichiosoma lucorum*), dont quelques auteurs font un genre distinct, a le corps de formes plus allongées et couvert

15

d'un poil court et serré. Cette espèce, figurée dans notre planche XIII, offre, lorsqu'elle vole, l'apparence d'une Abeille. Elle a le corps noir, mais recouvert d'une forte pubescence d'un gris roussâtre ; les pattes sont rousses, avec les cuisses noires. Ce Cimbex est répandu dans toute l'Europe ; il est plus commun aux environs de Paris que le *Lutea*. On le rencontre dans les bois, principalement sur l'aubépine, dont se nourrit la larve.

Le *Cimbex humeralis* (fig. 230, voy. p. 225) se trouve dans presque toute l'Europe, mais il est rare aux environs de Paris. Il doit son nom aux taches jaunes placées aux deux angles supérieurs de son corselet.

Les *Abia* ne diffèrent des Cimbex proprement dits que par leurs antennes, dont la massue est composée de cinq articles. Ils ont les mêmes habitudes.

L'*Abia fasciata*, qui se trouve aux environs de Paris, mais beaucoup plus rarement que dans le Midi, est long de 12 à 15 millimètres, d'un noir bronzé, avec la partie postérieure du thorax et le premier segment de l'abdomen blancs. Les ailes, diaphanes, portent dans leur milieu une tache en forme de bande d'un brun noirâtre.

Les *Perga* sont des Cimbex de la Nouvelle-Hollande, remarquables par la grande dimension de leur écusson, presque carré et à angles postérieurs aigus.

ORDRE
DES
HÉMIPTÈRES

FIG. 233. — Les Pucerons et leurs Ennemis.

ORDRE DES HÉMIPTÈRES

Le nom d'HÉMIPTÈRES (demi-ailes) donné à cet ordre, tel qu'il est
constitué dans presque tous les auteurs, est défectueux, puisque les
caractères qu'il indique : *les ailes supérieures coriaces dans leur première
moitié*, ne peut s'appliquer à une grande partie de l'ordre (les *Homoptères*), dont on fait généralement une section à part. Les entomologistes
anglais ont élevé cette section au rang d'ordre (HOMOPTERA) et ont
conservé le nom d'HÉMIPTÈRES à la section des *Hétéroptères,* qui présentent en effet ce caractère des ailes supérieures coriaces dans leur première
moitié. Ces deux sections offrent d'ailleurs des caractères communs
dans les organes buccaux, composés d'un labre supérieur, d'une lèvre
tubuleuse renfermant quatre soies coriaces représentant les mandibules
et les mâchoires.

Pour nous conformer à l'usage établi chez nous, nous conserverons donc l'ordre des Hémiptères divisé en deux sections ou sous-ordres : les *Homoptères* et les *Hétéroptères*.

Les Hémiptères ont pour caractères généraux une tête plutôt petite, de forme triangulaire, verticale; les yeux saillants, placés aux angles supérieurs; le plus souvent il existe deux ocelles. La bouche, rostre ou suçoir, est, comme nous l'avons indiqué, composée d'un labre et d'un tube renfermant les organes destinés à prendre la nourriture. Ce tube, qui n'est que la lèvre modifiée, est articulé, en général très-robuste et replié en demi-cercle sous la tête dans les espèces qui vivent aux dépens des animaux, grêle et allongé entre les pattes chez celles qui se nourrissent du suc des végétaux. La longueur de ce suçoir est quelquefois si considérable, qu'il dépasse l'extrémité du corps.

Les ailes antérieures des Hémiptères, souvent désignées encore sous le nom d'*élytres*, sont toujours d'une certaine consistance à la base; les ailes sont toujours plus ou moins membraneuses et d'une texture assez solide.

Les Hémiptères, parmi lesquels on compte tous les insectes connus sous le nom vulgaire de *Punaises*, ont des métamorphoses incomplètes : au sortir de l'œuf, ils ressemblent complétement aux adultes, seulement ils sont privés d'ailes. Ils n'en acquièrent des rudiments qu'après plusieurs mues; ils sont considérés alors comme nymphes, et sont développés après un dernier changement de peau. C'est exactement le même mode de développement que chez les Orthoptères.

Les Hémiptères vivent en général du suc des végétaux; cependant il en est un grand nombre parmi eux qui sucent d'autres animaux ou même le sang de l'homme. Quelques espèces sont connues par les dégâts qu'elles causent à l'agriculture; tels sont les Tingis, les Coccidiens, les Pucerons et d'autres.

On divise l'ordre des Hémiptères en deux sections ou sous-ordres : les *Homoptères* et les *Hétéroptères*, et chacune de ces sections comprend quatre familles.

HÉMIPTÈRES. — PREMIÈRE SECTION

HOMOPTÈRES

Les insectes qui rentrent dans ce sous-ordre ont, comme l'indique leur nom (*omoios*, semblable, et *pteron*, aile), les quatre ailes semblables, c'est-à-dire membraneuses et transparentes dans toute leur étendue. Leur prothorax est plus court que les deux autres segments du thorax. Le bec prend naissance à la partie inférieure de la tête.

Cette section comprend quatre familles : les *Coccidiens*, les *Aphidiens*, les *Fulgoriens* et les *Cicadiens*.

FAMILLE DES COCCIDIENS

Cette famille est composée d'insectes anomaux et n'offrant guère comme caractères communs que d'avoir des antennes filiformes et des tarses d'un seul article ; en outre, les femelles au moins sont toujours privées d'ailes.

On voit souvent, sur les branches des pêchers et d'autres arbres fruitiers, de petites tubérosités brunes ayant la couleur du café ou de la feuille-morte. Ces espèces de galles sont ovales et ressemblent à un petit bateau renversé, dont la longueur serait de 6 à 7 millimètres sur 3 ou 4 de large, et l'on remarque une petite échancrure à leur extrémité postérieure. Ces tubérosités sont des insectes de la famille des Coccidiens, et comme ils ressemblent à des galles, on leur a donné le nom de *Gallinsectes* (fig. 234).

Fig. 234.
Lecanium vitis.

Vers la fin du mois de mai ou dans les premiers jours de juin, ces galles apparentes ont pris tout leur développement. Dans ce temps, leur ventre et le contour de leur corps sécrète une sorte de coton blanc qui forme un lit mollet à l'insecte, et c'est sur cette couche douillette qu'il se met à pondre un nombre prodigieux de petits œufs rougeâtres, qu'il pousse, au fur et à mesure de leur sortie, sous son ventre. Ces œufs se trouvent donc placés en tas sur le lit de coton. L'insecte meurt aussitôt sa ponte terminée, et la peau de son ventre, collée contre celle de son dos, forme un couvercle qui protége les œufs.

Au bout d'une dizaine de jours, ces derniers éclosent et donnent naissance à un excessivement petit animal, qui sort de dessous sa mère par l'échancrure dont il a été parlé, et s'éloigne de son nid de quelques pas pour y rentrer promptement.

Bientôt toutes ces petites larves quittent définitivement le nid et s'éparpillent sur les feuilles voisines et sur les bourgeons les plus tendres pour y chercher leur vie. Ces petits êtres sont rougeâtres, en forme d'ovale allongé; ils sont pourvus de six pattes; leur tête porte deux antennes, et leur extrémité postérieure deux soies horizontales. Ils prennent leur nourriture par le moyen d'un petit bec effilé qu'ils enfoncent dans l'écorce, et sucent la séve, qui est leur unique aliment.

Les petites larves marchent avec agilité dans leur premier âge, et changent volontiers de place; mais elles deviennent de plus en plus sédentaires en grandissant.

Elles grandissent pendant l'été et une partie de l'automne, et lorsque les feuilles tombent, elles se réfugient sur les branches, où elles se fixent définitivement pour ne plus changer de place. Ce sont les blessures qu'elles font à l'arbre et la séve qu'elles absorbent qui occasionnent la maladie de langueur qui l'atteint ou qui accélère son dépérissement et sa mort, si la maladie vient d'ailleurs.

Le Gallinsecte s'engourdit pendant l'hiver et se ranime au printemps, dès que la séve monte; il prend de la nourriture et atteint l'âge adulte. Lorsqu'on examine toutes ces galles au mois d'avril, on en remarque de plus petites les unes que les autres; de ces petites galles on voit sortir à reculons un très-petit insecte d'un brun rougeâtre; il a deux fines antennes, l'abdomen terminé par quatre soies, et porte deux ailes d'un blanc sale, bordées antérieurement d'une ligne rouge (les inférieures avortent). Ce petit insecte est le mâle; il est très-actif, se promène sur le dos des femelles immobiles et meurt bientôt.

FIG. 235 et 236. — *Lecanium lauri.*

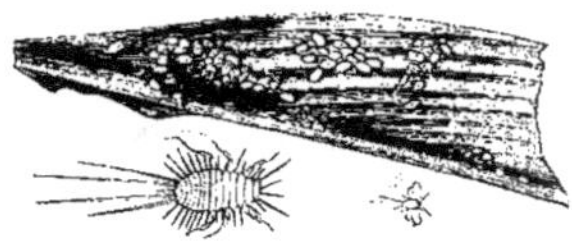

FIG. 237 et 238. — *Coccus adonidum.*

Telle est l'histoire du Gallinsecte ou Cochenille du pêcher (*Lecanium persicæ*) [fig. 241 et 242], qui est la plus commune de toutes les espèces de cette famille. On connaît le Gallinsecte de la vigne (*Lecanium vitis*)

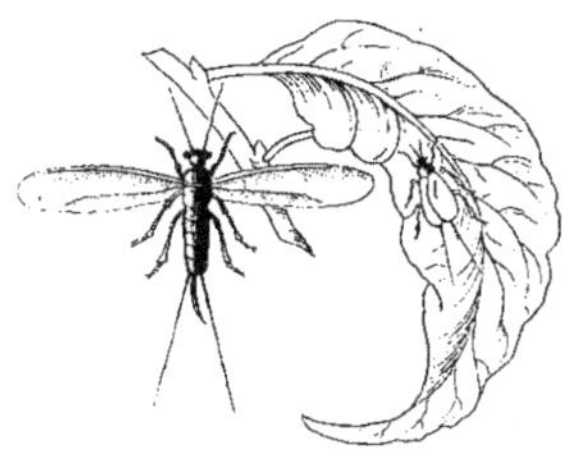

FIG. 239 et 240. — *Lecanium hesperidum* mâle.

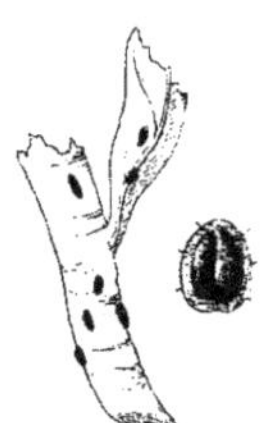

FIG. 241 et 242. — *Lecanium persicæ.*

[fig. 234], qui nuit beaucoup aux vieux ceps; le Gallinsecte de l'oranger (*Lecanium hesperidum*) [fig. 239 et 240], qui attaque aussi les citronniers et les myrtes.

Les *Lecanium coryli, ilicis, tiliæ, fagi* (fig. 243 à 245, voy. p. 234), vivent sur le coudrier, le houx, le tilleul, le hêtre.

Le genre *Coccus* ou Cochenille renferme de nombreuses espèces. C'est le *Coccus adonidum* (fig. 237 et 238, voy. p. 233), qui vit sur les plantes

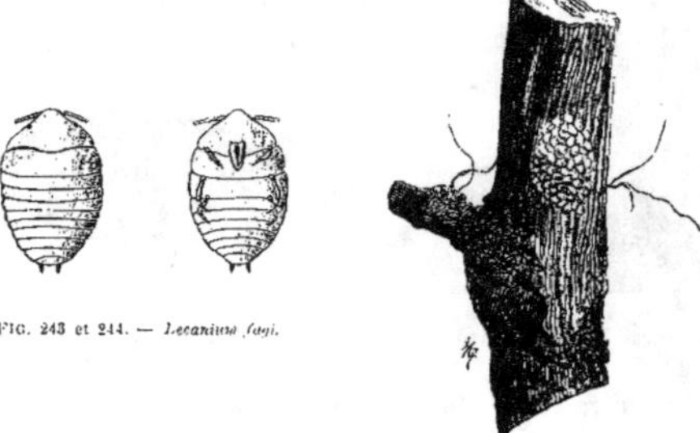

FIG. 243 et 244. — *Lecanium fagi.*

FIG. 215. — *Lecanium fagi.*

des serres chaudes, café, canna, bananier, cactus, etc.; son corps est elliptique, d'un jaune rosé, farineux de toutes parts.

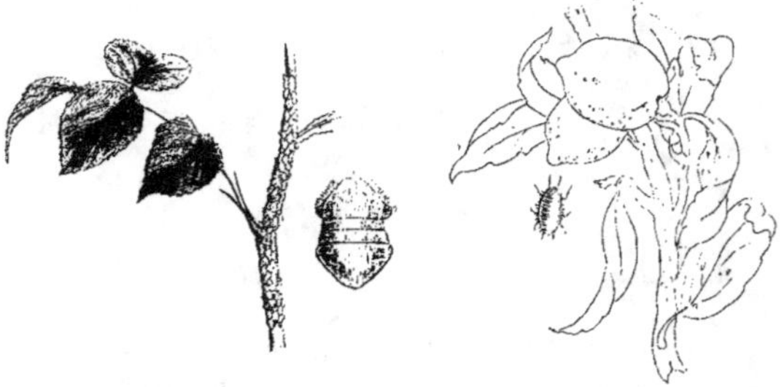

FIG. 246 et 247. — *Lecanium rosæ.*

FIG. 248 et 249. — *Coccus citri.*

Mais la plus remarquable du genre est la Cochenille du nopal (*Coccus cacti*), qui fournit, comme on sait, la belle couleur cramoisie connue sous le nom de *cochenille*. La Cochenille du nopal (fig. 250 et 251), saupoudrée de points blancs, s'élève sur le cactus nopal abondant au Mexique, où on l'employait déjà à la teinture avant l'invasion européenne. Les Espagnols prirent d'abord pour une graine les femelles desséchées qu'ils apportèrent en Europe ; de là le nom de *graine d'écarlate* sous lequel on les désignait. On récolte les femelles avant la ponte, en les râclant avec

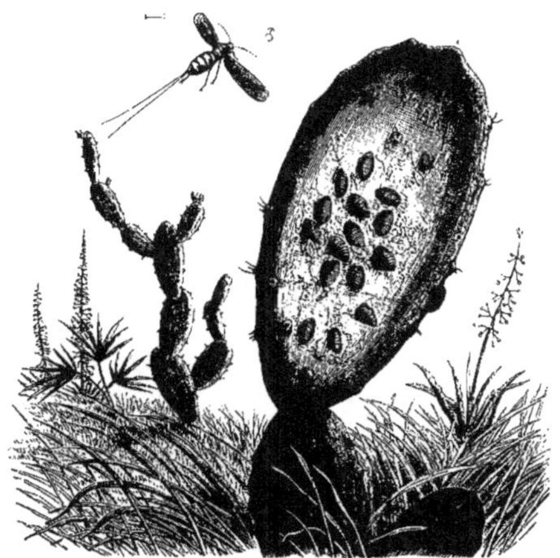

FIG. 250 et 251. — Cochenille du Nopal, mâle et femelle.

un couteau de bois, et on les fait périr à la chaleur d'une étuve. On a soin de laisser sur la plante quelques-unes de celles-ci pour la reproduction.

La Cochenille du nopal a été introduite aux Antilles, en Andalousie, en Algérie, où les essais ont été heureux, mais où cette éducation se répand peu par ignorance des soins à y apporter. Cette Cochenille donne le meilleur carmin, ne passant pas à l'air comme les rouges d'aniline.

La *Cochenille sylvestre*, couverte d'un duvet qui la rend peu délicate et bien moins sensible aux pluies, se récolte au Mexique à l'état sauvage, et donne une couleur moins vive. On employait autrefois la Cochenille du chêne vert du midi de l'Europe et la Cochenille de Pologne pour obtenir des rouges violacés.

Aux Indes orientales, la *Cochenille laque*, qui vit sur les figuiers, s'entoure d'une abondante sécrétion de gomme laque.

FAMILLE DES APHIDIENS

Ainsi nommée du mot *Aphis*, qui veut dire Puceron, parce que ce genre en compose la plus grande partie, la famille des Aphidiens renferme, comme la précédente, des insectes qui offrent des caractères et des mœurs tout à fait insolites ; les seuls caractères communs aux diverses tribus qui composent cette famille est d'avoir les antennes filiformes et les tarses de deux articles terminés par deux crochets.

La première tribu, celle des ALEURODIDES, est formée du seul genre *Aleurodes*, caractérisé par des ailes de consistance opaque, les supérieures offrant une seule nervure des antennes filiformes de six articles. La seule espèce du genre, l'*Aleurodes chelidonii*, vit sur la chélidoine ou grande éclaire. C'est un petit insecte long de 1 1/2 à 2 millimètres, au corps jaunâtre ou rosé, recouvert d'une pubescence cotonneuse d'un blanc de neige. Ses ailes supérieures portent chacune une tache élargie et un point d'un brun noirâtre.

La tribu des APHIDIIDES se distingue à ses quatre ailes diaphanes parcourues par plusieurs nervures ; à ses antennes filiformes de cinq à sept articles, à ses pattes simples. Elle a pour représentant principal le genre Puceron (*Aphis*).

Toutes les espèces composant ce genre se nourrissent de la séve des végétaux ; c'est avec leur bec qu'elles pompent les sucs. Ce bec est toujours enfoncé dans le tissu des végétaux, soit sur les racines, les tiges ou les feuilles ; quelques espèces vivent même dans l'intérieur des feuilles, et leur présence y occasionne des boursouflures, des excroissances, qui sont remplies de ces petits animaux et souvent d'une liqueur sucrée assez abondante. Cette espèce de miel est produite par deux prolongements que l'on observe à l'extrémité de l'abdomen d'un très-grand nombre d'espèces ; ce sont des tuyaux creux par où passe cette liqueur, qui est la séve élaborée dans le corps des Pucerons. La maladie de certains arbres, désignée sous le nom de *miellat*, est produite par ces animaux. Les Fourmis sont très-friandes de ce suc sucré, et on les voit presque continuellement le lécher au moment où il sort du Puceron.

Les Pucerons vivent presque tous en société; ils marchent très-lentement et restent immobiles pendant la plus grande partie de leur vie, uniquement occupés à sucer les sucs végétaux. Chaque société offre, au printemps et en été, des individus toujours privés d'ailes, et d'autres dont les ailes doivent se développer. Tous ces individus sont des femelles qui produisent des petits vivants sans union préalable. Les mâles ne paraissent qu'à la fin de la belle saison ou en automne; il y en a d'ailés et d'aptères. Ils se rapprochent des femelles, qui pondent des œufs sur les branches, et ces œufs, après avoir passé tout l'hiver, donnent au printemps suivant des femelles d'où sortiront neuf générations successives de Pucerons toujours femelles, sans présence de mâles. Ceux-ci, comme nous l'avons dit, ne paraissent qu'une fois et à l'arrière-saison.

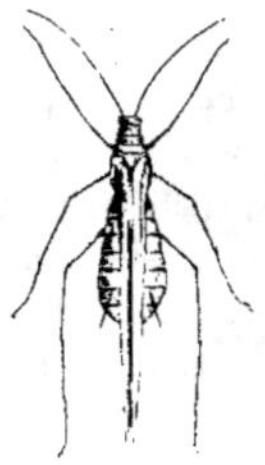

FIG. 252. — Puceron du Rosier très-grossi.

FIG. 253. — Tige de Rosier couverte de Pucerons.

Rien n'est curieux comme d'observer la reproduction des Pucerons qui se trouvent rassemblés en quantité considérable sur la plupart des rosiers (fig. 253). On les voit là réunis par milliers autour des jeunes tiges et du pédoncule des fleurs, serrés les uns contre les autres comme les moutons dans la plaine un jour d'orage. Aucun ne bouge, tous ont leur petit bec pointu enfoncé dans l'épiderme de la tige, suçant à l'envi et se gorgeant des sucs du rosier. On remarque que ceux qui occupent les premiers rangs, c'est-à-dire le haut de la branche, sont les plus gros, et que les autres sont de plus en plus petits. A certains moments on voit sortir de l'abdomen des plus gros, à la file et toujours à reculons, quinze à vingt petits, semblables à leur mère, à la taille près. Cette bonne mère

Gigogne, sans même se retourner pour voir ses enfants, continue à sucer sa branche, et les petits, sans s'inquiéter autrement de leur mère, passent sur le dos des autres Pucerons pour aller à leur tour enfoncer leur petit bec dans la peau du rosier. Quelques jours à peine après leur naissance, les jeunes Pucerons produisent à leur tour des petits vivants, et comme chaque Puceron produit en moyenne, de mai à fin septembre, une centaine de petits, on peut facilement imaginer l'innombrable quantité de Pucerons auxquels une seule mère peut donner naissance en une saison. Il y a onze ou douze générations par an, et le calcul nous donne déjà à la sixième génération, c'est-à-dire au bout de trois mois à peine, *dix milliards* de Pucerons ! Avec

Fig. 254.
Larve d'Hémérobe.

une pareille fécondité il ne resterait bientôt plus de rosiers ni d'autres plantes sur la terre entière, si la Providence n'y avait pourvu en leur suscitant une foule d'ennemis; les Coccinelles, les Syrphes, les Ichneumons et surtout les larves des Hémérobes, connues sous le nom de *Lion des pucerons* (fig. 254), en font une immense destruction. Nous avons figuré dans le frontispice du chapitre les ennemis des Pucerons (fig. 233, voy. p. 229).

On en connait plusieurs centaines d'espèces; la plus répandue est celle du rosier, *Aphis rosæ* (fig. 252), entièrement vert clair et l'abdomen muni de deux longues cornes tubuleuses par où s'écoule la liqueur sucrée.

Fig. 255. — *Aphis persicæ.*

Le Puceron du pêcher (*Aphis persicæ*) [fig. 255] est d'un vert foncé tacheté de noir, avec les antennes de même couleur; ces dernières plus longues que le corps; l'abdomen est muni de deux cornes allongées. Les jeunes sont jaunes, verts ou pourprés, suivant leur âge. Cette espèce nuit beaucoup au pêcher, dont elle fait, par sa succion, crisper et boursoufler les feuilles, ce que les jardiniers attribuent le plus souvent aux vents roux ou à la lune rousse.

Le Puceron du groseillier (*Aphis grossulariæ*, [fig. 256] vit sur cet arbuste, dont il déforme les feuilles et les tiges; il est verdâtre, avec les tarses bruns.

FIG. 256. — *Aphis grossulariæ.*

Malgré leur immobilité et leur apparente inertie, les Pucerons ailés émigrent vers la fin de la saison et vont pondre leurs œufs parfois à d'assez grandes distances; c'est ce que l'on a constaté pour le Puceron du pêcher, pour le Puceron lanigère et pour le Phylloxera, dont nous parlerons bientôt.

Avant 1812, on ne connaissait pas le *Puceron lanigère* en France; venu de l'Angleterre, qui le tenait de l'Amérique du Nord, il se propagea rapidement dans toute la Normandie et la Picardie, et a souvent compromis la récolte des pommes à cidre. Le Puceron lanigère (*Aphis laniger*, [fig. 257] est long de 2 1/2 millimètres, d'un brun rougeâtre, recouvert en dessus d'une sécrétion blanche cotonneuse, qui le fait ressembler à un petit flocon de neige, lorsqu'il se laisse emporter par le vent. Ses antennes sont courtes, d'un jaune pâle, et sa trompe s'étend jusqu'aux pattes postérieures; celles-ci sont jaunâtres. L'abdomen ne porte pas de cornes tubuleuses. Il a des ailes dans l'arrière-saison et émigre souvent au loin. Cet insecte s'établit, par familles plus ou moins nombreuses, sur les branches, sur le tronc et sur les racines des

FIG. 257. — Puceron lanigère.

pommiers. Il y produit, par ses piqûres et par l'afflux de la séve qu'il attire, des loupes, des nodosités galeuses, des déformations plus ou moins considérables, qui entraînent la langueur et quelquefois la mort de l'arbre, et qui empêchent la production des fruits.

Une autre espèce, le Puceron du pommier (*Aphis mali*) [fig. 258], vit également sur cet arbre, mais y cause moins de dégâts que l'*Aphis laniger*.

Le Puceron du tilleul (*Aphis tiliæ*), dont nous figurons ici un couple mâle et femelle (fig. 259 et 260), abîme ces arbres sur les promenades publiques de Paris.

On détruit les Pucerons sur les arbres envahis au moyen d'aspersions ou de lavages avec de l'eau de lessive, de l'eau de chaux, une infusion de tabac, des huiles lourdes de goudron, etc. Là où il se trouve des feuilles cloquées, il faut les enlever ainsi que les bourgeons malades.

Fig. 258. — *Aphis mali*.

Une espèce de Puceron dont on a fait un genre particulier (*Phylloxera*), caractérisé par des antennes courtes, renflées en forme d'oreilles ou de feuilles, jouit depuis quelque temps d'une triste célébrité. Le Phylloxera est très-voisin des Pucerons, dont il rappelle les formes, au moins à l'état adulte, et offre à peu près les mêmes habitudes et la même puissance de reproduction. C'est aux racines souterraines de la vigne que s'attaque ce petit insecte, et c'est là surtout ce qui le rend si redoutable.

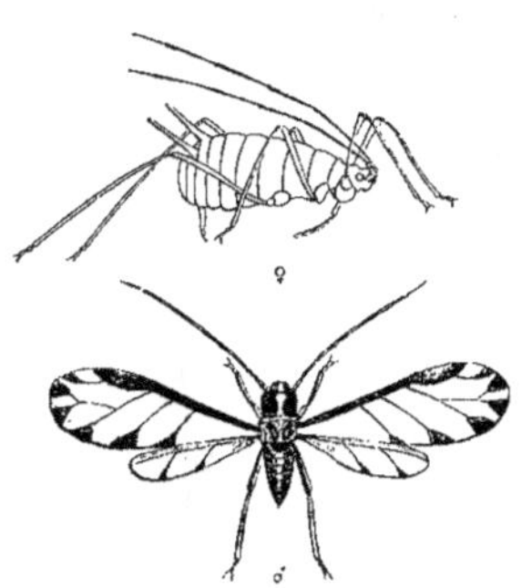

Fig. 259 et 260 — *Aphis tilia*.

Dans la plupart des cas de maladies des végétaux produites par des insectes, on voit la cause du mal sur les feuilles, les fruits, les tiges, et, cette cause anéantie, la plante bien soignée reprend sa vigueur; mais ici il n'en est plus ainsi: la cause du mal reste longtemps cachée sous terre dans les racines, et lorsque ce mal devient apparent au dehors, il est sans remède. Les vignes attaquées par le Phylloxera ne donnent d'abord aucun signe de malaise ; mais bientôt les feuilles rougissent, puis jaunissent et se dessèchent, les raisins subissent un arrêt de développement et se rident sans mûrir. Lorsqu'il en est arrivé là, le cep ne tarde pas à périr. Si l'on arrache un de ces ceps malades, on trouve ses radicelles couvertes de nodosités ou de renflements (fig. 261), et sur ces nodosités on remarque une plus ou moins grande quantité de petits insectes qui ressemblent à une poussière jaunâtre grenue ; ce sont des Phylloxera. Si l'on examine l'insecte de plus près, à l'aide d'une loupe, on distingue une sorte de petit Pou, d'un brun jaunâtre, à corps ovoïde partagé en segments par des sillons transversaux,

Fig. 261. — Radicelles de Vigne attaquées par le Phylloxera

dont les premiers portent en dessus six tubercules chacun, et les suivants quatre seulement. La tête est large, elle porte deux yeux bruns à facettes, deux antennes courtes et grosses, composées de trois articles, et se termine en avant par une trompe ou long bec droit articulé qui rappelle le suçoir des Punaises. Il n'a pas d'ailes et porte six pattes courtes. L'insecte est fixé sur la racine, dans la substance de laquelle son bec, enfoncé d'un bon tiers, suce perpétuellement les sucs qu'elle renferme, et c'est l'afflux de la séve, provoqué par cette succion incessante, qui cause les nodosités que l'on voit parsemées sur les radicelles (fig. 262 à 264).

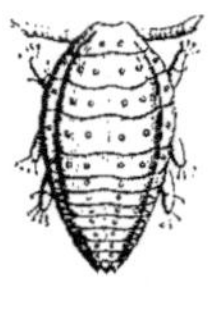

Fig. 262
Phylloxera femelle.

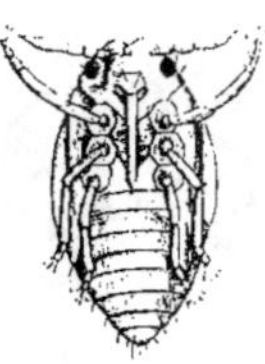

Fig. 263. — Phylloxera femelle vu en dessous.

La génération des Phylloxera est comparable à celle des Pucerons, à cela près qu'au lieu d'être vivipare, comme la femelle du Puceron, celle du Phylloxera est toujours ovipare. Des premières femelles écloses au printemps sortent, sans l'intervention du mâle, plusieurs générations successives de femelles, toutes fécondes et privées d'ailes. Aussitôt écloses, celles-ci enfoncent leur petit bec pointu dans le tissu des racines tendres, et se mettent en devoir de sucer la séve; puis, en même temps,

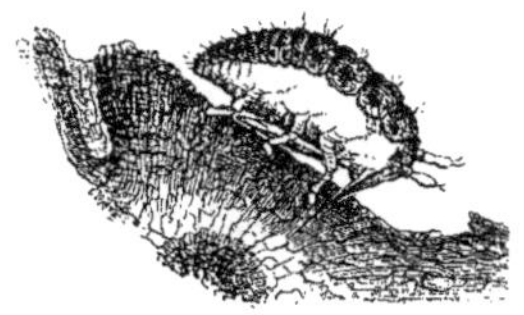

FIG. 264.
Phylloxera vu de côté et suçant la séve.

FIG. 265.
Phylloxera jeune.

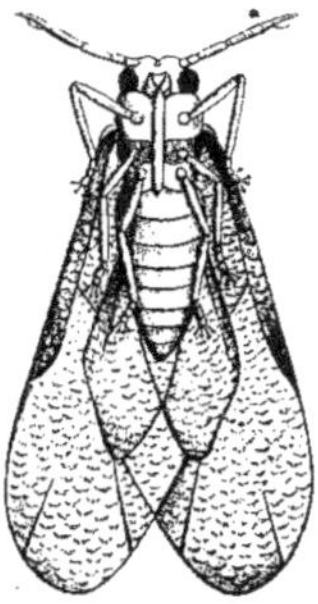

elles pondent autour d'elles une grande quantité d'œufs d'un beau jaune soufre, d'où sortent au bout de huit jours des femelles aptères, et ainsi de suite pendant toute la belle saison, jusqu'au mois de septembre, époque à laquelle paraissent enfin des mâles et des femelles ailées. Ceux-ci s'accouplent, et les femelles fécondées ne pondent qu'un seul œuf, qu'elles déposent sous l'écorce ou dans les fentes des ceps pour y passer l'hiver, et qui sera la souche des générations femelles de l'année suivante. Ces femelles ailées (fig. 266), un peu plus grandes que les femelles aptères, volent très-bien; leurs ailes sont grandes, transparentes, irisées, avec de fortes nervures brunes; elles s'en servent parfaitement pour aller au loin propager leur race, et c'est ainsi que l'on voit tout à coup se déclarer le mal sur des points éloignés du centre d'infection. La fécondité prodigieuse de ces insectes explique la progression effrayante de la maladie; on évalue

FIG. 266.
Phylloxera femelle ailé.

en effet à huit ou dix le nombre des générations de l'année, et comme chaque femelle pond au moins trente œufs, nous voyons que chaque œuf, déposé à l'automne, renferme le germe de plusieurs milliards d'individus qui écloront dans le courant de l'année suivante. — Que le Phylloxera ait été introduit en France avec les cépages américains, qu'il soit la cause ou simplement l'effet de la maladie des vignes, c'est ce que nous n'examinerons pas ici ; de volumineux mémoires ont été écrits pour ou contre ces opinions. Ce qu'il importe d'étudier, ce sont les moyens de se préserver ou de se débarrasser de ce pernicieux petit être qui menace aujourd'hui d'une ruine complète les plus beaux vignobles de France.

Il y a une douzaine d'années que, pour la première fois, le Phylloxera manifesta sa présence sur un point du département du Gard, à Roquemaure. L'année suivante ce point commençait à faire tache, et le département de Vaucluse se trouvait envahi en même temps que celui des Bouches-du-Rhône. Un an après, les divers foyers disséminés se trouvaient réunis. En 1868, la tache débordait dans la Drôme. Puis, successivement la maladie, après avoir constamment gagné du terrain, s'étend aujourd'hui jusqu'au département du Rhône, en irradiant à droite et à gauche dans les départements de l'Hérault, du Var et de l'Ardèche.

Parmi les nombreux moyens proposés pour la destruction du Phylloxera, il en est trois dont les expériences, faites sur tous les points, ont démontré l'efficacité réelle ; ce sont : la submersion, qui noie le Puceron, l'ensablement, qui l'étouffe, et l'empoisonnement du sol. Il paraît établi par l'expérience que le remède le plus efficace est la submersion des vignes. M. Faucon a rendu un grand service à la viticulture en démontrant pratiquement qu'une vigne, même quand elle est très-malade, peut être guérie et reconstituée, si on peut l'inonder pendant l'hiver et durant un mois au moins. Malheureusement toutes les vignes ne peuvent être inondées, soit à cause de l'élévation du sol, soit par suite de l'éloignement de l'eau. Là où l'on ne peut employer l'eau, on a eu l'idée de la remplacer par du sable ; on a remarqué, en effet, que les vignes plantées sur terrain sablonneux ne sont pas attaquées par le Phylloxera, et que plus le terrain est composé de sable pur, mieux le Puceron est écarté. On a donc proposé d'ensabler les vignes, procédé qui consiste à mettre au pied de chaque souche malade 80 à 100 litres de sable de rivière ; mais c'est là un moyen coûteux qu'on ne peut employer partout et qui rend en outre le terrain impropre à toute autre espèce de culture pour l'avenir. Reste l'empoisonnement du sol et par conséquent des insectes ; ce procédé est celui dont l'usage est le plus général, car si tous les vignobles ne peuvent, par leur situation, être ensablés ni surtout submergés, partout on peut pratiquer l'empoisonnement du sol. Un nombre infini de substances ont été recommandées pour l'application de ce dernier système ; c'est le sulfhydrate d'ammoniaque et le sulfure de carbone qui donnent dans la pratique les meilleurs résultats. Les gaz qui s'en dégagent tuent sûrement le Phylloxera, et la potasse et le soufre, résidus de la décomposition, forment un excellent engrais pour la plante.

Fig. 267.
Psylla piri
mâle
(v. p. 216)

Les Psylles se distinguent des Pucerons par leurs antennes de cinq articles seulement et par l'absence de cornes tubuleuses ou de tout autre appendice à l'extrémité de l'abdomen. Leurs pattes sont courtes et

Fig. 268. — *Psylla piri* femelle
(voy. page 216).

solides, les ailes existent ordinairement. Le Kermès employé en teinture n'appartient pas à ce genre, bien qu'il en porte le nom ; c'est une Cochenille (*Coccus ilicis*) que l'on récolte dans le midi de l'Europe, et dont nous avons parlé plus haut. Les anciens Kermès rentrent presque tous aujourd'hui dans le genre *Lecanium*, parmi les Coccidiens. Il est fâcheux toutefois que l'on n'ait pas conservé ce nom aux espèces qui le portaient autrefois ; ces changements continuels ne servent qu'à embrouiller la nomenclature. Les principales espèces du genre Psylla actuel sont : le *Psylla bursaria*, qui se trouve sur les peupliers, le *Psylla buxi*, qui vit sur le buis, et le *Psylla ficus*, commun sur le figuier.

Fig 269.
Larve de *Psylla
piri*
(voy. page 246).

La tribu des PSYLLIDES, fondée sur le genre *Psylla*, se distingue par ses quatre ailes diaphanes, parcourues par plusieurs nervures. Antennes filiformes, de dix articles ; pattes propres au saut.

Les Psylles (*Psylla*) sont de très-petits insectes qui ont à peu près la forme des Pucerons ; aussi leur donne-t-on souvent le nom de *faux Pucerons*. Ils sont cependant moins nuisibles que ces derniers, parce qu'ils sont moins nombreux et déforment moins les feuilles. Le Psylle du poirier (*Psylla piri*) [fig. 267 et 268, voy. p. 245], long de 2 1/2 millimètres, est d'un brun ferrugineux, tacheté de rouge, avec les pattes noires et les ailes transparentes. La femelle pond en mai ses œufs sur les feuilles, et les larves (fig. 269, voy. p. 245) qui en sortent piquent les feuilles en les suçant. Les Psylles sont au contraire des Pucerons très-agiles; ils marchent et volent parfaitement, et sautent même au besoin; car leurs pattes postérieures sont conformées pour cela.

Fig. 270. — *Psylle de l'Olivier très-grossi.*

Le Psylle de l'olivier (*Psylla oleæ*, (fig. 270) fait beaucoup de tort à cet arbre, à l'état de larve; il s'attaque à la fleur, la flétrit et fait avorter le fruit.

FAMILLE DES FULGORIENS

Les Fulgoriens sont des insectes de moyenne ou de grande taille, qui vivent sur les végétaux dont ils sucent la séve, mais sans y demeurer fixés comme les Coccidiens ou les Aphidiens. Leurs formes générales rappellent celles des Cigales. Ils ont pour caractères des antennes insérées au-dessus des yeux, très-courtes, de trois articles; des tarses de trois articles; les ailes enveloppant les parties latérales de l'abdomen, et celui-ci dépourvu d'appareil pour le chant. Ils sont répandus dans toutes les parties du monde; mais ce n'est que dans les contrées chaudes que l'on trouve ces belles espèces aux formes bizarres et aux couleurs brillantes.

La famille des Fulgoriens comprend trois tribus distinctes: celle des Cercopides, celle des Membracides et enfin celle des Fulgorides, qui donne son nom à la famille.

FIG. 271.
Typhlocyba rosa.

La tribu des CERCOPIDES se distingue par un front gros et court, et par l'écusson toujours à découvert. Elle comprend, outre le genre *Cercopis*, auquel elle emprunte son nom, un assez grand nombre de genres. La plupart des espèces habitent l'Amérique et sont de petite taille.

FIG. 272. — Bouton de Rose attaqué par le *Typhlocyba.*

Le genre *Typhlocyba* vient en tête de la tribu; il sert de trait d'union entre les Psyllides et les Cercopides. Ce sont de petits insectes à tête inclinée, à jambes postérieures longues et épineuses, à ailes dépassant beaucoup l'abdomen. Les espèces de ce genre, assez communes dans notre pays, vivent spécialement sur diverses plantes dont elles sucent la séve. Nous figurons ici le *Typhlocyba rosæ* (fig. 271 et 272), qui cause souvent des dégâts sur les rosiers.

Le genre *Ledra* est reconnaissable à sa tête large, formant en avant un demi-cercle foliacé, au rostre court, joignant intimement la poitrine.

Le type du genre est le Ledra à oreilles (*Ledra aurita*), que nous figurons avec sa larve dans notre planche XV. Cet insecte, que l'on trouve aux environs de Paris, vit sur le chêne. Il est d'un vert grisâtre marbré de jaune, avec quelques nervures plus brunes. Son corselet élevé porte sur les côtés deux appendices foliacés demi-circulaires, avançant un peu du côté de la tête, légèrement dentelés sur les bords; les élytres sont disposés en toit, arrondis à leur extrémité.

Le genre *Penthimia* se distingue par des jambes postérieures très-longues, arquées, ciliées et épineuses. Le type du genre (*Penthimia atra*) est un petit insecte noir, varié de rouge; il est nuisible à la vigne.

Les *Aphrophores* sont de curieux insectes dont les larves produisent, comme mode de protection, à l'aisselle des feuilles ou des branches qu'elles habitent, une écume blanche au sein de laquelle elles se cachent. Ces amas d'écume, communs surtout sur les saules et les jeunes peupliers, sont connus des paysans sous le nom d'*écume printanière* et de *crachat de coucou;* ils renferment parfois une grande quantité de larves, plus souvent une seule. La larve suce la sève de la plante et bientôt rejette par l'anus une bulle d'air entourée d'une pellicule liquide qu'elle fait glisser au-dessous de son corps; les bulles successives entourent la larve d'une mousse qui la cache aux yeux de ses ennemis et préserve son corps délicat de l'ardeur du soleil. La larve se transforme en nymphe, puis en insecte parfait à l'abri sous cette écume. La femelle pond ses œufs à l'automne dans de petites entailles faites à l'aide de sa tarière sur les branches. Le type du genre est l'Aphrophore écumeuse (*Aphrophora spumaria*), à laquelle se rapportent les détails qui précèdent. Elle est longue de 12 millimètres, d'un gris jaunâtre, avec deux bandes transversales blanches sur les élytres.

Le genre *Cercopis* des auteurs (*Triepphora* Am. et Serv.) a pour caractères génériques : tête triangulaire plus étroite que le corselet; ocelles placés dans une cavité entre les yeux; jambes postérieures épineuses. On en connaît plusieurs espèces; l'une des plus remarquables

de celles de France est la Cercope ensanglantée (*Triepphora sanguino-
lenta*), figurée dans notre planche XV, et que l'on trouve assez fréquemment dans les lieux ombragés des environs de Paris. Elle est d'un noir
brillant, avec trois taches d'un rouge de sang sur les élytres. Cette petite
Cigale rouge, comme on l'appelle vulgairement, saute assez
vivement lorsqu'on veut la saisir.

Une autre espèce, répandue dans presque toute l'Europe,
et que représente notre figure 273, est le *Cercopis bifasciata*.
Elle est d'un jaune grisâtre, sans taches, avec les élytres bruns
tachetés de gris jaunâtre. Cette espèce varie à l'infini.

Fig. 273.
*Cercopis bifas-
ciata*

Les *Tettigonies*, qui ont de nombreux représentants en
Amérique, sont des Hémiptères allongés, de forme élégante
et de couleurs très-variées. Le type du genre est assez commun dans
le midi de la France : c'est la Tettigonie verte (*Tettigonia viridis*), à corps
vert tacheté de jaune et de noir.

La tribu des MEMBRACIDES se distingue par des antennes très-petites,
insérées en avant des yeux ; entre ceux-ci sont deux ocelles. Leur corselet est
dilaté de manière à couvrir le corps, et affecte souvent des formes bizarres.
La plupart de ces insectes singuliers appartiennent au continent américain.

Le genre *Centrote* est caractérisé par un prothorax cornu, prolongé postérieurement en une
pointe étroite, mais laissant l'écusson visible.
On en connaît une espèce assez commune en
France, c'est le *Centrotus cornutus* (fig. 274),
que nous figurons ici, et que Geoffroy, le vieil
historien des insectes des environs de Paris,
appelait le *Petit diable cornu*. C'est un petit

Fig. 274 et 275. — *Centrotus cornutus.*

insecte d'un brun noirâtre, ayant à la partie antérieure du corselet deux
cornes aiguës et trigones avec une partie postérieure très-rétrécie, on-
dulée et bossue dans le milieu atteignant l'abdomen.

Dans les *Darnis* d'Amérique, le prothorax n'offre aucune dilatation,
mais il est arrondi et se prolonge jusqu'à l'extrémité de l'abdomen, qu'il
emboîte de tous les côtés ; les pattes ne sont pas foliacées.

Les *Heteronotus* ont le prothorax en forme de bulle vésiculeuse terminée par trois épines; leurs élytres offrent des nervures fourchues, parallèles.

L'espèce que nous figurons ici (fig. 276) est des plus singulières; c'est l'*Heteronotus armatus* de l'Amazone. Sa couleur est un jaune rougeâtre tacheté de noir. Comme on peut le voir, son nom d'*armatus* lui a été donné en raison de l'appareil formidable d'épines dont est armé son corps.

Les *Bocydium* ont le prothorax sans prolongement postérieur, ayant au bord antérieur un petit tube portant plusieurs vésicules arrondies, et en arrière une longue épine.

Fig. 276. — *Heteronotus armatus.*

Nous donnons ici la figure grossie d'une des formes les plus étranges du monde des insectes: c'est le Porte-grelots (*Bocydium tintinnabulariferum*) (fig. 277). Ce curieux insecte, qui se trouve au Brésil, est de la grosseur d'une mouche ordinaire; il est brun avec le corselet noir.

L'*Hypsauchenia Westwoodii*, des Philippines, est non moins singulier; son thorax, élevé en cône et prolongé en pointe en arrière, se partage en fourche au sommet. Notre figure 278 (voy. p. 251) le représente au double de sa taille ordinaire.

La tribu des FULGORIDES renferme les plus grandes et les plus belles

Fig. 277. — *Bocydium tintinnabulariferum.*

espèces de la famille. Elle offre pour caractères des antennes de trois articles insérées sous les yeux; deux ocelles au-dessus; le corselet nullement prolongé et les pattes propres au saut. — Toutes les Fulgorides sont exotiques, à l'exception d'une seule espèce, de fort petite taille, toute verte, à front prolongé et strié de cinq lignes longitudinales. Ce *Fulgore d'Europe* a été pris plusieurs fois sur les noyers ; mais il ne peut être comparé aux magnifiques espèces de l'Amérique et de l'Inde. Celles-ci sont remarquables par leur tête vésiculeuse, tantôt gonflée et massive, tantôt offrant un prolongement grêle et recourbé. La plus grande espèce du genre *Fulgore* est le célèbre Fulgore porte-lanterne (*Fulgora*

Fig. 278. — *Hypsauchenia Westwoodii* (voy. page 250).

Fig. 279. — *Fulgora laternaria.*

laternaria) (fig. 279) de la Guyane, que nous figurons ici. Longue de 8 à 9 centimètres, large de 12 à 13, elle est d'un jaune verdâtre moucheté de noir et de blanc, avec un grand œil jaune entouré de noir et ayant une pupille de même couleur portant deux taches blanches. La tête a 25 millimètres de long; elle est globuleuse, oblongue, fortement bossue en dessus, munie en dessous de quatre rangs d'épines courtes. Mlle Sibylle Mérian rapporte, dans son magnifique ouvrage sur les insectes de Surinam, que ces insectes répandent une forte lueur phos-

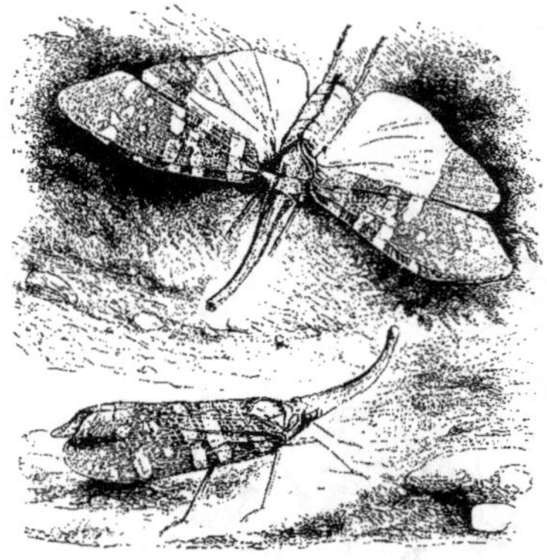

FIG. 280. — *Fulgora candelaria.*

phorescente par leur tête, et qu'un seul lui suffisait pour lire la *Gazette de Leyde*, dont les caractères étaient très-petits. Depuis, on a révoqué en doute la phosphorescence de la tête des Fulgores; mais il se peut que cette propriété n'existe que dans un des sexes et à certaines époques.

En Chine, une espèce plus petite, le Fulgore porte-chandelle (*Fulgora candelaria*), est souvent représentée dans les peintures de ce pays (fig. 280). Elle a la tête, le corps et les ailes inférieures orangés; les élytres verts, avec trois bandes orangées et plusieurs taches rondes de même couleur.

Le prolongement de la tête est comprimé sur les côtés et recourbé en dessus à partir du milieu de sa longueur.

Dans le genre *Hotinus*, le front est prolongé en une sorte de tube allongé et les ailes sont réticulées ; le *Fulgora candelaria*, décrit et figuré plus haut, rentre dans ce genre. Nous citerons encore le *Hotinus sub-*

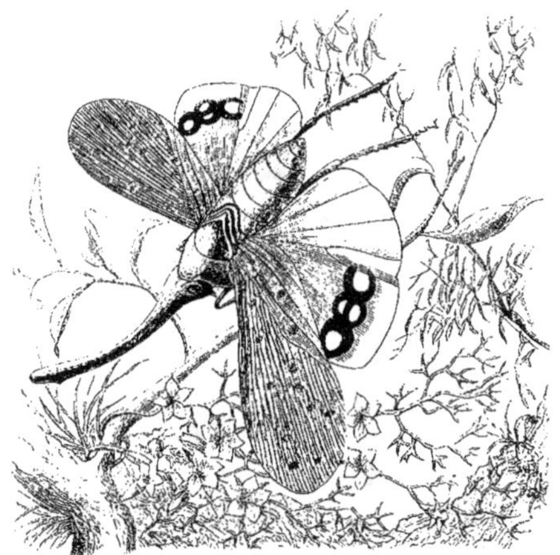

Fig. 281. — *Hotinus subocellatus.*

ocellatus de Chine (fig. 281). Ses ailes supérieures sont d'un brun pâle, avec un grand nombre de taches ocellées d'un rouge sombre, entourées de jaune. Les ailes inférieures sont rougeâtres, tachetées de noir. Cet insecte répand une lueur phosphorescente dans l'obscurité. Nous figurons dans notre planche XVI une belle espèce de Ceylan, *Hotinus maculatus*.

Dans le genre *Pœciloptera*, le front est étroit, à bords latéraux relevés ; les élytres et les ailes très-larges et opaques, ce qui leur donne l'aspect de Papillons. Nous figurons dans notre planche XVI une belle espèce des Indes et de Java, le *Pœciloptera circulata* (genre *Flata* des auteurs); ses ailes supérieures sont brunes et blanches, et les inférieures d'un blanc pur.

Le *Flata marginella*, également des Indes, offre cette particularité que la femelle est floconneuse comme celle des Phœnax, tandis que le mâle a de grandes et larges ailes, sans trace de flocon.

Fig. 282. — *Phœnax auricoma.*

Dans beaucoup de Fulgorides, l'abdomen offre une sécrétion de poussière blanche cireuse. Chez les *Phœnax* et les *Lystra* cette cire blanche sort de l'abdomen en longs filaments. Nous figurons ici le *Phœnax auricoma* de Mexico (fig. 282).

C'est certainement le plus curieux insecte que l'on puisse voir, et on le prendrait plutôt pour le produit de l'imagination de quelque peintre chinois que pour un insecte véritable. La couleur générale de cet Hémiptère est le brun pâle; mais il a la tête couverte d'une large huppe de couleur d'or, d'où son nom spécifique d'*auricoma*. Tout son corps est couvert en dessous d'une sécrétion cotonneuse blanche, comme si son corps était fait d'ouate; les longs brins qui traînent derrière lui semblent faits de la même matière, tordue entre les doigts.

FAMILLE DES CICADIENS

La famille des Cicadiens ne renferme, à proprement parler, qu'un seul genre, celui des Cigales (*Cicada*). Quelques auteurs l'ont subdivisé en plusieurs genres, mais leurs caractères différentiels ne sont pas assez importants pour justifier ce démembrement.

Les Cicadiens offrent pour caractères : une tête portant sur son sommet trois ocelles ; des antennes très-courtes, terminées par une soie grêle ; l'abdomen présentant, chez les mâles, à la base en dessous, deux plaques ou tambours faisant partie des organes de stridulation ; celui des femelles, muni d'une tarière qui leur sert à entamer les tiges de bois mort, pour y déposer leurs œufs ; les pattes cylindriques, non conformées pour le saut.

De tout temps on a remarqué et connu les Cigales, car ce sont de tous les insectes les plus bruyants. Dans les pays chauds, où les Cigales sont communes, l'espèce de stridulation qu'elles font entendre est souvent tellement forte et multipliée qu'elle vous rompt la tête. Les anciens Grecs faisaient cependant leurs délices de ce chant étourdissant et monotone, car ils tenaient les Cigales dans de petites cages pour jouir de leur musique, et Anacréon leur a consacré une ode : «Heureuse Cigale, qui, sur les plus hautes branches des arbres, abreuvée d'un peu de rosée, chante comme une reine ! »

Encore de nos jours les Chinois partagent le goût des Grecs pour le chant des Cigales, et les conservent dans de petites cages de bambou. Les anciens ne partageaient pas tous, cependant, cette admiration pour le chant des Cigales ; car Virgile s'écrie dans une de ses bucoliques : «Les Cigales criardes rompent les oreilles des arbustes par leur chant ! » — Quoi qu'il en soit de leur musique, les instruments qui la produisent n'en sont pas moins intéressants.

Le mâle seul est pourvu de ces instruments, et chante ; la femelle est silencieuse. On voit, en effet, chez ce dernier, à la base de l'abdomen, deux volets écailleux qui recouvrent l'appareil musical. Celui-ci consiste essentiellement en deux cavités où sont deux timbales ou membranes ridées et convexes en dehors, résonnant comme du parchemin sec et munies de sillons. Deux muscles s'y attachent; l'un, très-petit, tend la timbale; l'autre, très-développé, fixé aux parois de l'abdomen, se relie à un tendon qui s'attache au fond de la concavité de la timbale. Par les contractions et relâchements très-rapidement réitérés de ce muscle, la timbale se déprime et reprend brusquement sa forme convexe, en vertu de son élasticité. De là le son qu'on peut produire, comme l'a vu Réaumur, en tirant le tendon avec une pince sur l'animal mort.

Les Cigales habitent les pays chauds et aiment la chaleur; plus le soleil est ardent, plus elles font entendre leurs chants et plus elles volent avec facilité; mais lorsqu'il fait froid ou que le soleil est caché, elles sont promptement engourdies. Elles vivent de la séve des arbres et des arbustes qu'elles percent de leur trompe. Au moment de la ponte, la femelle perce, au moyen de sa tarière, les petites branches de bois mort jusqu'à la moelle, et y introduit ses œufs. Comme le nombre en est assez grand, elle fait plusieurs trous. Ces œufs donnent naissance à des larves, qui, comme celles des autres Hémiptères, ressemblent, aux ailes près, aux insectes parfaits, mais ont les jambes antérieures très-développées, presque circulaires. Ces larves vivent en terre aux dépens des racines des arbres, qu'elles piquent comme l'insecte parfait fait des branches. Quand elle a subi sa métamorphose de nymphe et que le moment de sa dernière transformation est arrivé, elle sort de terre, se cramponne au tronc d'un arbre et là sort de son enveloppe et prend son vol.

Si nous examinons l'organisation et les formes des Cicadiens, nous voyons une tête en forme de triangle écrasé ayant au moins autant d'épaisseur que de largeur; des yeux très-saillants placés aux deux angles de la base; entre eux, et sur le sommet de la tête, sont trois ocelles disposés en triangle; les antennes, très-courtes, sont insérées sous un rebord. La bouche est conformée comme celle de tous les

Hémiptères. Le corselet est antérieurement plus étroit que la tête, puis il s'élargit et se relève; l'abdomen est assez volumineux et se rétrécit postérieurement en cône. Les ailes sont de même consistance partout, traversées par de fortes nervures, mais de grandeur très-différente, les supérieures étant presque deux fois aussi longues que les inférieures, et dépassant toujours le corps; aussi ces insectes ont-ils une grande puissance de vol. Dans le repos, ces ailes sont disposées en toit.

Les femelles, avons-nous dit, sont privées de la faculté du chant; on

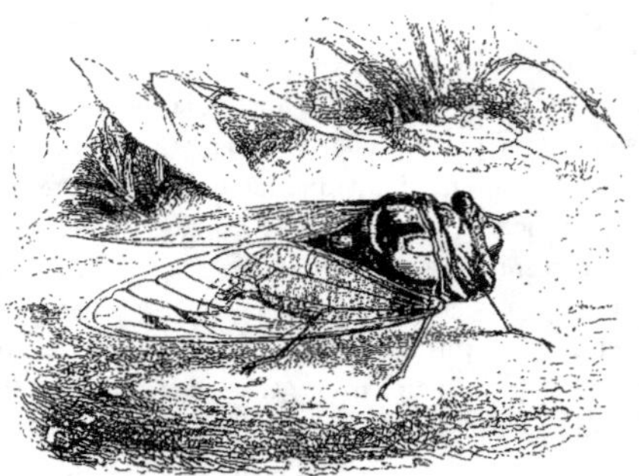

FIG. 283. — Cicada plebeia (voy. page 259).

trouve cependant chez elles les rudiments des opercules ou volets; mais ce qui les distingue surtout, c'est la tarière qui sort du dernier anneau de l'abdomen; celui-ci est comme fendu en dessous, en forme de gouttière, et c'est dans cette gouttière que se replie la tarière au repos, le long du ventre. Cet instrument, qui n'est autre qu'un oviducte, se redresse à la volonté de l'insecte; il est composé d'une gaine qui se fend par le milieu et renferme la tarière; celle-ci est à son tour composée de deux pièces latérales garnies de dentelures en forme de râpes, propres à limer le bois; au milieu d'elles est l'oviducte proprement dit, terminé en fer de lance allongé; il est également formé de deux pièces, qui s'écartent pour donner passage aux œufs.

Dans les départements du Nord et aux environs de Paris, où l'on ne connaît pas la Cigale, on donne à tort ce nom à la grande sauterelle verte (*Locusta viridissima*), bien que ces deux insectes soient tout à fait dissemblables. La Cigale plébéienne (*Cicada plebeia*) fig. 283, v. p. 258], la plus commune dans le Midi et la plus bruyante de nos espèces indigènes, est longue de 36 à 40 millimètres; elle a 10 centimètres d'envergure. Sa forme générale la ferait ressembler à un énorme Taon. Son corps est noir, avec le bord postérieur du prothorax et les parties inférieures du corps jaunâtres. Les ailes sont parfaitement transparentes, avec les nervures jaunes à la base et noires à l'extrémité.

La Cigale de l'orne (*Cicada orni*), plus petite que la précédente, se trouve également nombreuse en Provence, surtout dans les bois de pins; elle est d'un noir mélangé de vert, avec les anneaux de l'abdomen bordés de jaunâtre; les nervures des ailes sont également d'un jaunâtre entremêlé de noir.

On trouve encore en France, dans le Midi, la *Cigale peinte*, la *Cigale noire*, la *Cigale couleur de sang*. Cette dernière (*Cicada hæmatodes*), qui a été prise quelquefois à Fontainebleau, près de Paris, est noire avec cinq petites bandes sur le corselet, le bord postérieur des anneaux de l'abdomen, les pattes et les nervures des ailes rouges.

Parmi les espèces étrangères, nous citerons la Cigale tachetée (*C. maculata*) des Indes. Elle est noire, avec le corselet, les ailes et des taches sur la tête d'un jaune blanchâtre; et la Cigale brûlée (*Cicada adusta*), l'une des plus grandes espèces du genre, et que nous figurons dans notre planche XVI réduite de moitié. Cette espèce vient de Java; elle est d'un brun clair, avec les ailes transparentes et irisées; ces dernières sont parfois tachetées de brun.

HÉMIPTÈRES. — DEUXIÈME SECTION

HÉTÉROPTÈRES

La deuxième section des Hémiptères, les *Hétéroptères*, renferme les insectes qui présentent en réalité ce caractère des ailes auquel l'ordre

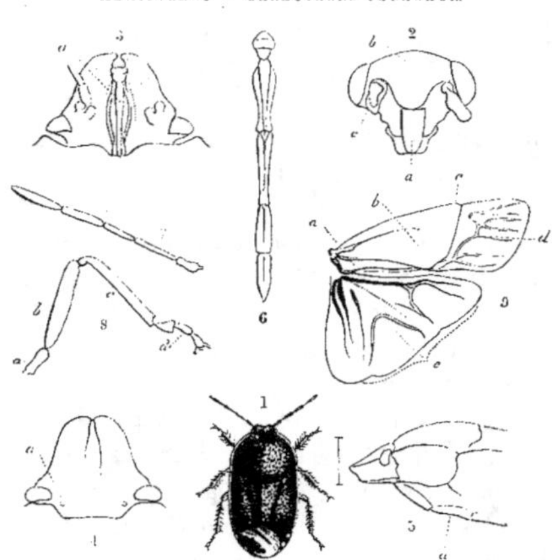

FIG. 281 à 292. — 1. *Schirus dubius.* — 2. Tête vue en dessus. — 3. Tête vue en dessous. — 5. Profil montrant le rostre. — 6. Rostre ou bec. — 7. Antenne. — 8. Patte postérieure. · 9. Ailes.

doit son nom d'*Hémiptères* (demi-ailes); leurs ailes supérieures ou élytres sont, en effet, d'une consistance assez solide dans leur moitié antérieure, et tout à fait membraneuses dans leur moitié postérieure (fig. 284); les ailes inférieures sont membraneuses dans toute leur étendue. En outre, leur bec en suçoir naît du front. Ces insectes sont généralement connus sous le nom de *Punaises*.

On divise cette section en quatre familles : les *Népiens* ou *Hydrocorises* (Punaises d'eau), les *Réduviens*, les *Lygéens* et les *Scutellériens*. Ces deux dernières familles forment l'ancien groupe des *Géocorises* ou Punaises terrestres.

La tête des Hémiptères hétéroptères est en général petite, par rapport à la masse du corps; elle est de forme triangulaire, verticale; les yeux sont saillants, placés aux angles supérieurs (fig. 284, 2); il existe presque toujours deux ocelles (4, *a*. Au-dessous du chaperon ou prolongement du front se trouve le labre (2, *a*), sous lequel prend naissance le rostre ou bec. Celui-ci est composé de la lèvre inférieure, contournée en tube et renfermant les mâchoires et les mandibules transformées et allongées en stylets. Le rostre ou suçoir offre donc l'apparence d'un tube cylindrique, composé de plusieurs articulations (fig. 284, 6). A l'intérieur de ce tube ou gaîne sont quatre soies ou stylets (mâchoires et mandibules) destinés à ouvrir les vaisseaux des végétaux dont ils tirent les sucs pour se nourrir.

Les antennes (fig. 284, 7) varient pour le nombre des articles de quatre à cinq; elles offrent des formes très-variées.

FAMILLE DES NÉPIENS

Cette famille renferme les Hémiptères aquatiques compris par Latreille sous le nom d'*Hydrocorises* ou Punaises d'eau. Ce sont des insectes carnassiers, qui habitent les mares et les étangs. Ils ont pour caractères généraux : les antennes insérées sous les yeux, cachées, et au plus de la longueur de la tête; les pieds antérieurs ravisseurs, ayant la cuisse grosse et creusée d'un sillon pour recevoir la jambe ; le tarse, au plus de deux articles, et formant avec celle-ci un grand crochet.

La famille des Népiens se divise en trois groupes ou tribus, distinguées entre elles par la forme des pattes.

La première, celle des NOTONECTIDES, est caractérisée par une tête très-grosse, des pattes antérieures courtes et simples ; les postérieures grandes et aplaties en forme de rames, ciliées sur leurs bords.

Le genre *Notonecta,* qui donne son nom à la tribu, renferme un petit nombre d'espèces, dont le type est la Notonecte glauque (*Notonecta glauca*) [fig. 293 et Pl. XVII]. On la trouve communément dans toutes les mares et les étangs des environs de Paris, où on la voit nager sur le dos avec agilité, à l'aide de ses pattes postérieures très-longues et frangées de poils. Cette espèce est longue de 15 à 18 millimètres ; ses élytres bruns ou bleuâtres sont disposés en toit et restent toujours couverts d'une couche d'air qui les fait paraître argentés sous l'eau.

FIG. 293. — *Notonecta glauca.*

L'insecte, en brossant ses élytres avec ses pattes postérieures, rassemble soigneusement cet air en une bulle destinée à renouveler sa provision, quand il est empêché de venir respirer à la surface par l'extrémité de son abdomen. Nous empruntons à l'*Aquarium* de M. Pizzetta quelques détails intéressants sur cet insecte :

« Il ne faut saisir la Notonecte qu'avec précaution, dit-il ; car si les doigts la pressent, elle vous rappelle aussitôt à plus de réserve en perçant la peau avec son bec acéré, et cause une douleur égale à celle que fait ressentir la piqûre d'une abeille, mais sans qu'il en résulte toutefois la même inflammation.

« Bien que la Notonecte soit un hôte très-amusant à voir manœuvrer dans un aquarium, il faudra lui consacrer un vase particulier ou tout au

moins ne lui donner pour compagnons que des êtres bien cuirassés et à
l'abri de son aiguillon ; car c'est une bête dangereuse qui ne se fait nullement scrupule de dévorer les autres insectes, de saigner un têtard ou
même d'assassiner un jeune poisson. Elle plonge sous sa victime, remonte
en ligne droite sans faire le moindre mouvement, la saisit de ses pattes antérieures propres à la préhension, et lui plonge dans le corps son bec acéré.

« Avant d'être édifié sur ses penchants meurtriers, j'avais introduit
plusieurs Notonectes dans un aquarium où se trouvaient quelques
Cyprins et Vérons, craignant plus, en vérité, pour l'insecte que pour les
poissons. Bientôt j'eus à constater une grande mortalité parmi ces derniers ; l'eau était limpide, les plantes florissantes, et je ne savais à quoi
attribuer ces décès. Pendant que je contemplais d'un air morne ces
pauvres êtres qui flottaient le ventre en l'air, je vis une Notonecte se
cramponner sur la tête d'un des Vérons survivants. Celui-ci se secoua
comme un beau diable, et parvint à se débarrasser de son hôte incommode ; mais au bout de quelques instants, je le vis chanceler, se débattre
un moment, puis enfin se renverser sur le flanc et mourir. J'observai dès
lors avec soin, et plusieurs fois je vis se renouveler ces attaques suivies
du même résultat. Je n'ai pas besoin de dire si j'éliminai promptement ces
meurtriers. »

Les Corises (*Corixa*) se distinguent par leurs tarses antérieurs qui
n'ont qu'un seul article. Dans notre planche XVIII est figuré le *Corixa
Geoffroyi.*

Une espèce de ce genre, le *Corixa femorata,* se trouve en quantité
considérable dans les lacs voisins de Mexico, où l'on recueille ses œufs
fixés sur les herbes et les joncs, pour en faire des gâteaux que l'on vend
sous le nom de *haulté.* Ces gâteaux ont un goût prononcé de poisson.
Il paraît que les Mexicains faisaient usage de ce mets avant la conquête.

La tribu des NÉPIDES a pour caractères : une tête médiocre ; des pattes
antérieures ravisseuses, conformées en pince au moyen de la jambe et
du tarse se repliant sur la cuisse ; des pattes postérieures très-grêles. Ces
insectes ont le corps déprimé, mais de forme différente, suivant les
genres. Tous vivent dans l'eau et sont carnassiers sous tous leurs états.

Les *Nèpes* proprement dites sont des insectes à corps plat, terminé par deux longs filets raides qui forment, en se réunissant, un tuyau creux servant à respirer l'air à la surface. Leur tête est petite, rétrécie en arrière, et porte un rostre court, mais très-robuste. Leur forme large et aplatie leur donne l'apparence d'une Punaise qui a longtemps jeûné. Leurs pattes postérieures filiformes, et non plus aplaties en rames et ciliées comme chez les Notonectes, en font d'assez mauvais nageurs ; elles marchent au fond de l'eau ou bien se poussent par secousses pour atteindre leur proie, qu'elles saisissent à l'aide de leurs longs bras

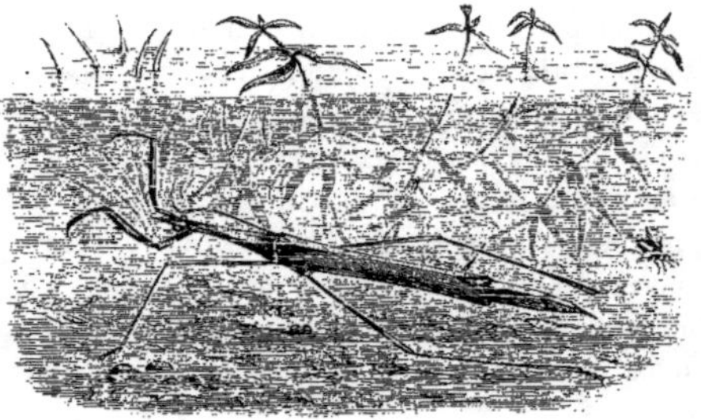

FIG. 291. — *Ranatra asiatica* (voy. page 265).

terminés en pinces. Ces insectes volent bien, et sortent souvent des mares, surtout le soir.

Le type du genre est la Nèpe cendrée (*Nepa cinerea*) figurée dans notre planche XVII. Ses pattes antérieures, toujours ouvertes comme des pinces, et sa longue queue, rappellent vaguement les formes générales du Scorpion. Aussi lui donne-t-on vulgairement le nom de *Scorpion d'eau*.

Les Nèpes au corps allongé, linéaire, aux tarses antérieurs dépourvus de crochets, forment le genre *Ranâtre*. Quoique munis de longues pattes, ces Hémiptères nagent et marchent très-lentement, et suppléent par la ruse à l'agilité qui leur manque. Fixées sur quelque feuille ou quelque

brin d'herbe, elles attendent, les pattes antérieures levées, que quelque
proie vienne passer à leur portée. Le type du genre est la Ranâtre
linéaire (*Ranatra linearis*) [Pl. XVII]. Nous figurons ici une belle espèce
des Indes, le *Ranatra asiatica* (fig. 294, voy. p. 264).

C'est à cette tribu qu'appartiennent les *Bélostomes*. Ce sont les plus
grands Hémiptères connus. Leur corps est aplati, de forme naviculaire,

Fig. 295. — *Belostoma grandis*.

et atteint parfois 7 à 10 centimètres. Ce sont de terribles Punaises, dont
le bec très-robuste doit faire de douloureuses piqûres ; aussi les redoute-
t-on beaucoup dans les pays qu'ils habitent.

Le *Belostoma grandis*, que nous figurons ici plus petit que nature
(fig. 295), habite les eaux dormantes du Brésil. Son corps, d'un brun
noir tirant un peu sur le verdâtre, est tacheté de jaune. On en
connaît d'autres espèces de l'Afrique et de l'Inde, très-voisines de la
précédente.

Les *Naucores* ont le corps ovalaire, nullement acuminé en avant,
comme dans les genres précédents ; leur tête est large, arrondie à sa

partie antérieure. Les antennes, de quatre articles, ont le troisième beaucoup plus long que le dernier, ce qui distingue facilement ce genre de tous les précédents, qui ont toujours le dernier article plus long que les autres.

Le *Naucore cimicoïde*, commun dans presque toute l'Europe, notamment aux environs de Paris, est long de 10 à 12 millimètres, d'un vert pâle, parsemé de points noirs et de taches brunes.

FAMILLE DES RÉDUVIENS

Les insectes compris dans cette famille sont caractérisés principalement par une tête rétrécie à son insertion ; des antennes toujours libres, longues et grêles ; un écusson petit. Ils sont presque tous carnassiers, et leur bec est plus acéré et plus robuste que dans la plupart des Hémiptères. Les Réduviens sont répandus dans toutes les parties du monde, mais plus particulièrement dans les pays chauds.

Nous les diviserons en trois groupes ou tribus : les *Hydrométrides*, les *Réduviides* et les *Cimicides*.

La tribu des HYDROMÉTRIDES offre pour caractères : un corps allongé, étroit, toujours couvert d'un duvet très-court ; des antennes cylindriques, assez longues, composées de quatre articles ; les pattes antérieures plus courtes que les autres et dépourvues d'épines propres à retenir leur proie.

Ces insectes, quoique aquatiques, ne s'enfoncent jamais sous l'eau, mais marchent et courent à la surface liquide comme ils le feraient

Fig. 296. — *Gerris locustris* (voy. page 268).

sur un terrain solide, et même avec plus d'agilité, car ils semblent glisser sur les eaux comme des patineurs sur la glace. Cela est dû au poil très-court et très-serré qui couvre leur corps et le dessous de leurs tarses, et leur permet de courir sur l'eau sans se mouiller.

Les *Gerris*, au corps allongé, étroit, un peu déprimé, à antennes aussi longues que la moitié du corps, au corselet long, s'élargissant de la partie antérieure à la partie postérieure, aux longues pattes postérieures, sont ces insectes que l'on désigne vulgairement sous le nom d'*Araignées d'eau*, et que l'on voit par milliers, pendant toute la belle saison, glisser rapidement à la surface des bassins et des étangs. Le Gerris des lacs (*Gerris lacustris*) (fig. 296, voy. p. 267) est long de 8 à 10 millimètres, d'un brun foncé; l'abdomen roussâtre avec trois lignes d'un noir brillant. Cette espèce a des élytres et des ailes; mais il en est une, le *Gerris aptera*, du double plus grande que la précédente, qui est constamment privée des organes du vol.

Les *Hydromètres* ont le corps encore plus allongé, filiforme, d'une ténuité extrême; la tête cylindrique allongée; les antennes de quatre articles, dont les deux derniers fort grêles et plus longs que les autres. Le type du genre est l'Hydromètre des étangs (*Hydrometra stagnorum*), que l'on trouve courant sur les eaux stagnantes de presque toute l'Europe. Dans notre planche XVIII sont représentés les *Hydrometra argentata* et *gibbifera*. Tous ces insectes vivent de proie qu'ils saisissent au moyen de leurs pattes antérieures.

La tribu des *Réduviides* comprend des Hémiptères au corps allongé, à tête fortement rétrécie vers sa partie postérieure; à bec court, épais, fortement recourbé; à antennes longues et grêles, composées de quatre articles, dont les deux premiers plus longs et plus gros que les autres; les pattes sont longues et minces.

Les Réduviides sont des insectes très-carnassiers, doués d'une grande agilité. Ils ont des formes très-variées, des couleurs le plus souvent sombres, mais quelquefois très-vives.

Les Réduves proprement dites (*Reduvius*) ont la tête ovalaire, les yeux saillants, les antennes à premier article épais. Leur corselet est triangulaire, très-distinctement bilobé, les élytres de la longueur de l'abdomen au moins.

Le type du genre, la Réduve masquée (*Reduvius personatus*), fréquente les maisons habitées, où elle fait la chasse aux Punaises, aux Mouches et aux Araignées. Elle doit son nom à la curieuse habitude qu'a sa larve de s'envelopper de poussière, de flocons, de toiles d'araignée, de façon à céler sa présence. Cachée sous ce déguisement, elle s'avance doucement, par petits soubresauts, vers les insectes qu'elle convoite. Devenue plus agile à l'état parfait, lorsqu'elle a pris des ailes, la Réduve abandonne ce déguisement. Elle est alors d'un brun noirâtre obscur, avec les pattes roussâtres, et telle que nous la représentons dans notre planche XVIII.

La Réduve entre souvent dans les maisons, le soir, attirée par la lumière. Elle n'est pas nuisible et nous délivre au contraire des insectes incommodes ou dégoûtants qui sont malgré nous nos hôtes. Il faut cependant se bien garder de la saisir, ou ne le faire qu'avec précaution, car elle pique avec son bec imprégné d'un venin, et produit plus de douleur qu'une Guêpe.

Une des plus belles espèces du genre est la Réduve agréable (*Reduvius amœnus*) de Java. Elle est d'un beau rouge de corail, avec des taches d'un noir bleu luisant.

Les *Ploiaria* (*P. vagabunda*) ont les mêmes habitudes que les Réduves, et habitent également les maisons.

Les *Pirates* (*P. stridulus*) vivent aussi de proie, mais la recherchent sur les plantes.

Le genre *Coranus* est caractérisé par l'étranglement très-marqué du cou, la longueur du premier article des antennes double de celle des autres, et la brièveté des ailes, qui ne dépassent pas le troisième anneau de l'abdomen. Dans notre planche XVIII est figuré le *Coranus subapterus*, que l'on trouve dans les lieux secs et sablonneux, sous les bruyères et les ajoncs. Il est d'un noir grisâtre, revêtu d'un court duvet jaunâtre ; ses ocelles sont rouges et ses antennes d'un brun pâle.

La tribu des CIMICIDES est caractérisée par un corps fortement déprimé et ordinairement arrondi, par une tête pointue s'avançant entre les antennes, et dont le bec ou suçoir est inséré dans une cavité dont les bords sont saillants. Les Cimicides sont en général des insectes de petite taille, répandus dans toutes les parties du monde. Leurs habitudes varient suivant les espèces ; les uns, comme la Punaise des lits, sucent le sang ; d'autres attaquent les insectes vivants ; d'autres enfin sucent la sève des végétaux.

Le genre *Cimex*, qui ne comprend aujourd'hui qu'une seule espèce, la plus connue, la plus répandue et la plus redoutée, j'ai nommé la *Punaise des lits*, offre pour caractères : un corps excessivement déprimé, à peine plus long que large, ayant une forme tout à fait arrondie ; des antennes sétacées, fort grêles, terminées en une longue soie ; le corselet fort court, extrêmement échancré ; l'écusson triangulaire, large à sa base. Les élytres sont tout à fait rudimentaires, réduits à de simples moignons, et les ailes entièrement nulles ; les pattes peu longues et fort minces. Fabricius donnait à ce genre le nom d'*Acanthia*, mais le nom de Linné a prévalu.

La seule espèce de ce genre, avons-nous dit, est la Punaise des lits (*Cimex lectularius*), représentée dans notre planche XVIII. Cet insecte n'est que trop connu par ses piqûres et par l'odeur infecte qu'il répand. Quelques auteurs ont prétendu que cet insecte nous venait d'Amérique, comme tant d'autres choses bonnes ou mauvaises ; et suivant eux, ce ne serait qu'après l'effroyable incendie de Londres, en 1666, qu'il aurait été introduit dans des bois de construction venus d'Amérique, et il se serait de là répandu au loin. Mais pour qui connaît les anciens, cette opinion est complétement fausse ; car déjà Pline, Dioscoride et Martial en font mention dans leurs écrits. *Nec toga nec focus est nec tutus cimice lectus* (ni vêtement, ni foyer, ni lit n'est à l'abri de la Punaise), dit le poëte satyrique en se plaignant de cette odieuse créature, qui, grâce à l'aplatissement de son corps, s'introduit impunément partout. Comme la Punaise des lits ne vole pas, on pourrait s'étonner qu'elle ait pu se répandre dans le monde entier, si l'on ne savait qu'un seul homme qui, sans le savoir, en apporte quelque part une famille dans un des plis de son habit, peut en peupler toute une maison et même toute une ville ; cependant elle est inconnue dans l'extrême Nord et l'extrême Midi ; c'est le centre de l'Europe qui en est infecté, et Lyon est connu, en France, comme leur quartier général.

La Punaise se blottit pendant le jour dans les interstices des boiseries, sous les papiers de tenture, et échappe ainsi à toutes les investigations ; mais elle sort à la nuit de sa retraite pour se gorger de notre sang. Cette ignoble créature ne manque pas toutefois d'une certaine intelligence ; car si, pour éviter ses atteintes, on couche dans un hamac ou dans un lit dont les pieds sont isolés du parquet, elle sait parfaitement gagner le plafond au-dessus du dormeur et se laisser tomber verticalement sur le lit.

La Punaise pond ses œufs dans les encoignures. Leur coque est couverte d'une espèce de villosité destinée à faciliter leur adhérence contre les corps et les tissus où ils sont déposés. L'œuf, comme c'est le cas habituel chez les Hémiptères, a un couvercle que la petite Punaise pousse pour sortir. Ces larves, d'abord blanchâtres, ne tardent pas à se teindre en rouge par le sang qu'elles absorbent. On a souvent rencontré des Punaises dans les nids des hirondelles et dans les poulaillers.

La Punaise des lits se multiplie en prodigieuse quantité, surtout dans les maisons malpropres, et on a employé beaucoup de moyens pour les détruire, mais la plupart sont inefficaces et plusieurs dangereux. La benzine, la térébenthine, l'essence minérale, l'huile de pétrole les tuent sûrement ; mais ces liquides répandent une odeur fort désagréable et sont très-inflammables. Le pyrèthre les tient à distance, et si l'on en saupoudre les draps, on sera à l'abri de leur atteinte ; mais ce moyen n'en débarrasse pas la maison. On ne peut atteindre ce dernier but qu'en employant l'acide sulfureux, et voici comment : sur un réchaud placé au milieu de la chambre, on met un vase contenant du soufre, après avoir hermétiquement bouché tous les endroits accessibles à l'air, et ce n'est que le lendemain, lorsque la vapeur de soufre s'est exhalée et a dégagé tout l'acide sulfureux, que toutes les Punaises ont succombé.

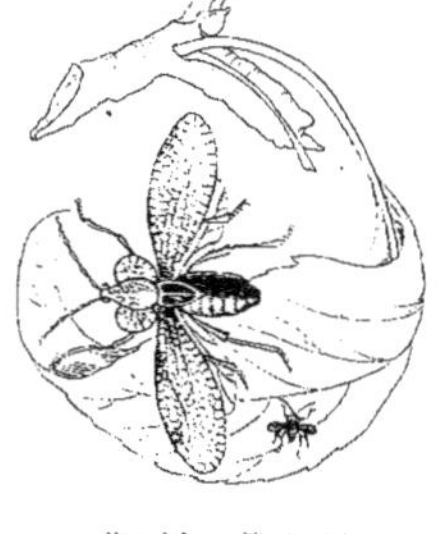

Fig. 297. — *Tingis piri* (voy. page 272).

Les Arades (*Aradus*) ont le corps déprimé ; le bec grêle, plus long que la tête ; les antennes cylindriques, et des élytres recouvrant entièrement l'abdomen. L'Arade du bouleau (*Aradus betulæ*), commun dans toute l'Europe, est le type du genre. Il vit sous les écorces, où il recherche d'autres insectes.

Dans le genre *Phymata*, les antennes, plus longues que la tête, ont leur dernier article en massue. Ces Hémiptères vivent d'insectes qu'ils poursuivent sur les végétaux.

Les *Tingis*, au contraire, vivent sur les végétaux dont ils sucent la séve. Ils ont le corps aplati, les élytres réticulés et le dernier article des antennes en bouton. Une espèce de ce genre, le *Tingis piri*, est très-nuisible aux poiriers; les jardiniers le connaissent sous le nom de *Tigre*. Ce Tigre, que nous figurons d'autre part (fig. 297, voy. p. 271), n'a que 2 millimètres de longueur et 3 1/2 millimètres d'envergure; il est cependant très-nuisible malgré sa petite taille; il s'établit en colonie sous les feuilles, qu'il pique et crible de petites pustules noires. Les fumigations et les aspersions ne font pas grand effet sur lui; le meilleur moyen d'en débarrasser les arbres est encore de couper les feuilles attaquées et de les brûler. On détruit ainsi une grande quantité d'œufs et de larves.

FAMILLE DES LYGÉENS

La famille des Lygéens comprend une longue suite de genres dont toutes les espèces sont essentiellement phytophages. Ces insectes ont le bec plus court que les Réduviens; leurs pattes sont simples et propres à la course. On les rencontre sur les plantes dont ils se nourrissent, et sur lesquelles ils déposent leurs œufs par paquets.

On divise les Lygéens en trois groupes ou tribus, qui se distinguent les unes des autres par le point d'insertion des antennes et par la présence ou l'absence d'appendices entre les crochets des tarses. Ce sont les *Coréides*, les *Lygæides* et les *Capsides*.

Les Coréides ont les antennes insérées à la partie antérieure de la tête, sur la même ligne que les yeux; leurs tarses ont deux appendices entre leurs crochets. Cette tribu comprend un assez grand nombre d'espèces, dont quelques-unes atteignent une taille assez grande et sont ornées de couleurs brillantes. Ces Hémiptères sont répandus dans toutes les parties du monde.

Dans le genre *Stenocephalus* la tête est prolongée en pointe, et le dernier article des antennes est plus long que les autres; les pattes sont simples; les jambes droites.

Le Sténocephale agile (*St. agilis*), figuré dans notre planche XV, doit son nom à l'activité remarquable qu'il déploie soit en marchant, soit en volant, et cela pendant les plus chaudes journées de l'été. Sa couleur est le brun pâle, avec une petite tache rouge sur chaque épaule; ses antennes et ses pattes sont jaunes, avec une tache noire à chaque joint.

Les *Anisoscelis* ont la tête un peu avancée; les pattes longues, les cuisses postérieures ordinairement aplaties et épineuses, les jambes foliacées. Nous figurons dans notre planche XX l'*Anisoscelis* (Diactor) *bilineatus*. Ce singulier insecte a les jambes postérieures dilatées en une large feuille. Sa couleur est un rouge brun foncé, avec deux raies jaunes sur le thorax et la tête. Les membranes foliacées des jambes postérieures sont rougeâtres et portent deux taches jaunes. Cette espèce nous vient d'Amérique.

Le genre *Pachylis* comprend des espèces américaines, présentant pour caractères : la tête courte ; les pattes postérieures à cuisses renflées et épineuses, à jambes comprimées. Le troisième article des antennes est dilaté en feuillet.

Nous figurons ici (fig. 298 et 299) le *Pachylis gigas* et sa larve. Cet Hémiptère remarquable est originaire du Mexique. Toutes les

FIG. 298. — *Pachylis gigas.*

parties claires des figures sont d'un beau rouge cramoisi, et les parties foncées sont d'un noir velouté. Les ailes seules sont d'un vert velouté, rayées de jaune brillant.

La figure 300 (voy. p. 275) représente un Coréide voisin, le *Petascelis remipes* de l'Afrique australe ; ses noms générique et spécifique font allusion à la forme de ses jambes postérieures élargies et aplaties en forme de rames. Le corselet de cet insecte est brun bordé de jaune, et parcouru dans son milieu par une ligne de la même couleur. Les ailes sont d'un brun chocolat, plus foncées à l'extrémité.

FIG. 299. — Larve de *Pachylis gigas.*

Dans le genre *Metapodius,* dont notre figure 301 (voy. p. 276) repré-

sente une belle espèce, propre au Brésil, les jambes postérieures sont
encore élargies et aplaties en forme de rames, et les cuisses sont
fortement renflées et épineuses. La couleur de cet insecte est un brun
rouge acajou ; les pattes postérieures portent une ligne rouge. Celles-ci
ont la cuisse ronde et la jambe aplatie, toutes deux garnies de fortes
épines au côté interne.

Le genre Corée (*Coreus*) renferme des espèces nombreuses, caracté-

Fig. 300. — *Petascelis remipes* (voy. page 274).

risées par leur tête courte, par leurs antennes à premier article long et à
dernier article ovalaire. La Corée bordée (*Coreus marginatus*) est très-
commune sur les plantes, où elle pond ses œufs dorés. Elle est longue
de 15 millimètres, d'un brun obscur en dessus, livide en dessous ;
antennes ayant les deux premiers articles rougeâtres et le dernier noir ;
élytres bruns, sans taches.

La Corée à cornes velues (*Coreus hirticornis*), figurée dans notre
planche XIX, a le corps et surtout les antennes hérissés de poils raides ; le

corselet a ses bords armés de fortes épines. Cette espèce se trouve dans toute l'Europe méridionale.

On a fait des Corées à ventre plus large que les élytres, le genre *Verlusia*.

Dans notre planche XIX est figuré le *Verlusia rhombea*. Il est d'un brun jaunâtre couvert en dessus de petits points ; ses pattes sont jaunes. Cette espèce n'est pas rare sur les feuilles des arbres en automne.

Certaines Corées étrangères sont remarquables par des appendices bizarres. Telle est, par exemple, la *Phyllomorphe de Madagascar*, qui ressemble à une feuille déchiquetée.

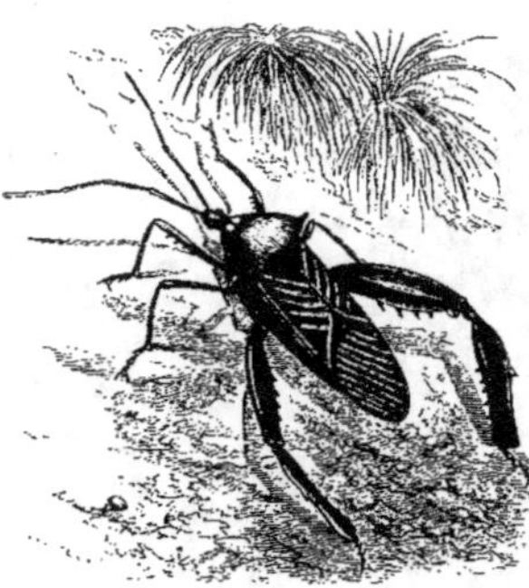

FIG. 301. — *Metapodius latipes* (voy. page 274).

Les Coréides du genre *Neides* ont le corps d'une extrême ténuité et assez allongé ; la tête s'avance en pointe entre les antennes, et ces dernières, extrêmement grêles et longues, forment un coude très-prononcé après leur second article, qui est renflé à son extrémité ; le dernier article, comparativement court, forme une sorte de massue ; les ailes, sont linéaires et couvrent entièrement l'abdomen. Nous figurons dans notre planche XIX le *Neides depressus*, remarquable par la longueur et la gracilité de ses membres, qui rappellent ceux des Hydromètres. Sa couleur est d'un brun jaunâtre, avec l'abdomen noir.

Les *Rhyparochromus* ont le corps de forme ovale ; la tête petite, non prolongée ; les antennes moyennes, à premier article plus court ; les pattes sont plutôt courtes et robustes. Le *Rhyparochromus dilatatus*, figuré dans notre planche XIX (¹), est noir, recouvert d'un fin duvet jaune. Il n'est pas rare en France, et se trouve sous la mousse.

(¹) Voir la note page 279.

Sur la même planche est représenté l'*Henestaris laticeps*, insecte assez commun dans le midi de la France. Il est d'un jaune d'ocre nuagé de brun. Il est surtout remarquable par la largeur de la tête, qui est plus large que le corps.

La tribu des LYGÆIDES est caractérisée par des antennes insérées au-dessous des yeux, à dernier article fusiforme, et par les tarses sans appendice entre les crochets.

Le genre *Pyrrhocoris* a la tête très-avancée ; le corselet rebordé latéralement. Le type de ce genre, le *Pyrrhocoris apterus*, représenté dans notre planche XIX, est des plus communs dans toute l'Europe ; c'est cette Punaise, bariolée de noir et de vermillon, que l'on rencontre si fréquemment rassemblée en sociétés nombreuses au pied des arbres et au bas des murs exposés au midi. Cette espèce n'a jamais que des moignons d'élytres. Ces Punaises ne dégagent pas de mauvaise odeur ; elles sucent la séve des végétaux, les fruits tombés, les insectes morts. Elles se cachent pendant l'hiver sous les pierres et les écorces, et s'y engourdissent.

Les espèces du genre *Lygée* ont la tête triangulaire ; le thorax plat, deux fois plus large en arrière qu'en avant ; leurs ocelles sont très-distincts et leurs antennes à articles courts. La couleur rouge, relevée par des taches noires, domine chez la plupart des espèces. Les Lygées vivent sur les plantes, réunies souvent en si grande quantité, qu'elles forment une masse rouge. Tels sont les *Lygæus militaris* et *Lygæus equestris,* très-communs dans le Midi.

Ce dernier, long de 8 à 10 millimètres, a la tête, les antennes, les pattes et le bord antérieur du prothorax gris ; les élytres, le corselet, l'abdomen, une grande tache sur la tête rouge cinabre ; deux points noirs sur le corselet, en arrière de la bande grise ; écusson noir ; deux points noirs en arrière de l'écusson et quatre plus loin. Cette espèce est également commune aux environs de Paris.

Nous représentons ici (fig. 302, voy. p. 278) une magnifique espèce du Bengale, le *Lygæus grandis* des anciens auteurs, dont on fait aujourd'hui un genre particulier sous le nom de *Macrocheraia*. Il atteint jusqu'à 5 centimètres de longueur. Il est d'un rouge cinabre tacheté de noir.

La tribu des CAPSIDES a pour caractères généraux : les antennes insé-

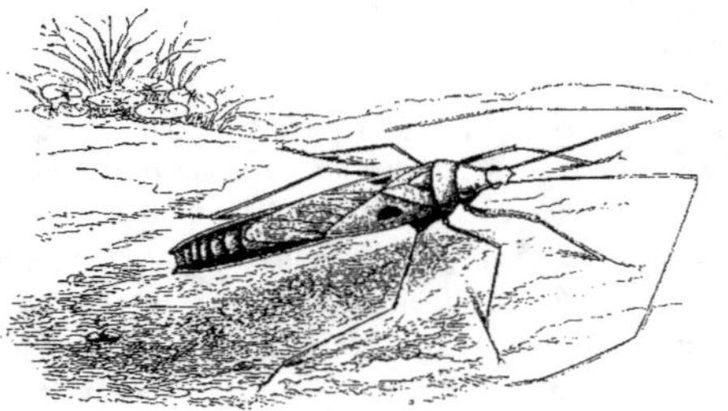

FIG. 302. — *Macrocheraia grandis* (voy. page 277).

rées au-dessous des yeux, à dernier article très-grêle ; l'abdomen présentant chez les femelles une tarière quelquefois très-saillante. Les Capsides se rencontrent généralement dans les lieux humides, sur les plantes qui les nourrissent. Ils sont agiles, mais de petite taille, et ornés le plus souvent de couleurs vives et variées.

Les espèces du genre *Miris* ont le corps très-allongé ; la tête prolongée en pointe entre les antennes ; ces dernières fort longues, à dernier article très-grêle. Le *Miris virens* est vert, avec l'extrémité des antennes et les tarses fauves. Il est commun dans toute l'Europe.

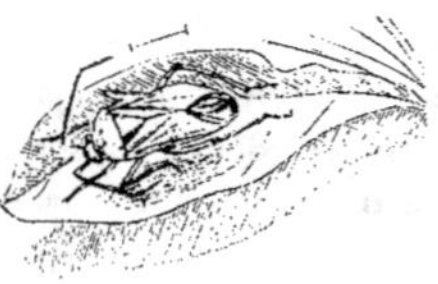

FIG. 303. — *Phytocoris bipunctata.*

Le Miris errant (*Miris erraticus*), long de 8 à 10 millimètres, est d'un vert pré, avec quatre lignes noires sur le corselet et trois sur la tête. Le mâle a le dessus de la tête, du corselet et des élytres noir. Cette espèce est commune partout.

Le genre *Phytocoris* a la tête courte, arrondie ; les antennes grêles, le corps oblong. Le Phytocoris du tilleul (*Phytocoris tiliæ*), figuré dans

notre planche XIX (¹), est verdâtre, avec trois bandes brunes. Le
Phytocoris à deux points (*Phytocoris bipunctata*) [fig. 3o3] est vert,
avec deux points sur le prothorax ; les élytres, plus pâles, ont un point
jaune à l'extrémité. Cette espèce se trouve dans le nord de l'Europe.

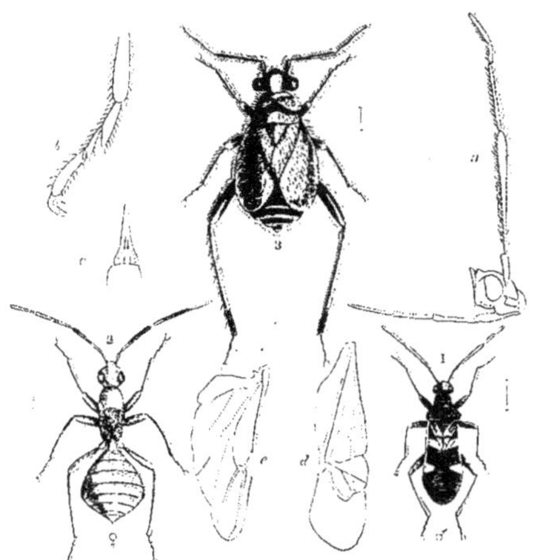

Fig. 3o1 à 311. — 1. *Systellonotus triguttatus* mâle. — 2. *Systellonotus triguttatus* femelle. — 3. *Orthocephalus brevis.* — a. Tête d'*Orthocephalus*. — b. Tarse postérieur. — c. Aile.

Un fort curieux Capside est le *Systellonotus triguttatus* (fig. 3o4,
1 et 2), remarquable par la forme de l'abdomen étranglé à sa base,
comme le montre la figure de la femelle, fort différente d'ailleurs
du mâle, puisqu'elle est sans ailes et d'un brun jaunâtre uniforme.
Le mâle est d'un brun rougeâtre, couvert d'un fin duvet jaunâtre.

(¹) Par suite d'une méprise du graveur, le *Phytocoris tiliæ* porte le nom de *Rhyparochromus dilatatus*, et réciproquement.

Sur chaque élytre sont trois bandes diagonales blanches. Cet insecte est assez rare, surtout la femelle, que l'on prendrait à première vue pour une Fourmi.

La figure 304 (3) représente l'*Orthocephalus hirtus,* retiré du genre *Phytocoris,* dont il faisait autrefois partie, et avec lequel il offre des différences assez marquées dans la forme et le port de sa tête droite, la longueur du second article des antennes (fig. 295 (3), *a*). Cet insecte est noir, couvert d'écailles d'un jaune doré, du milieu desquelles s'élèvent des poils noirs. Les cuisses sont noires et les jambes d'un jaune rougeâtre.

Le genre *Capsus,* qui a donné son nom à la tribu, comprenait autrefois tous les genres précédents et plusieurs autres. Il se trouve très-réduit aujourd'hui et ne renferme plus qu'un petit nombre d'espèces, parmi lesquelles nous citerons les *Capsus trifasciatus, elatus, laniarius,* dans lesquels le rouge et le noir dominent.

Le *Capsus trifasciatus,* long de 7 à 8 millimètres, est noir, avec les bords du thorax, l'écusson et les élytres rouges; ces derniers portent trois bandes transversales noires; les antennes et les pattes sont noires, les jambes annelées de rouge. Cette espèce se trouve dans toute l'Europe.

FAMILLE DES SCUTELLÉRIENS

Les Hémiptères de la famille des Scutellériens se distinguent surtout par la grandeur de leur écusson, qui recouvre les élytres en partie ou même en totalité; leurs antennes sont longues et toujours libres, ordinairement de cinq articles; leur corps est large et épais, leurs pattes courtes et grêles.

Les Scutellériens sont souvent très-remarquables par la vivacité de leurs couleurs, qui ont parfois un éclat métallique. Ces insectes sont répandus dans toutes les régions du globe, mais surtout dans les pays chauds, où vivent les espèces aux plus riches parures. Tous sont phytophages, et vivent des sucs végétaux qu'ils pompent en enfonçant leur bec dans le parenchyme des feuilles ou dans le tissu des jeunes branches.

On divise la famille des Scutellériens en trois groupes ou tribus, basés sur la forme de l'écusson. Ce sont les *Pentatomides*, les *Cydnides* et les *Scutellérides*.

FIG. 312. — *Edessa cornuta.*

La tribu des PENTATOMIDES se distingue par l'écusson triangulaire, ne couvrant pas tout le corps, et par les pattes énormes.

Dans le genre *Oncomeris* la tête est petite; les antennes simples, épaisses, surtout le troisième article; l'abdomen présente une pointe à sa base. Nous figurons dans notre planche XX l'*Oncomeris flavicornis* de l'Australie. Ce bel insecte est noir, avec les ailes bleues à reflets cuivreux.

Le genre *Edessa* est américain; ses espèces ont la tête très-petite, triangulaire; l'abdomen porte des épines latérales. Nous représentons ici fig. 312) l'*Edessa cornuta*, de Para; son corselet, armé de deux longues pointes recourbées, est brun verdâtre, son écusson jaune, et la partie supérieure du corps azurée.

Notre planche XX représente deux espèces de Pentatomides très-remarquables : le *Pygoplatys lancifer,* de Bornéo, qui rappelle l'*Edessa cornuta* par son corselet prolongé latéralement en pointes, et le *Dalader acuticosta,* qui présente aussi les angles supérieurs de son corselet prolongés en pointes, mais recourbés en haut en crochet. Les Pentatomes proprement dites (*Pentatoma*) comprennent un très-grand nombre d'espèces.

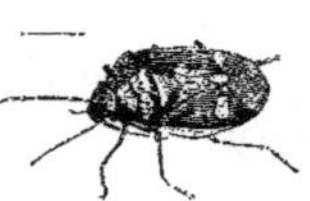

Fig. 313. — *Pentatoma oleracea.*

Ce sont surtout ces Hémiptères qui sont connus sous le nom de *Punaises des bois.* Leurs caractères distinctifs sont : d'avoir le corps court, ovale et arrondi, l'écusson ne recouvrant pas tout l'abdomen ; celui-ci mutique ; les antennes filiformes, de cinq articles. Les Pentatomes répandent pour la plupart une odeur forte et très-désagréable, qui se communique aux objets que l'insecte a touchés. Les femelles déposent leurs œufs par plaques sur les feuilles et les tiges des végétaux ; ces œufs sont parfois agréablement colorés. Parmi les espèces qui se trouvent aux environs de Paris, nous citerons la Pentatome des potagers (*Pentatoma oleracea*) [fig. 313], que l'on trouve communément dans les jardins et les champs, sur les choux et diverses plantes crucifères. Cette espèce est fort nuisible et commet parfois de grands dégâts sur les choux, qu'elle infecte de son odeur. Ses piqûres nombreuses sur les feuilles, dont elle suce la sève, fait jaunir et dessécher la plante sur pied.

Fig. 314. — *Pentatoma baccarum.*

La Pentatome dissemblable (*Pentatoma dissimilis*) fréquente également les jardins ; elle est longue de 10 à 12 millimètres, d'un vert obscur, couvert de points enfoncés noirs ; les antennes, les pattes et le ventre sont d'un jaune rougeâtre ; les ailes sont enfumées. Cette espèce est figurée dans notre planche XV.

La Pentatome des baies (*Pentatoma baccarum*) [fig. 314] est pubescente, rougeâtre en dessus, avec l'extrémité de l'écusson jaunâtre ; l'abdomen tacheté de noirâtre sur les bords ; les antennes annelées de noir et de blanc.

La Pentatome rayée (*Pentatoma lineata*) [fig. 315] est jaune, ponctuée, rayée dans sa longueur de lignes d'un brun rougeâtre. Elle n'est pas rare dans le midi de la France.

Le genre *Asopus* n'est qu'une division du grand genre *Pentatome*, dont il diffère par le rostre fort et libre, et par les jambes antérieures dilatées. L'*Asopus luridus*, figuré dans notre planche XIX, est bien connu des jardiniers ; il est parfois très-abondant dans les vergers, surtout sur les cerisiers, dont il suce les fruits mûrs et qu'il infecte de son odeur désagréable. Il est jaunâtre, pointillé de noir, avec les côtés de la tête et du corselet à reflets bleuâtres. Il est jaune en dessous, avec deux rangées longitudinales de points noirs.

FIG. 315. — *Pentatoma lineata.*

La Pentatome du bouleau (*Pentatoma betulæ*) offre à l'observateur des mœurs intéressantes. C'est une Punaise grise avec une tache noire sur l'écusson, et le rebord de l'abdomen jaune et noir. Si l'on en croit De Geer, la femelle de cette espèce est un modèle de sollicitude maternelle, vertu rare chez les Punaises. On la voit conduire ses petits de feuille en feuille, comme une poule ses poussins ; on en voit toujours de 3o à 4o autour d'elle ; elle les guide, les défend, et ne les abandonne pas aussi longtemps qu'ils ont besoin de ses soins. Lorsque ses petits s'éloignent ou courent quelque danger, la mère bat des ailes avec rapidité pour les rappeler ou pour éloigner les ennemis. Parmi ceux-ci, le plus à craindre est le mâle même de l'espèce, qui ne cherche qu'à détruire les petits. Rien n'est curieux comme de voir la ruse et l'énergie que déploie la femelle pour s'opposer aux projets sanguinaires du mâle, et donner à ses petits le temps de se cacher, ce qu'ils font en s'éparpillant sous les feuilles.

La figure 316 (voy. p. 284) représente le *Catacanthus incarnatus*, belle espèce de l'Inde ; elle varie du jaune au rouge, avec des taches noires ; l'extrémité des ailes est d'un bleu profond.

Le genre *Brachystethus* est caractérisé par la brièveté de son thorax deux fois plus large que long. Le *Brachystethus rubromaculatus* du Brésil (fig. 317) est d'un noir brillant verdâtre, avec de larges taches d'un rouge écarlate, forte-ment pointillées.

La tribu des *Cydnides* offre pour caractères : l'écusson triangulaire, ne couvrant pas tout le corps ; les pattes garnies d'épines. Elle comprend essen-tiellement le genre *Cydnus*, caractérisé par des antennes grêles, et dont le type

FIG. 316. — *Calacanthus incarnatus* (voy. page 283).

est le *Cydnus tristis,* tout noir, finement ponctué en dessus. On trouve cet insecte dans presque toute l'Europe.

La tribu des Scutellérides est l'une des plus remarquables de celles des Hémiptères hétéroptères. Comme l'indique son nom, le principal caractère de ce groupe est le développement de l'écusson (*Scutellum*), qui s'étend sur l'abdomen et le recouvre soit en entier, soit dans la plus grande partie de son étendue. Les Scutellères sont remar-quables, non-seulement par leurs cou-leurs, tantôt métalliques et brillantes, tantôt d'une vivacité admirable, mais encore par leurs formes, qui les feraient

FIG. 317. — *Brachystethus rubromaculatus.*

prendre parfois pour des *Buprestes,* et, comme ces derniers, ils mérite-raient le nom de *Richards,* au moins les espèces des contrées chaudes ; car celles de nos pays froids ou tempérés sont les moins grandes et les moins belles de toutes. Malgré leur beauté, les Scutellères sont des insectes désagréables de leur vivant; de toutes les Punaises, ce sont celles qui répandent l'odeur la plus infecte. Elles vivent sur les plantes dont elles sucent la séve; mais, à l'occasion, lorsqu'elles rencontrent quelque chenille, elles plongent leur bec acéré dans son corps et l'en retirent gorgé de ses humeurs.

On a établi plusieurs coupes géné-riques dans le groupe des Scutellé-rides: ce sont les *Pachycoris*, à corps ovalaire convexe, qui habitent l'Europe méridionale; les *Tetyra*, à corps moins bombé, européens; les *Sphærocoris*, les *Odontoscelis*, les *Chlænocoris* sont exotiques. Les *Scutellaria* proprement dits sont les plus beaux de tous les Hémiptères; ils sont tous exotiques. Parmi les plus belles, nous citerons: la Scutellère marquée (*Scutellaria signata*), très-commune au Sénégal.

Fig. 318. — *Scutellaria nobilis.*

Elle est longue de 18 à 22 millimètres, d'un beau vert brillant et métallique en dessus, avec des taches noires; le dessous du corps et les pattes sont rouges; sur les côtés de l'abdomen sont des taches vertes et bleues.

Le *Scutellaria nobilis* de l'Inde (fig. 318) est en dessus d'une nuance chatoyante, qui, selon l'incidence des rayons lumineux, paraît verte, bleue ou violette; sur ce fond éblouissant se détachent en noir profond des taches rondes placées longitudinalement.

Le genre *Augocoris* offre tous les caractères des *Scutellaria*, à l'excep-tion d'un seul, tiré des antennes; celles-ci n'ont que trois articles, carac-tère qui distingue ce genre de tous les autres de la même famille; le premier article est fort court, le second et le troisième sont très-longs.

Les espèces de ce genre sont américaines.

L'*Augocoris Gomesii*, long de 16 à 18 millimètres, a le corps plus court et plus ramassé que les Scutellères. Il est d'un jaune rougeâtre brillant, avec les antennes noires ; la tête, le corselet et l'écusson portent de gros points d'un bleu noirâtre ; les pattes sont de cette dernière couleur. Cette espèce est assez répandue au Brésil.

Le genre *Peltophora* a des antennes de cinq articles, dont le second est très-grand et arqué, et le troisième fort court.

Le *Peltophora rubromaculata* de l'Australie est d'un beau bleu brillant tacheté de rouge.

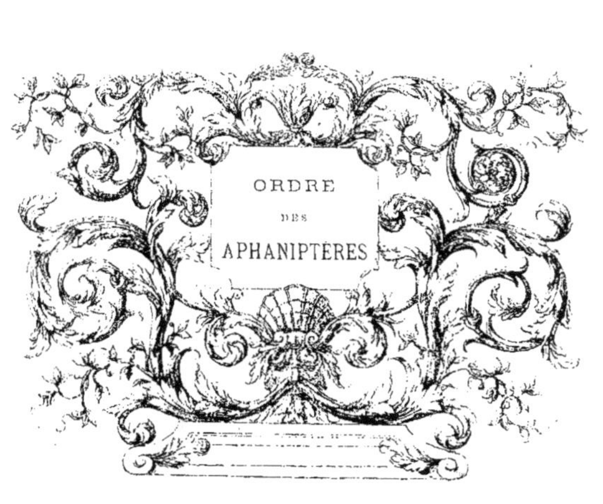

ORDRE
DES
APHANIPTÈRES

ORDRE DES APHANIPTÈRES

et ordre ne comprend qu'un seul genre, le genre Puce (*Pulex*), bien connu de tout le monde. Le nom d'*Aphaniptères* leur vient de la privation d'ailes. Ces singuliers insectes ont le corps recouvert de segments cornés très-solides; il est comprimé, arqué à sa partie dorsale et composé de douze segments, non compris la tête. Celle-ci, petite, arrondie antérieurement, est penchée en avant et garnie de cils raides. Leurs organes buccaux les rapprochent des Hémiptères. La bouche a la forme d'un suçoir composé de trois pièces, renfermé entre deux lames articulées, de manière à constituer une trompe cylindrique et telle qu'on en voit le détail dans les figures *a, b* et *f* (fig. 322). Au milieu est le dard formé par le labre, puis les mandibules allongées en grandes scies; les mâchoires, transformées en lames articulées, sont soudées avec la lèvre inférieure pour former une gaîne, dans laquelle les mandibules et le labre sont main-

"

tenus. Les Puces n'ont pas d'yeux composés, mais seulement deux petits
yeux lisses; leurs antennes, placées derrière l'œil, dans une échancrure de
la tête, sont composées de trois articles mobiles; le premier court, le
second long et épais, le troisième plat, élargi en palette et divisé en lanières
ou digitations de plus en plus courtes, d'avant en arrière; le thorax est
grand et bien distinct, les pattes sont longues et robustes, à hanches
très-fortes, à cuisses courtes, à jambes très fortement ciliées, en un mot
tout à fait conformées pour le saut; les tarses sont composés de cinq

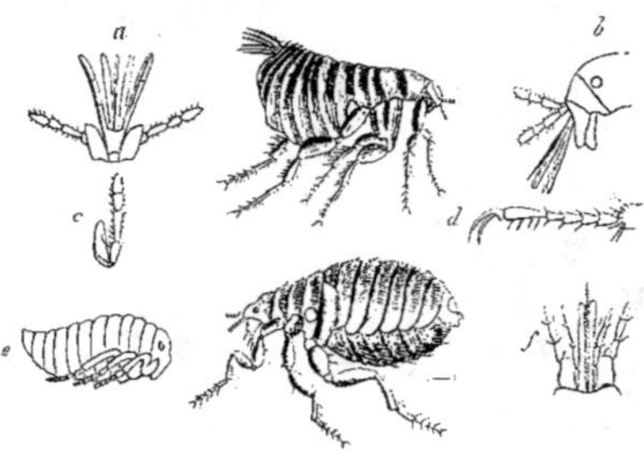

FIG. 322 à 328. — 1. *Pulex talpæ.* — *a.* Menton et palpes. — *b.* Tête grossie. — *c.* Palpe. — *d.* Tarse. — 2. *Pulex irritans.* — *e.* Nymphe. — *f.* Menton et palpes.

articles et terminés par des crochets longs, recourbés et aigus; l'abdomen
est très-grand, ovale, beaucoup plus large verticalement que le thorax.

Les Puces subissent des métamorphoses complètes; elles se multiplient
avec presque autant de rapidité que les Punaises. La femelle pond une
douzaine d'œufs assez gros dans les coins garnis de poussière, dans les
fentes de parquets, sur les meubles et dans les poils des animaux. Il en
sort des larves blanches et sans pattes, semblables à de petits vers, à
tête écailleuse munie de deux antennes courtes, mais privée d'yeux. Ces
larves sont très-vives; elles marchent avec rapidité en serpentant, et exécutent les mouvements les plus bizarres au plus léger attouchement. Leur
développement s'opère en une douzaine de jours, au bout desquels elles

se filent un petit cocon soyeux, dans lequel elles se changent en nymphe et d'où elles sortent à l'état d'insectes parfaits.

Les Puces vivent en parasites sur l'homme et sur les animaux, mammifères et oiseaux; elles nichent dans la fourrure des chiens, chats, lièvres, etc., qui en sont très-tourmentés en été et en automne. La précaution que l'on prend de baigner les animaux pour les débarrasser de ces insectes est inutile, et des expériences ont prouvé que des Puces tenues au fond de l'eau pendant plus de douze heures, revenaient à la vie après en être sorties. De tous les moyens préconisés contre les Puces, le meilleur, pour s'en préserver, est d'entretenir une grande propreté dans les intérieurs, et pour les détruire, l'emploi de la poudre de pyrèthre.

On connaît un grand nombre de Puces. La Puce irritante (*Pulex irritans*), représentée figure 322, vit sur l'homme. Elle préfère la peau délicate des femmes et des enfants. Elle abonde surtout dans les pays chauds; en Algérie, les Arabes, très-malpropres, logent dans les plis crasseux de leur burnous des œufs de Puces et de véritables légions de ces insectes à tous les états. Cette espèce, qui paraît vivre exclusivement du sang humain, n'a d'épines ni au chaperon ni au thorax.

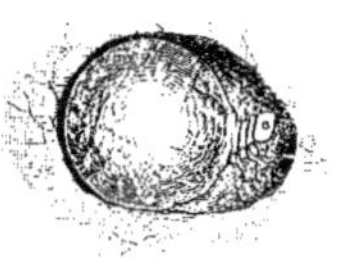

FIG. 322. — *Pulex penetrans*, femelle.
a. grosseur naturelle
(voy. page 292).

La Puce du chien (*Pulex canis*) est munie d'épines au chaperon et au thorax ; elle vit sur les chiens et les chats, et n'attaque l'homme qu'accidentellement.

Beaucoup d'animaux ont leurs Puces : on reconnaît comme espèces distinctes celle de la taupe (*Pulex talpæ*) [fig. 322], celles de la chauve-souris, du hérisson, du blaireau, de la souris, du lérot, du pigeon, de l'hirondelle, etc.

Une petite Puce de l'Amérique du Sud, la Puce pénétrante (*Pulex penetrans*), vulgairement connue sous le nom de *chique*, est très-redoutée. Son bec est très-long, son corps effilé et étroit. Le mâle demeure toujours grêle et errant ; il est plus petit que la Puce commune. La femelle pénètre sous la peau, et s'y gorge de sang. Son abdomen devient énorme, gros comme un pois, sur lequel la tête et le corselet ne paraissent plus que comme un point brunâtre (fig. 329, voy. p. 291). La ponte a lieu dans la plaie, et de graves ulcérations en résultent parfois; on a même vu des cas suivis de mort. Ces Puces chiques abondent aux Antilles, à la Guyane, au Brésil, en Colombie, et les nègres et les Indiens, qui marchent pieds nus, en sont souvent attaqués. De vieilles négresses, aux colonies, font métier de les extraire, et elles savent les enlever avec dextérité à la pointe d'une aiguille.

ORDRE
DES
STREPSIPTÈRES

ORDRE DES STREPSIPTÈRES

(RHIPIPTÈRES DE LATREILLE

et ordre est aussi limité que le précédent; il renferme une dizaine d'espèces ayant pour caractères communs: des mandibules en forme de petites lames linéaires, croisées l'une sur l'autre; des palpes maxillaires de deux articles; des yeux gros, globuleux et grenus; des ailes antérieures rudimentaires, ayant la forme de petits balanciers étroits, courbés au bout et renflés en massue. Les ailes postérieures sont au contraire grandes, membraneuses et pourvues de nervures longitudinales; elles ont, comme celles des Orthoptères, la faculté de se replier en éventail. Leurs tarses sont dépourvus de crochets.

Les larves de ces petits insectes offrent beaucoup de ressemblance avec celles de certains Diptères; elles ont le corps en ovale allongé, privé de pattes, et tous leurs téguments sont mous et blanchâtres.

Comme on le voit, ces caractères anomaux rendent difficile à trouver la place qui convient réellement à ces insectes; cependant leurs caractères et leurs métamorphoses les rapprochent davantage des Diptères que de tout autre ordre d'insectes.

Les petites larves vivent en parasites sur certains Hyménoptères, tels que des Guêpes, des Polistes, des Andrènes. Elles se tiennent cachées sous les anneaux de l'abdomen, et l'on reconnaît leur présence aux petites gibbosités qu'elles y forment.

Quoique très-peu nombreux en espèces, les Strepsiptères ont été répartis dans quatre genres distincts, caractérisés par la forme plus ou moins singulière des antennes et par le nombre des articles des tarses. Ce sont :

Fig. 332. — *Xenos vesparum.*

Les *Xenos,* à antennes plus courtes que le thorax, ayant un premier article très-court, un deuxième très-long, comprimé, et un troisième aussi long, inséré à la base de celui-ci. Leurs tarses sont de quatre articles.

Le *Xenos vesparum,* qui habite surtout le midi de l'Europe, vit sur des Guêpes et des Polistes. Nous figurons ici ce singulier insecte très-grossi.

Les *Elenchus* ont les antennes grêles, pubescentes, à premier article court, suivi de deux lamelles grêles. Leurs tarses ont deux articles. Ces insectes, de même que les Stylops, vivent sur les Andrenides.

Les *Stylops* ont des antennes membraneuses de six articles; le premier assez grand, le second très-court, le troisième prolongé au côté interne en un lobe allongé, les trois derniers de grandeur moyenne. Leurs tarses sont de quatre articles.

Les *Halictophages* ont des antennes très-courtes, ayant le premier et le deuxième article presque carrés; les suivants munis d'un rameau allongé. Leurs tarses sont de trois articles. Le type du genre, l'*Halictophagus Curtisii,* a été découvert sur une espèce d'Halictus.

ORDRE
DES
DIPTÈRES

ORDRE DES DIPTÈRES

Les insectes qui composent cet ordre — l'un des plus nombreux de la classe — se distinguent facilement par le caractère qu'indique leur nom, c'est-à-dire de n'avoir que deux ailes, les inférieures se trouvant réduites à deux petits appendices vibratiles auxquels on a donné le nom de *balanciers*. Leur bouche consiste en un suçoir composé des mandibules et des mâchoires, qui prennent la forme de lancettes écailleuses; les lèvres viennent former un canal à ce suçoir qui varie d'ailleurs considérablement dans sa forme et sa composition. Les yeux sont très-développés, quelquefois même contigus dans certains mâles; il existe en outre presque toujours des ocelles, parfois au nombre de deux, le plus souvent de trois. Les antennes sont insérées au-dessus de la cavité buccale, et varient beaucoup de forme.

Le thorax, généralement robuste, porte deux ailes diaphanes et membraneuses, d'une étendue moyenne, deux balanciers et deux cuillerons, petits organes en forme de coquille, et situés au-dessous des balanciers. Les pattes sont terminées par des tarses de cinq articles, munis de deux crochets, entre lesquels sont situées deux ou trois pelotes vésiculeuses et membraneuses, dont la disposition est telle, qu'elle permet aux Diptères de se maintenir à la surface des corps les plus polis, comme les glaces, et d'y marcher avec sécurité, même dans une situation renversée. Ces pelotes vésiculeuses s'appliquent exactement sur les corps, et agissent comme des ventouses.

L'abdomen est presque toujours convexe en dessus, concave en dessous; il n'offre le plus souvent que cinq ou six anneaux; le reste, dans les femelles, prend la forme de tuyaux rentrant les uns dans les autres, comme les tubes d'une lunette, et forme une espèce de tarière propre à introduire leurs œufs.

Les larves des Diptères sont molles, sans pattes, mais munies parfois de mamelons qui leur tiennent lieu de pieds; leurs stigmates, au lieu d'être, comme dans celles des autres ordres, répartis tout le long des côtés du corps, sont situés à l'extrémité du corps, qui se prolonge parfois en un long tube (voir la figure en tête de l'ordre). Leurs organes buccaux consistent en deux crochets recourbés, dirigés en bas, au moyen desquels elles hachent les substances dont elles font leur nourriture. Ces larves n'éprouvent pas de mues pendant le cours de leur accroissement; mais une partie d'entre elles changent de peau pour passer à l'état de nymphe.

Les Diptères, avons-nous dit, constituent un des ordres les plus nombreux de la classe des insectes; ils sont encore plus répandus dans le Nord que dans le Midi. Sur les terres les plus rapprochées du pôle, là où l'on ne découvre plus d'insectes des autres ordres, on rencontre encore des Diptères.

Les deux types principaux de cet ordre sont les *Cousins* et les *Mouches*, ou plus scientifiquement les NÉMOCÈRES et les BRACHOCÈRES, qui forment deux sections distinctes.

I. Les Némocères ont les antennes filiformes, généralement plus longues que la tête et le corselet réunis, et composées de plus de six articles. Leur corps est grêle et élancé; leur trompe allongée et saillante; leurs palpes sont de quatre ou cinq articles, et leurs ailes longues. Cette section renferme deux familles, celle des *Culiciens* et celle des *Tipuliens*.

II. Les Brachocères ont généralement les antennes courtes, de trois articles au plus, dont le dernier est renflé et ordinairement muni d'un style sétiforme, qui représente le reste de l'antenne atrophié. Le corps est le plus souvent large, ainsi que les ailes; les palpes sont de un ou deux articles.

FAMILLE DES CULICIENS

La famille des Culiciens tire son nom du mot *Culex*, nom latin du Cousin; elle renferme les insectes diptères qui, comme ce dernier, ont pour caractères : des antennes filiformes de quatorze articles, aussi longues que la tête et le thorax réunis, hérissées de longs poils; une trompe longue, avancée, renfermant un suçoir acéré, composé de cinq pièces; des palpes longues, de cinq articles; des ailes à nervures couvertes d'écailles.

FIG. 335 à 337. — *Culex pipiens.* — *g.* Palpe. — *h.* Antenne.

Les Culiciens ou Cousins ne sont que trop connus de tout le monde; on les trouve répandus sur tous les points du globe, aussi bien dans les contrées glaciales que dans les régions torrides, où ils tourmentent les hommes et les animaux de leurs piqûres.

La famille des Culiciens ne comprend qu'un très-petit nombre de genres, dont le plus important est le genre Cousin (*Culex*), qui donne son nom au groupe entier. Toutes les espèces offrant des mœurs à peu près identiques, nous décrirons avec quelque détail celles du Cousin commun, le plus répandu et le mieux connu de tous.

Le Cousin commun (*Culex pipiens*), que nous représentons ici (fig. 335), est brun, avec deux bandes plus foncées sur le thorax; l'abdomen gris, annelé de brun. Les antennes, très-velues dans le mâle, figurent deux petits panaches (*h*).

On rencontre les Cousins partout, mais surtout dans les lieux humides, marécageux; on les voit souvent, le soir, former au-dessus des eaux de petits nuages, qui montent et descendent en s'entre-croisant, et semblent se livrer, sous les rayons obliques du soleil couchant, à des danses fantastiques.

Les Cousins se tiennent assez généralement tranquilles une partie de la

FIG. 338 à 341. — *Culex pipiens.* — *a.* Ses œufs. -- *b.* Larve. - *c.* Nymphe.

journée; mais vers le soir ils se rassemblent en grand nombre, en faisant entendre un bourdonnement aigu et particulièrement désagréable. Les femelles sont malheureusement très-fécondes; chacune donne naissance à deux cents ou trois cents œufs environ, et il peut y avoir jusqu'à six générations chaque année. Les œufs sont allongés, oblongs, pointus supérieurement, réunis en une masse qui a la forme d'un radeau, et qui vogue à la surface de l'eau sur laquelle les Cousins déposent leurs œufs (*a*). Tous ces œufs sont posés perpendiculairement côte à côte, et l'on se demande comment l'insecte parvient à les faire tenir dans cette position, du moins les premiers, qui doivent nécessairement offrir trop peu de base par rapport à leur hauteur.

Voici comment il s'y prend : Lorsqu'elle veut pondre, la femelle s'accroche au moyen de ses quatre pattes antérieures à quelque feuille ou à quelque petite aspérité au bord de l'eau, de manière à ce que l'extrémité de son abdomen effleure la surface du liquide ; puis, sous l'extrémité de l'abdomen, elle croise ses deux longues jambes postérieures en X, et pond son premier œuf, qui descend soutenu par les jambes, et reste maintenu verticalement ; elle en pond alors un second, qu'elle colle le long du premier, toujours en le maintenant avec ses pattes ; puis un troisième, et ainsi de suite, et ce n'est que lorsqu'elle a pondu son dernier œuf, qu'elle abandonne le petit radeau qui est alors en état de voguer sans risque. Environ quarante-huit heures après la ponte, les larves sortent par le bout inférieur de l'œuf, de sorte qu'elles naissent dans l'eau où elles doivent vivre jusqu'au moment de leur transformation en insecte parfait. Mais c'est là le moment difficile de leur existence ; car cet insecte, qui vivait dans l'eau et qui aurait péri même si on l'en eût tenu dehors pendant un temps assez court, va passer à un état où il n'a rien tant à craindre que l'eau ; s'il y touche il est perdu. Voici comment il se conduit dans cette situation délicate : il se tient étendu à la surface de l'eau, de manière à ce que son corselet gibbeux soit élevé au-dessus. Ensuite il se gonfle de manière à faire craquer sa peau de nymphe, qui se fend dans le dos, comme le ferait un habit trop étroit ; il fait alors paraître sa tête et son corselet, et les élève autant qu'il peut au-dessus des bords de l'ouverture qui leur a permis de paraître au jour. Puis il tire tout doucement la partie postérieure de son corps vers la même ouverture, et se redresse de plus en plus, jusqu'à ce que son enveloppe de nymphe soit devenue vide et comme une espèce de bateau, dans lequel le Cousin se tient dressé haut debout ; car ses ailes, trop molles encore et collées le long de son corps, ne peuvent alors lui être d'aucun usage. Ce bateau d'un nouveau genre se trouve ainsi pesamment chargé, et les bords de son ouverture touchent presque l'eau ; le moindre souffle, la plus petite agitation de l'air peut le faire chavirer, et il faut que le Cousin fasse des prodiges d'équilibre pour se maintenir dans cette position dangereuse. Mais enfin ses ailes achèvent de se déplier et de se sécher, et il prend son vol.

La larve du Cousin (b) a un long abdomen garni de faisceaux de soies, dont elle se sert pour nager avec beaucoup d'agilité. Au moyen des organes ciliés dont sa tête est pourvue, elle détermine un petit tourbillonnement dans l'eau pour amener à sa bouche les matières dont elle se nourrit.

L'avant-dernier segment de l'abdomen porte l'organe respiratoire; celui-ci consiste en un tube qui forme un angle avec ce segment. L'extrémité de ce tube est munie de plusieurs pointes, disposées comme les rayons d'une étoile, dont l'animal se sert pour se maintenir à la surface de l'eau et se mettre en rapport avec l'air atmosphérique; veut-il s'enfoncer, les rayons se rapprochent, empêchent l'air de pénétrer dans l'intérieur du tube, et l'animal descend aussitôt; veut-il remonter, au contraire, il épanouit les rayons, l'air pénètre dans l'intérieur du tube, et la larve s'élève sans peine. Cette larve change plusieurs fois de peau avant de se transformer en nymphe. Pour effectuer ces mues successives, elle vient présenter son dos à l'air et au soleil; bientôt la peau se dessèche, se fend longitudinalement et permet à l'insecte de rejeter sa vieille dépouille. C'est à la dernière mue que le Cousin se métamorphose en nymphe. Celle-ci, dans le repos, prend une forme circulaire en appliquant sa queue au-dessous de sa tête. Quand elle veut nager, elle se débande, et à l'aide des palettes dont est munie l'extrémité de son corps, elle se meut rapidement dans les eaux. Cette nymphe respire au moyen de deux tuyaux placés sur le thorax. Huit à dix jours après cette métamorphose le Cousin devient insecte parfait.

La trompe du Cousin est un instrument d'une délicatesse et d'une perfection admirables. C'est un tube fendu dans sa longueur en deux parties flexibles, terminées chacune par une lèvre ou petit bouton, et renfermant un aiguillon composé de cinq filets écailleux ou petites lames, semblables à des lancettes, les unes dentelées en scie à leur extrémité, les autres seulement tranchantes. Le jeu de toutes ces petites scies acérées perce promptement la peau, et à mesure que ces lancettes s'enfoncent, le fourreau, qui ne pénètre pas avec elles, se replie en formant un coude. Pour une trompe si délicate, le sang est un liquide encore trop grossier, et afin de lui donner plus de fluidité, le Cousin y mêle une certaine liqueur vénéneuse qui détermine dans la piqûre une irritation et une enflure plus ou moins considérables.

Il y a des contrées où ces insectes deviennent un véritable fléau, et leur nombre, quelquefois incalculable, a pu mettre en fuite les habitants. On lit souvent dans les relations de voyages les descriptions des tourments que les Maringouins, les Moustiques font endurer, sous les climats des tropiques, aux voyageurs et aux naturels de ces régions ; car ces insectes y deviennent plus grands, plus multipliés, et leur venin y semble plus caustique que partout ailleurs. On ne peut se reposer ni dormir un instant sans s'entourer de voiles de gaze appelés *moustiquaires*. Les Caraïbes d'Amérique ne se frottaient d'ocre rouge que pour éloigner les Maringouins, et ce n'est que dans ce but que les Hottentots se frottent le corps de bouse de vache et d'autres substances malpropres, bien que l'on ait attribué cette coutume à un goût dépravé, et c'est peut-être à la même cause qu'il faut attribuer l'habitude de fumer le tabac, que les Espagnols trouvèrent établie chez les sauvages de l'Amérique. On pourrait croire que les contrées du Nord, déjà si peu favorisées à d'autres égards, devraient être à l'abri de cette peste ; mais il n'en est rien, et les malheureux Lapons en sont réduits à se frotter le visage et les mains de graisse, et à vivre constamment au milieu de la fumée, pour pouvoir se soustraire à leurs attaques. Linné dit avoir vu des habitants dont les bras et les jambes étaient devenus monstrueux par suite des piqûres réitérées de ces insectes.

Les *Megarhines*, ainsi nommés à cause de la longueur de leur trompe, sont des Cousins d'Amérique. Ce sont ceux désignés par les voyageurs sous les noms de *Moustiques* et de *Maringouins*.

« Mais comment décrire les souffrances que nous causait cette peste ailée, dit le capitaine Bach (*Voyage dans les glaces du pôle arctique*). Ces atroces persécuteurs s'élevaient en nuages et obscurcissaient l'air. Parler et voir était également impossible ; car ils s'élançaient sur chaque point

de notre corps. qui n'était pas défendu, et y enfonçaient en un instant
leurs dards empoisonnés. Nos figures ruisselaient de sang comme si l'on
y eût appliqué des sangsues. La cuisante et irritante douleur que nous
éprouvions, immédiatement suivie d'inflammation et de vertige, nous ren-
dait presque fous. Nos hommes, même les Indiens, se jetaient la face contre
terre en poussant des gémissements semblables à ceux de l'agonie. »

Les Tipuliens ont en général la trompe courte, épaisse, terminée par
deux grandes lèvres ; leurs palpes sont courbées, ordinairement courtes.
Ces insectes ressemblent d'aspect aux Cousins ; mais ils ont la bouche
trop faible pour attaquer l'homme et les animaux, et ne peuvent que
sucer les fluides végétaux.

Cette famille, plus nombreuse que celle
des Culiciens, a été divisée en plusieurs
tribus.

La première, celle des Chironomides,
a pour type le genre *Chironomus,* dont les
espèces ont des antennes plumeuses, grêles,
de treize articles dans les mâles et de six
seulement dans les femelles ; le dernier très-
long. Ces insectes ressemblent beaucoup
aux Cousins. Le *Chironomus plumosus,* très-commun dans toute l'Europe, est d'un gris verdâtre annelé de noir.

FIG. 312. — *Tipula oleracea* (voy. page 308).

La tribu des Tipulides comprend plusieurs genres, dont le plus
important est celui des Tipules proprement dites. Ces insectes ressemblent à de grands Cousins ; mais leur corps est encore plus allongé, et
leurs pattes d'une longueur et d'une ténuité extrêmes, ce qui leur a valu
le nom anglais de *Daddy long legs.* Ils ont pour caractères principaux
une trompe courte et épaisse ; des antennes filiformes de treize articles.
Ils vivent dans les endroits humides, déposent leurs œufs dans la terre au
moyen de leur tarière, et les larves vivent sur les racines de certaines
plantes auxquelles elles causent ainsi parfois beaucoup de tort. Il en est
cependant dont les larves vivent dans l'eau. Telles sont celles du *Chiro-
nome plumeux,* connues sous le nom de *vers de vase,* et fort recherchées

des pêcheurs à la ligne ; on les récolte en abondance dans le sable qu'on retire de la Seine, surtout près d'Asnières. Cette larve ressemble à un ver délié, d'un beau rouge de sang.

L'une des espèces les plus communes et les plus nuisibles est la Tipule

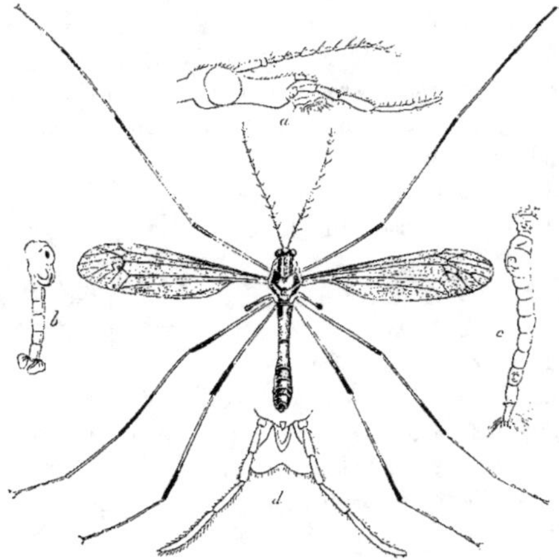

Fig. 343 à 347. — *Tipula longicornis.* — *a.* Tête grossie. — *b.* Nymphe. — *c.* Larve. — *d.* Bouche et palpes
(voy. page 309).

potagère (*Tipula oleracea*, [fig. 342, voy. p. 3o7]. Elle est d'une couleur tannée, avec des raies obscures ; les ailes sont enfumées, avec les nervures d'un ocre brun ; les balanciers longs, grêles et en massue ; les pattes très-longues, d'un jaune d'ocre brillant. Cette espèce doit son nom aux ravages qu'elle cause dans les jardins potagers.

La femelle pond ses œufs en volant, ou reposée sur l'herbe, et les lance à distance comme par un fusil à vent. Ces œufs ressemblent à de petites graines ovales, d'un noir brillant ; l'abdomen de la femelle en

renferme souvent plus de 3oo. Les larves qui en sortent croissent jusqu'à
ce qu'elles aient atteint la grosseur d'une petite plume d'oie; elles sont
cylindriques, longues de 25 millimètres, d'une couleur terreuse, et revêtues
d'une peau tellement dure, qu'en Angleterre on les nomme *jaquettes de
cuir*. Ces larves restent cachées pendant le jour et rongent les racines
des fèves, des laitues, des choux, des pommes de terre, etc.; elles sortent
la nuit pour changer de lieu lorsque la nourriture leur manque ou qu'elles
veulent se transformer en nymphe. Celle-ci est épineuse, et montre sous
la peau le relief des ailes et des pattes.

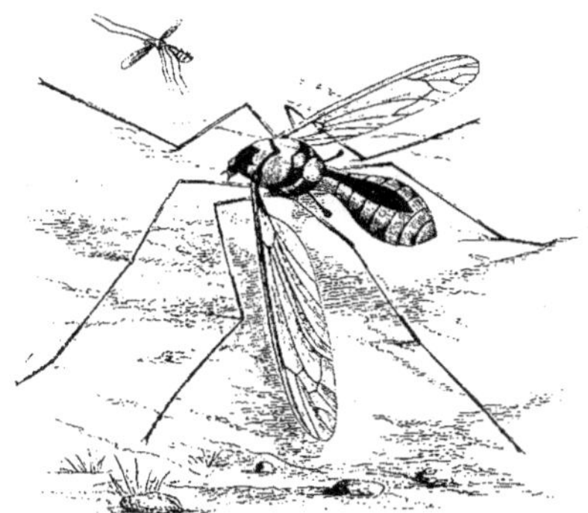

FIG. 348. — *Pachyrhina imperator* (voy. page 310).

Une autre espèce, très-voisine de la précédente, le *Tipula maculosa*,
détruit les pois, les fraisiers, les carottes et les laitues.

La Tipule à longues cornes (*Tipula longicornis*), que nous représentons
ici (fig. 343 à 347, voy. p. 3o8) ainsi que sa larve (*c*), sa nymphe (*b*) et
les détails de son organisation (*a—d*), a la couleur générale du corps
d'un jaune d'ocre; le thorax est noir, revêtu d'un duvet gris verdâtre.
La larve de cette espèce vit à la racine du gazon, et le détruit rapidement
lorsqu'elle est abondante.

La plus grande et la plus belle espèce du groupe est le *Pachyrhina imperator* de l'Australie, que nous représentons d'autre part (fig. 348, voy. p. 309); elle est jaune, tachetée de noir, et ses immenses pattes sont de la couleur du corps.

Les Mycétophilides ont des antennes filiformes ordinairement de seize articles, et la tête pourvue de trois ocelles. Ces Tipules vivent en général dans les champignons durant leurs premiers états. Quelques-unes y vivent en société et se forment un léger tissu soyeux pour se métamorphoser en nymphes. Tels sont les genres *Boletophila, Mycetophila, Mycetobia* et *Sciara*. Ces derniers vivent sur les truffes.

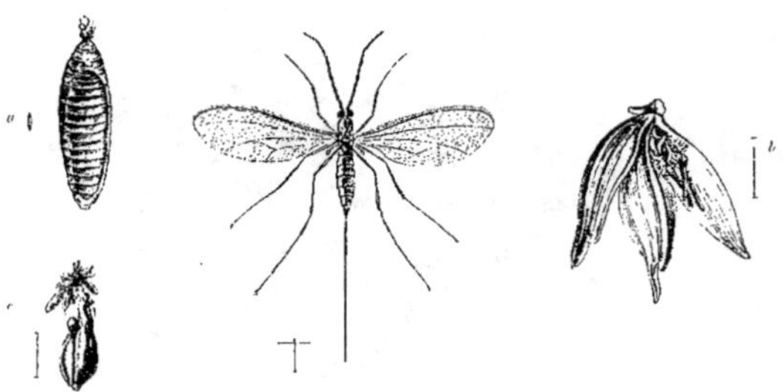

FIG. 349 à 352. — *Cecidomyia tritici.* — *a.* Sa chrysalide. — *b. c.* Grains de blé attaqués par la Cécidomye.

Les Cécidomyides ont les antennes garnies de poils verticillés; la tête sphérique; la trompe peu saillante. Ce sont des Tipuliens de fort petite taille, vivant le plus souvent à leur état de larve, comme les Cynipsiens, dans les excroissances que détermine la piqûre de leur tarière sur certaines plantes.

La Cécidomye du froment (*Cecidomyia tritici*) [fig. 349 à 352] cause parfois de grands ravages dans nos blés. On voit souvent le soir, en juin et juillet, voler au-dessus des blés des myriades de Moucherons, rassemblés en petits nuages comme les essaims de Cousins. Ce sont des Cécidomyes, qui s'abattent sur les épis pour y pondre leurs œufs. Ces insectes sont jaunes et ont l'apparence svelte et grêle de nos Cousins; leur corps se termine par une longue tarière, aussi fine qu'un fil de ver à soie, au moyen de laquelle ils déposent leurs œufs entre les glumes des épillets, avant la floraison. Au bout de quelques jours les larves sortent des œufs; elles sont d'un jaune vif, et vivent au nombre de six à dix et plus dans le même grain, qu'elles rongent. Le grain avorte tout à fait, ou reste contourné et amaigri. Lorsqu'elles sont complétement développées, elles se réfugient au pied des chaumes et y restent engourdies pendant l'hiver. Elles se transforment en nymphes au printemps, et l'insecte parfait prend son essor au mois de juin.

Dans certaines années où les Cécidomyes sont très-abondantes, elles causent des dégâts considérables. Le moyen de les détruire est de retourner les chaumes aussitôt après la moisson et de les brûler, ou d'y répandre des tourteaux de colza ou de navette, qui développent une essence insecticide. Fort heureusement d'ailleurs, des parasites hyménoptères de la famille des Proctotrupiens diminuent considérablement leur nombre en pondant leurs œufs sur les larves des Cécidomyes, qui sont dévorées par celles de ces petits Hyménoptères.

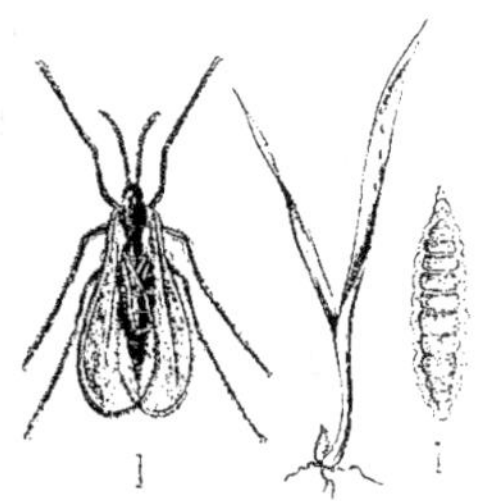

FIG. 353 à 355. — *Cecidomyia destructor* et sa nymphe. — Tige de blé avortée.

La Cécidomye destructrice (*Cecidomyia destructor*) [fig. 353] ravage les blés en Amérique. On lui donne le nom de *Mouche de Hesse*, parce qu'on pense qu'elle fut importée avec les grains destinés à nourrir les troupes mercenaires de Hesse dans la guerre de l'Indépendance.

D'autres espèces de Cécidomyes percent de leur tarière les bourgeons des feuilles ou des fleurs, et y introduisent leurs œufs; la blessure fait gonfler le bourgeon, le déforme, et les larves y trouvent l'abri et la nourriture.

Une espèce assez répandue en France et en Allemagne, le *Cecidomyia saliciperda*, dépose ses œufs dans l'écorce des saules et y détermine un gonflement, une sorte de déformation spongieuse (fig. 356 et 357).

La tribu des Bibionides comprend des Tipuliens à antennes plus courtes que la tête et le thorax réunis ; les yeux sont contigus dans les mâles.

Les Bibions proprement dits (*Bibio*) ont des antennes courtes, cylindriques, de neuf articles ; des palpes filiformes de quatre ou cinq articles distincts. Les sexes offrent dans ce genre de grandes différences. Ainsi la tête des mâles est très-large et arrondie, vu la grande étendue des yeux, et leur corselet est presque cylindrique ; la tête des femelles est au contraire presque carrée, allongée, méplate ; leur corselet est très-élevé et paraît comme bossu ; l'abdomen est en outre plus renflé.

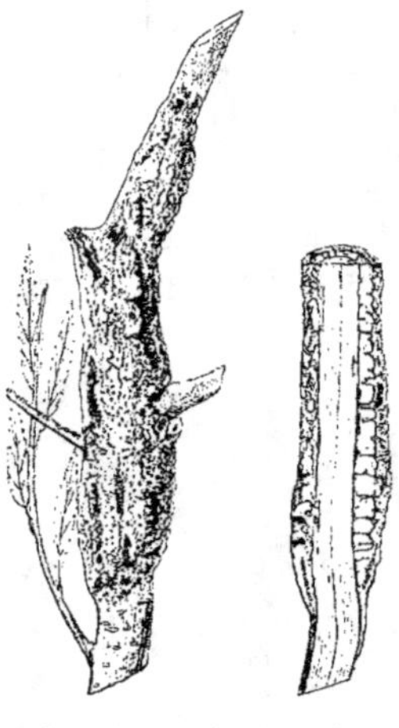

FIG. 356 et 357. — Tige de saule attaquée par le *Cecidomyia saliciperda* (voy. page 311).

Ces insectes paraissent quelquefois au printemps en nombre considérable. Il y a quelques années, les routes et les campagnes des environs de Paris en étaient couvertes au point qu'on ne pouvait faire un pas sans les écraser par centaines. On les appelle vulgairement *Mouches de Saint-Marc*.

Les femelles pondent leurs œufs en terre ; les larves qui en sortent sont d'un blanc sale, privées de pieds et garnies de poils raides dirigés en arrière. Dès qu'elles sont écloses, elles recherchent les bouses de vache, où elles vivent. Elles se métamorphosent en nymphe vers la fin de l'hiver, et en insecte ailé environ quarante jours après.

FIG. 358 et 359. — *Bibio hortulanus.*

Le Bibion de Saint-Marc (*Bibio Marci*), long de 10 à 12 millimètres, est entièrement noir et velu.

Le Bibion des jardins (*Bibio hortulanus*) [fig. 358] est un peu plus petit. Le mâle est noir, avec un point noir à l'extrémité de l'aile ; la femelle est d'un rouge de sang. Ils sont également très-communs au printemps.

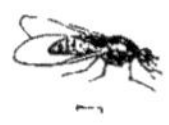

Les *Simulies* ont les antennes cylindriques, de onze articles ; les palpes de quatre articles, grêles. Leur corps est assez court, leur tête globuleuse, leurs yeux grands, espacés

Fig. 360.
Simulium ornatum.

dans les femelles et contigus dans les mâles ; point d'ocelles ; leur trompe est courte, aiguë, perpendiculaire. Ces insectes piquent fortement et sucent le sang des animaux.

La Simulie ornée (*Simulium ornatum*) [fig. 360] est longue de 5 millimètres, noire, tachetée de blanc. On la trouve en France et en Allemagne.

Fig. 361. — Larve de *Simulium reptans.*

La Simulie rampante (*Simulium reptans*), plus commune dans notre pays, est brune. Sa larve (fig. 361) a un aspect fort singulier.

FAMILLE DES ASILIENS

La famille des Asiliens ouvre la section des Brachocères ou Diptères à antennes courtes; celles-ci n'ont jamais plus de trois articles. Les Asiliens offrent pour caractères généraux : un corps élancé; une trompe longue et grêle, terminée par deux très-petites lèvres; des antennes à dernier article simple.

Cette famille renferme des insectes d'assez grande taille, agiles et vigoureux. Ils volent au grand soleil et font entendre un fort bourdonnement. Très-rapaces pour la plupart, ils se jettent sur d'autres insectes qu'ils dévorent avec voracité. Leurs larves vivent en général dans la terre, sur les racines des plantes; elles sont apodes, allongées, déprimées, avec la tête écailleuse.

On divise les Asiliens en plusieurs tribus. La première, celle des MIDASIDES, renferme les plus grands Diptères connus. Leur corps est robuste, allongé; leur trompe est courte, à lèvres terminales triangulaires; leurs ailes ont toutes leurs cellules fermées.

Le genre *Mydas* est propre à l'Amérique. Le *Mydas giganteus*, du Brésil, que nous figurons à la planche XXI, est noir, à reflets bleuâtres; les ailes, brunes à la base, deviennent transparentes à l'extrémité.

La tribu des ASILIDES comprend plusieurs genres dont les espèces ont le corps élancé, la trompe courte, dirigée en avant; leurs ailes ont une cellule marginale fermée.

Le *Phellus glaucus* d'Australie, figuré dans notre planche XXI, est un bel insecte, encore fort rare dans les collections. Il a le thorax noir, frangé de poils jaunes; l'abdomen est d'un bleu foncé brillant; les deux premiers segments sont aussi couverts de longs poils jaunes. Les jambes sont noires, couvertes de poils de la même couleur. Les ailes, d'un brun foncé à la base, sont grises dans le reste, traversées de veines blanches.

Dans le genre *Dasypogon* les antennes ont les deux premiers articles courts, le troisième long, muni d'un style de deux articles. On en connaît plusieurs espèces dans le midi de l'Europe. L'une des espèces les plus remarquables est le *Dasypogon spectrum* de la Chine (fig. 362). Comme on le voit, c'est un être formidable qui règne en despote sur les autres insectes. Il est noir, tacheté de jaune et couvert d'un épais duvet d'un jaune doré; les ailes sont d'un jaune pâle.

FIG. 362. — *Dasypogon spectrum.*

Le genre *Asilus*, qui donne son nom à la famille, renferme un très-grand nombre d'espèces, souvent de grande taille. Ce sont des Diptères voraces et hardis, qui se jettent sur des chenilles et d'autres insectes, qu'ils sucent promptement. Le type du genre est l'*Asilus crabroniformis,* figuré dans notre planche XXII. Il a la tête et le corselet jaunes, l'abdomen ayant les trois premiers segments noirs et les autres jaunes. Cet insecte, commun dans toute l'Europe, serait facilement pris à quelque distance pour un Frélon, et il a les habitudes voraces de ce dernier.

L'*Asilus germanicus* (Pl. XXII) se rencontre dans les forêts sur les troncs des arbres ou sur les bois coupés ; il est beaucoup plus rare que le précédent.

L'*Asilus coriarius* de la Nouvelle-Hollande (fig. 363) est d'un brun de tan ; le corselet est entouré de poils blancs ; l'abdomen est plus clair, tacheté de noir à sa base et garni sur les côtés de touffes de poils de la même couleur ; les ailes sont lavées de brun pâle.

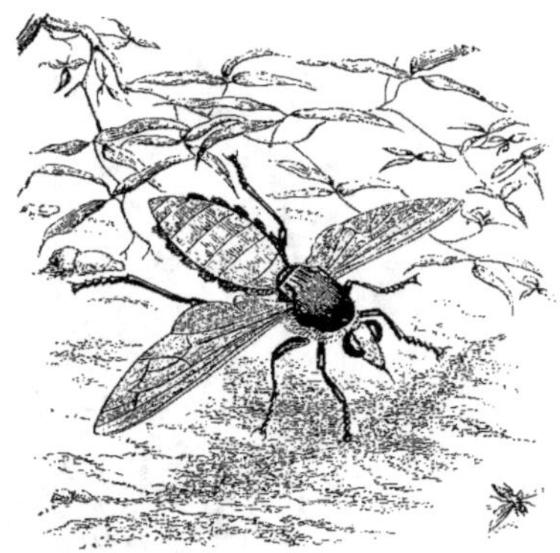

Fig. 363. — *Asilus coriarius.*

Les *Mallophores* d'Amérique sont velus et rappellent par leurs couleurs les Bourdons.

Les *Empis* ont la tête très-petite, globuleuse, la trompe perpendiculaire, trois fois plus longue que la tête ; le tronc plus épais que large ; les tarses plus longs que les tibias. Ces insectes ont à peu près la figure et les mœurs des Asiles. On trouve assez communément aux environs de Paris l'Empis damier (*Empis tessellata*), long de 14 millimètres, noirâtre, avec un duvet gris jaunâtre, et trois bandes plus noires sur le corselet ; les ailes sont enfumées, jaunâtres à la base.

La tribu des ANTHRACIDES renferme des Diptères vivant du suc des fleurs. Ils ont une trompe longue et grêle qui leur permet de pomper dans le calice des fleurs tout en volant. Leur corps est court et large; leurs ailes écartées, rabattues sur les côtés du corps.

Dans le genre *Bombylius*, la tête est presque entièrement occupée par les yeux; la trompe est très-fine et fort longue, portée horizontalement; l'abdomen est court; les pattes allongées et très-grêles. Le *Bombylius major* (fig. 364) est court et ramassé, tout couvert de poils très-fins et jaunâtres, ce qui lui donne un peu l'aspect d'un petit Bourdon; la base et le bord antérieur des ailes sont fortement enfumés. On le trouve assez fréquemment aux environs de Paris.

Fig. 364. — *Bombylius major.*

Les *Anthrax* ont le corps oblong, velu; la trompe beaucoup plus courte que chez les Bombyles; leurs ailes sont presque deux fois aussi longues que le corps. Ces insectes volent rapidement en planant longtemps à la même place avant de se fixer; ils se posent souvent à terre en plein soleil.

L'Anthrax noir (*Anthrax morio*), long de 10 millimètres, est noir, avec des poils fauves à la partie antérieure du corselet et des deux côtés de la base de l'abdomen. Les ailes sont noires de la base à la moitié de leur longueur, et transparentes jusqu'à l'extrémité. Cette espèce est commune aux environs de Paris.

On trouve encore en France l'*Anthrax varia*, au corselet couvert de poils fauves, à l'abdomen tacheté de blanc, et l'*Anthrax flava*, noir, couvert de duvet jaunâtre, à ailes transparentes.

FAMILLE DES TABANIENS

Les insectes diptères qui composent la famille des Tabaniens sont de taille supérieure ou moyenne; leur corps est vigoureux, leurs ailes mues par des muscles puissants. Ils offrent pour caractères généraux : corps large, tête déprimée, trompe saillante à lèvres terminales allongées ; palpes relevées dans les mâles, couchées sur la trompe dans les femelles ; troisième article des antennes de quatre à huit divisions ; point de style. Ailes grandes, écartées et pourvues d'un plus grand nombre de nervures que dans la plupart des autres groupes ; pieds robustes et tarses garnis de trois pelotes qui leur permettent de s'attacher à la surface des corps.

Ces insectes sont en général très-avides du sang des animaux, au moins les femelles, qui percent avec une grande facilité la peau de leurs victimes. Les Tabaniens fréquentent de préférence les bois et les pâturages; c'est aux heures les plus chaudes des jours d'été qu'ils se rendent surtout redoutables. Leur vol est rapide et accompagné d'un fort bourdonnement. Leurs larves sont cylindriques, nues, apodes; leur tête est armée de deux crochets écailleux recourbés en dessous. Un certain nombre d'entre elles se transforment dans le sol.

Cette famille renferme plusieurs types ou tribus distinctes. La première, celle des TABANIDES, offre pour caractères : des antennes presque aussi courtes que la tête ; une trompe acérée; un corps robuste.

Les Taons proprement dits (*Tabanus*) ont le corps épais et large; la trompe inclinée ; pas d'ocelles; les antennes à dernier article dilaté à la base et ensuite échancré, de cinq divisions. L'espèce la plus répandue du genre est le Taon des bœufs (*Tabanus bovinus*) [fig. 365, voy. p. 319, et Pl. XXIV]. Il est brun, avec les segments de l'abdomen bordés de gris, et une tache triangulaire grisâtre au milieu; les nervures des ailes sont d'un brun roussâtre.

Le Taon des bœufs et des chevaux n'est que trop connu des cultivateurs, à cause des tourments qu'il fait endurer aux animaux qu'il harcèle sans cesse et dont il perce la peau pour sucer le sang. Cette espèce et quelques autres sont répandues dans le monde entier. Leur avidité pour le sang est extrême, et leur seul bourdonnement frappe de terreur les animaux qui connaissent leur piqûre douloureuse. Le lion des déserts de la zone torride et le renne des régions glaciales sont leurs victimes aussi bien que nos bœufs et nos chevaux. Leur trompe acérée perce le cuir le plus épais, et le sang coule à l'instant. Cependant les femelles seules

FIG. 365. — *Tabanus bovinus* (voy. page 318).

offrent ces mœurs sanguinaires ; car les mâles vivent du suc des fleurs et sur les troncs d'arbres. On les voit voler en été rapidement, puis rester quelque temps suspendus à une même place, pour reprendre par un mouvement brusque leur vol en ligne droite et prompt comme la flèche. La femelle confie ses œufs à la terre, et la larve y éclôt ; c'est un ver court, cylindrique, privé de pattes ; son corps, d'un blanc jaunâtre, est composé de douze anneaux, et sa tête porte en devant deux crochets écailleux, robustes, recourbés en dessous, avec lesquels elle creuse la terre. Son mode de nourriture est inconnu. L'insecte subit sous terre toutes ses transformations.

Le genre *Pangonia*, très-voisin des Tabanus, s'en distingue par la longueur de la trompe et par le dernier article des antennes, offrant huit divisions annulaires. Notre planche XXI représente le *Pangonia longirostris,* originaire de l'Inde. Sa trompe est trois ou quatre fois aussi longue que le corps.

Une autre espèce d'Amboyne, et qui porte en conséquence le nom de *Pangonia amboynensis,* est d'un brun foncé et recouverte d'un épais duvet

FIG. 366. — *Pangonia amboynensis.*

jaune, avec une bande noire à la base de l'abdomen. Nous la représentons ici, figure 366.

La tribu des CHRYSOPSITES a le corps grêle et les antennes plus longues que la tête. Les espèces de ce groupe, à cela près, ressemblent aux Tabanites. Les *Chrysops* proprement dits se font remarquer par la couleur dorée de leurs yeux. Ils ont les mœurs des Taons et attaquent les chevaux avec acharnement. L'homme lui-même, lorsqu'il traverse certains bois humides où ces insectes sont nombreux, s'aperçoit bientôt à ses dépens de leur présence. L'espèce la plus commune dans notre pays, le *Chrysops cæcutiens* ou Chrysops aveuglant, est long de 10 millimètres;

il a les yeux dorés, avec des taches pourpres lorsqu'il est vivant ; son corps est noir, avec la base de l'abdomen fauve ; les ailes, presque entièrement noires dans les mâles, sont enfumées seulement à la base, avec une large bande chez les femelles.

Le genre *Hæmatopoda*, également voisin des Taons, a pour caractères : le premier article des antennes épais et velu, presque aussi long que le troisième ; celui-ci offrant quatre divisions seulement ; point d'ocelles.

Ces insectes se repaissent du sang des animaux comme les précédents. L'espèce la plus commune dans notre pays est l'*Hæmatopoda pluvialis*, long de 10 à 12 millimètres, grisâtre, avec le dessous du corps et la face

Fig. 367. — *Acanthomera Heydenii.*

plus clairs ; sur le dos sont quatre lignes longitudinales blanchâtres, et les segments abdominaux sont bordés de la même couleur ; les ailes sont grisâtres, avec beaucoup de lignes et de taches blanches oculées de noir.

C'est à ce groupe qu'appartient le genre *Acanthomera*. Ces insectes américains figurent parmi les plus grands de l'ordre, comme on peut le voir ici (fig. 367). C'est l'*Acanthomera Heydenii* du Brésil. Tout son corps est brun, mais le thorax est revêtu d'un duvet gris argenté, rayé de noir et de brun ; les ailes sont jaunâtres et brunes.

Une autre espèce de ce genre, l'*Acanthomera magnifica* de l'Amérique du Sud, est représentée dans notre planche XXI. Son abdomen est d'une riche couleur noisette, et son thorax d'un gris argenté, rayé de brun foncé; les ailes sont d'un jaune très-pâle, glacées de brun.

Les Xylophagides ont les antennes longues, sans style; le corps allongé, l'abdomen étroit. Ce sont des insectes de petite taille qui fréquentent surtout les bois humides. Le *Xylophaga varia* se rencontre fréquemment posé sur les troncs d'arbre; sa larve vit dans le bois.

Les Stratiomydes ont le corps aplati, assez large; les antennes terminées par un style ou une soie; les palpes insérées sur la base de la trompe; celle-ci courte, charnue, grosse, et cachée au repos dans la cavité buccale; les nervures des ailes peu distinctes, parfois n'atteignant pas l'extrémité.

Les *Stratiomys* proprement dits vivent sur les fleurs et se nourrissent du suc des nectaires. Leur corps est très-velu dans les mâles, beaucoup moins dans les femelles; leurs ailes sont longues, lancéolées, les cuillerons petits. Les larves ont le corps long, aplati, revêtu d'une peau coriace divisée en anneaux, dont les trois derniers, plus longs et moins gros, forment une queue terminée par un bouquet de poils plumeux qui partent de l'extrémité du dernier anneau comme des rayons (fig. 368). Au milieu de cette étoile de poils est l'ouverture qui donne passage à l'air nécessaire à leur respiration; car ces larves vivent dans l'eau.

Fig. 368. — Larve de *Stratiomys*.

L'espèce la plus connue est le *Stratiomys chamæleon* que nous figurons ici (fig. 369). Il est noir, à thorax couvert de poils jaunes; le ventre est jaune, avec les deuxième, troisième et quatrième segments à bande noire; les ailes sont bleuâtres. On trouve cette espèce en mai sur les fleurs de l'aubépine, et pendant l'été sur les plantes aquatiques où les femelles déposent leurs œufs.

Fig. 369.
Stratiomys chamæleon.

Une autre espèce, le *Stratiomys furcata*, est représentée dans notre planche XXII, ainsi que son antenne (*b*), montrant l'article basilaire beaucoup plus long que le suivant, et le troisième offrant cinq divisions. Elle est d'un noir velouté tacheté de jaune.

Toutes les larves des genres de Stratiomydes ne vivent pas dans l'eau; celles des *Sargus* habitent les bouses de vache, et celles des *Ephippium* dans le détritus des vieux troncs d'arbre.

FAMILLE DES SYRPHIENS

Les Diptères de la famille des Syrphiens ont en général le corps déprimé ou conique; la trompe courte, membraneuse, à lèvres terminales épaisses; les antennes à troisième article aplati, plus ou moins large, avec un style dorsal. Leurs larves se transforment en nymphes sous leur propre peau; la coque est en forme d'œuf ou de barillet.

Ces insectes vivent en général sur les fleurs; ils ont un vol rapide, souvent stationnaire, et font entendre un bourdonnement assez fort. Quelques-unes de leurs larves se nourrissent de substances végétales; mais il en est qui vivent aux dépens d'autres insectes.

La famille des Syrphiens se divise en trois tribus : les *Chrysotoxides*, dont les antennes sont plus longues que la tête; les *Volucellides* et les *Syrphides*, dont les antennes sont plus courtes que la tête.

La première, celle des CHRYSOTOXIDES, est fort peu étendue et n'offre pas grand intérêt. Le type du groupe est le *Chrysotoxum bicinctum*, assez répandu en France. Il est noir, tacheté et rayé de jaune.

Les VOLUCELLIDES ont les antennes plus courtes que la tête, le corps large; les ailes à cellule sous-marginale pédiculée.

Les *Volucelles* proprement dites ont les antennes à troisième article oblong, avec le style cilié, surtout dans les femelles.

Les Volucelles, qui ont coutume de s'introduire dans les nids des Bourdons pour y déposer leurs œufs, ont les formes générales et les couleurs des Bourdons, comme si la nature eût voulu les revêtir d'un déguisement qui favorisât leurs déprédations; elles pénètrent donc dans les nids de ces derniers, en bravant l'aiguillon des nombreux individus qui les habitent. Leurs larves causent de grands ravages dans ces nids; car elles ne se contentent pas, comme celles des Psithyres, de manger les provisions mises en réserve pour les larves des Bourdons, mais elles dévorent ces larves elles-mêmes. Le type du genre est le *Volucella bombylans*, assez commun dans notre pays. Il est long de 15 millimètres; à corps noir, velu, avec le front et l'écusson jaunâtres; la partie postérieure de l'abdomen est pourvue de poils fauves.

Dans notre planche XXII est représenté le *Volucella pellucens*, dont les téguments sont transparents comme s'ils étaient d'une corne mince. En *a* est figuré son écusson, en *d* le devant de la tête presque entièrement occupé par les yeux, en *c* les ocelles.

Sur la même planche XXII est figuré le *Volucella plumata*, qui doit son nom à ses antennes, dont le style est fortement plumeux, comme on le voit en *b*.

Les *Eristalis* ont les antennes insérées sur une saillie frontale; leur troisième article est presque orbiculaire, un peu plus large que long (Pl. XXII, *c*). Ces insectes vivent à l'état de larves dans les eaux stagnantes ou même croupissantes; leur corps est terminé par une longue queue ou tube respiratoire qu'ils peuvent allonger considérablement, de manière à en tenir l'extrémité à la surface de l'eau. Cette particularité les a fait nommer *larves à queue de rat*, et plus vulgairement *vers à queue*. On voit ces larves et la Mouche qui les produit dans la gravure placée comme frontispice en tête de l'ordre (p. 299).

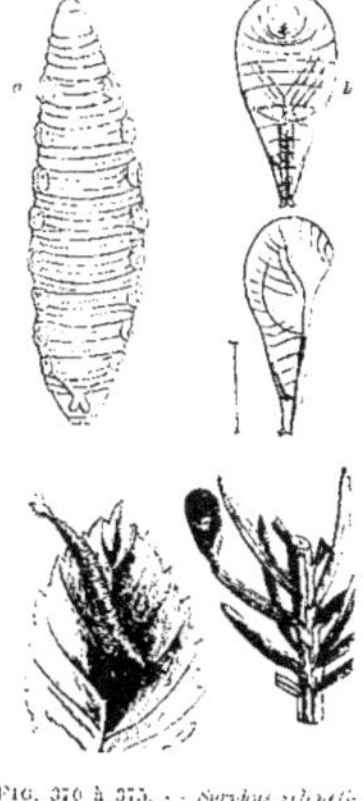

Fig. 370 à 373. — *Syrphus selenaticus.* — *a.* Larve. — *b.* Nymphe (voy. page 326).

L'*Eristalis tenax*, figuré dans notre planche XXII, ressemble beaucoup à une Abeille; il est d'un brun noirâtre tacheté de jaune. Cet insecte plane souvent pendant un temps considérable à la même place, et quand il en est chassé, il y revient de suite; c'est ce qui lui a valu le nom qu'il porte.

Les *Merodons* diffèrent des précédents par le style de l'antenne biarticulé et par leurs cuisses épaisses, dentelées en dessous. Dans notre planche XXII est figuré le type du genre, le *Merodon clavipes*.

La tribu des Syrphides comprend des Diptères à corps étroit; à antennes plus courtes que la tête; à ailes ayant la cellule sous-marginale droite. Elle est divisée en plusieurs genres, dont le plus important est celui des *Syrphes* proprement dits. Ce sont des Diptères de formes allongées, assez élégantes, ornés de taches et de bandes jaunes. Leurs larves sont très-carnassières et dévorent les Pucerons, les chenilles et d'autres insectes. Ces larves ont la figure d'un cône allongé, garni sur les côtés de mamelons (fig. 370, *a*, voy. p. 325). Lorsqu'elles doivent passer à l'état de nymphes, elles se fixent sur

Fig. 376 et 377.
Syrphus pyrastri et sa larve.

des feuilles au moyen d'une liqueur visqueuse; leur corps se raccourcit, et son extrémité antérieure, auparavant plus mince, est maintenant plus grosse (*b*); on distingue sous l'enveloppe les ailes et les pattes. L'espèce dont nous donnons ici la figure, ainsi que celles grossies de la larve et de la nymphe, est le *Syrphus seleneticus*.

Dans notre planche XXII est figuré le Syrphe des bois (*Syrphus lucorum*) et en *e* son antenne. C'est un joli insecte noir, tacheté de jaune. Sa larve est des plus voraces et dévore des quantités de Pucerons.

Fig. 378.
Eumerus lunulatus.

Le *Syrphus pyrastri*, représenté dans notre planche XXIII et dans la figure 376, est également un fort joli insecte. Sa larve détruit par milliers les Pucerons.

Les *Eumerus* ont le troisième article des antennes orbiculaire, avec un style assez long. Le type du genre est l'*Eumerus lunulatus* (fig. 378), noir, tacheté de jaune. Sa larve vit dans le bois en décomposition.

FAMILLE DES DOLICHOPODIENS

Cette famille renferme de petits Diptères que leur forme extérieure semblerait rapprocher des Asiliens, mais leurs caractères les en éloignent manifestement. Ils sont surtout remarquables par la longueur des pieds, d'où dérive leur nom, et par la conformation des lèvres terminales de la trompe qui, se divisant dans toute leur convexité, peuvent librement se dilater et s'ouvrir. La plupart de ces insectes se distinguent en outre par l'éclat souvent métallique de leurs couleurs, où le vert domine avec des reflets d'or, d'azur ou de pourpre.

Les Dolichopodiens vivent sur les végétaux et particulièrement sur le feuillage, où on les rencontre souvent par myriades. Ils déposent leurs œufs dans la terre, et en général leurs larves y vivent et y subissent leurs transformations.

La famille des Dolichopodiens se divise en trois tribus, fondées sur la forme de la trompe et des antennes : ce sont les *Dolichopodides*, les *Leptides*, les *Thérévides*.

La tribu des Dolichopodides se distingue par une trompe saillante et des palpes membraneuses recouvrant sa base.

Le genre *Dolichopus*, qui donne son nom à la famille entière, se distingue par sa trompe très-courte et ses antennes à troisième article cordiforme, muni d'un style dorsal long et pubescent. Le type du genre, le *Dolichopus ærosus*, est d'un vert foncé à reflets bronzés ; les ailes sont enfumées et les pattes ferrugineuses.

C'est dans la tribu des Leptides que nous trouvons les espèces les plus remarquables. Ces insectes se distinguent généralement par leur trompe saillante, terminée par deux grandes lèvres ; par leurs antennes à deuxième article conique, le troisième court, terminé par le style ; par les trois pelotes de leurs tarses. Les femelles des Leptis déposent leurs œufs dans la terre ou dans la mousse.

Une espèce du genre *Leptis* partage avec le Fourmi-lion de l'ordre des Névroptères (voy. p. 86) le curieux instinct de la chasse à l'affût au fond d'un entonnoir de sable. Aussi nomme-t-on l'insecte *Ver-lion* ou *Vermi-lion*, d'après les mœurs de sa larve. Cette curieuse larve fut découverte d'abord et étudiée par Réaumur, puis par De Geer. On la trouve en France dans le Lyonnais, la Provence, l'Auvergne; mais elle n'a jamais été trouvée aux environs de Paris, où l'on rencontre, au contraire, le Fourmi-lion en abondance. Comme ce dernier, elle se tient au pied des vieux murs ou des talus sablonneux abrités de la pluie.

Le corps de la larve est d'un gris sale, un peu jaunâtre, augmentant de grosseur de la tête à l'extrémité. La tête est effilée comme celle des asticots, et armée de deux mandibules en forme de dards, qu'elle enfonce dans le corps de ses victimes. Le dernier anneau, plus long que les autres et terminé par quatre appendices charnus, se recourbe en dessous comme un crampon qui fixe la larve au sable de l'entonnoir pendant que sa proie se débat. Bien qu'elle n'ait pas de pattes, cette larve est très-agile; elle s'enfonce comme un éclair dans le sable, dès qu'on touche à son entonnoir, et s'élance du fond sur la proie qui y tombe, en l'enlaçant comme un petit serpent.

Le Vermi-lion ne creuse pas son entonnoir par les mêmes procédés que le Fourmi-lion; il s'enfonce dans le sable, la tête en bas, et, par la rotation de son corps, rejette le sable dans tous les sens, et finit ainsi par former un cône plus profond et moins évasé que celui du Fourmi-lion. La larve paraît vivre plusieurs années. Elle se transforme en nymphe sans faire de coque, entourée de grains de sable collés après sa peau.

L'insecte parfait a l'apparence d'une Tipule; il est long de 10 à 12 millimètres, jaune, tacheté de noir; ses ailes sont transparentes, légèrement enfumées.

On trouve aux environs de Paris une autre espèce, le *Leptis strigosa*, plus grande et plus vigoureuse que la précédente, qui fréquente nos bois en mai et juin; elle est jaune, tachetée de brun; ses ailes sont maculées de gris jaunâtre. Ces insectes se rencontrent fréquemment posés immobiles en plein soleil sur les troncs d'arbre, et toujours la tête en bas. La larve ne fait pas d'entonnoir comme celle du Vermi-lion.

Les Thérévites sont de très-petits Diptères que l'on rencontre souvent par troupes innombrables. Leurs larves molles et sans pieds, plus ou moins allongées, vivent dans la terre et dans le bois pourri.

FAMILLE DES MUSCIENS

La famille des Musciens ou des Mouches est la plus nombreuse de tout l'ordre des Diptères. On compte les espèces par milliers ; mais beaucoup de ces insectes, très-petits, sont difficiles à récolter et encore plus à conserver. Macquart expose ainsi le rôle harmonique que joue dans la nature l'ordre innombrable des Diptères :

« Voyez ces myriades de Muscides répandues sur toutes les parties du globe, tourbillonnant autour de tous les végétaux, de tous les êtres animés, et même particulièrement de tout ce qui a cessé de vivre ; la profusion avec laquelle ils sont jetés sur la terre leur fait remplir deux destinations importantes dans l'économie générale : ils servent de subsistance à un grand nombre d'animaux supérieurs ; l'hirondelle les happe en rasant l'eau ; le rossignol les saisit de son bec effilé pour les porter à ses nourrissons ; ils sont pour tous une manne toujours renaissante. D'autre part ils travaillent puissamment à consommer et à faire disparaître tous les débris de la vie, toutes les substances en décomposition, tout ce qui corrompt la pureté de l'air ; ils semblent chargés de la salubrité publique. Telle est leur activité, leur fécondité et la succession rapide de leurs générations, que Linné a pu dire, sans trop d'exagération, que trois Mouches consomment le cadavre d'un cheval aussi vite que le fait un lion. »

La famille des Musciens comprend quatre tribus bien distinctes entre elles par la forme de la trompe et des antennes.

La tribu des Platypézides offre une trompe non saillante et des antennes petites. Ils semblent former le passage entre les Dolichopodiens et les autres Musciens. Ce groupe est d'ailleurs peu étendu et n'offre pas grand intérêt. Ses larves vivent dans les champignons et le bois pourri.

La tribu suivante, celle des Conopsides, à trompe toujours saillante, coudée à la base, à tête très-grosse, avec l'abdomen cylindrique, est également peu étendue et ne renferme qu'un petit nombre de genres. La plupart vivent dans leurs premiers états aux dépens des Bourdons et d'autres Apiens.

Les *Conops* ont le deuxième article des antennes plus long que le troisième et le style terminal. L'espèce figurée dans notre planche XXIV, le *Conops vesicularis*, ressemble beaucoup aux Abeilles solitaires du genre *Odynerus*, dans le nid desquelles elle pond ses œufs. Les larves qui en sortent vivent en parasites dans le corps des Odynères eux-mêmes, et sortent comme les Stylops, dont nous avons parlé, entre les segments de l'abdomen.

Le Conops à grosse tête (*Conops macrocephalus*), ainsi nommé parce que sa tête est plus large que le thorax, est figuré dans notre planche XXIII. Cette jolie espèce n'est pas commune dans notre pays; elle vit sur les fleurs.

Le *Conops aurifrons* (fig. 379), du Brésil, vit sur les fleurs; il est d'un brun noirâtre, recouvert sur l'abdomen d'un duvet court, d'un blanc argenté; sur les cuisses et le front sont des reflets dorés auxquels l'insecte doit son nom.

Fig. 379. — Conops aurifrons.

La tribu des ŒSTRIDES offre le plus grand intérêt sous le rapport du genre de vie des insectes qu'elle renferme. Ceux-ci sont bien reconnaissables à leur corps gros et velu et à leurs très-petites antennes, à dernier article globuleux, avec le style dorsal; leur trompe est nulle ou très-rudimentaire. Ces insectes semblent créés pour vivre aux dépens des grands animaux.

Les *Œstres* ont le port de nos grosses Mouches; ils n'ont ni aiguillon ni suçoir acéré, et ne piquent pas les animaux comme le Taon; mais ils les infestent de leur race. A l'état parfait, ces insectes vivent peu de temps; ils ne s'occupent que de reproduire leur race et de choisir la place où ils doivent déposer leurs œufs. Ce sont les larves qui sortent de ces derniers qui causent par leur présence des maladies parfois graves chez plusieurs animaux domestiques.

Les Œstres sont répartis dans plusieurs genres, suivant quelques caractères différentiels et selon la manière de vivre de leurs larves.

Le genre *Œstrus*, à antennes tuberculiformes, surmontées d'un long style grêle et nu, a pour type l'Œstre du cheval (*Œstrus equi*), figuré dans notre planche XXIV. Au moment de la ponte, la femelle s'approche des chevaux, se balance quelque temps les ailes ouvertes pour préparer son œuf, puis fond comme un trait sur le quadrupède, aux poils duquel elle laisse un œuf collé. Elle répète le même manége un grand nombre de fois, et ces œufs sont toujours collés sur le poitrail, sur les jambes de devant, dans un endroit enfin où puisse atteindre la langue du cheval. L'incubation naturelle de l'œuf suscite une démangeaison qui porte le cheval à se lécher en cet endroit, et l'œuf collé à la langue passe avec la salive ou les aliments dans l'estomac. De ces œufs sortent aussitôt de petites larves en forme de pains de sucre et dont tous les anneaux sont garnis d'épines. Ces larves s'accrochent aux parois de l'estomac et se nourrissent des sucs gastriques de l'animal. Lorsque ces larves sont en petit nombre, l'animal les couve sans en ressentir trop de mal; mais lorsqu'elles sont en grande quantité, elles l'épuisent et souvent même causent sa mort. Arrivée à son entier développement, la larve de l'Œstre se laisse entraîner dans les intestins et sort par l'anus pour se transformer sous terre. Quelques auteurs font de l'*Œstrus equi* le genre *Gasterophilus*, mais il reste pour le plus grand nombre le type du genre *Œstrus*.

Le genre CEPHALEMYIA, caractérisé par l'absence de trompe, des cuillerons très-grands, les antennes à style apical, a pour type l'Œstre du mouton (*Cephalemyia ovis*). Cet Œstre est de la taille de celui du cheval, dont il se distingue par sa tête plus grosse, sa couleur d'un gris jaunâtre, marqué de taches brunes, et ses ailes blanchâtres.

L'Œstre du mouton pond ses œufs sur le nez de cet animal, et les larves qui en sortent pénètrent en rampant, par les naseaux, jusque dans les sinus frontaux. La présence de ces larves dans les cavités crâniennes du mouton détermine chez lui, comme le Cœnure, la maladie du tournis. Ainsi que l'indique le nom de cette affection, l'animal qui en est atteint décrit, tant qu'il est debout, des cercles continuels jusqu'à ce qu'il tombe

sur le sol, et toujours en inclinant du côté de son mal. Le tournis
œstral entraîne souvent la mort, si on ne débarrasse l'animal du ver qui
le ronge au moyen de fumigations ou d'injections d'huile pyrogénée.
Nous figurons ici la larve de la Céphalémye du mouton (fig. 380).

Le genre *Hypoderma*, caractérisé par des antennes à troisième article
transversal très-court, muni d'un style plumeux, a pour type l'Œstre du
bœuf (*Hypoderma bovis*). C'est le plus grand du groupe. Il est très-velu,
a le thorax jaune, antérieurement marqué de quatre lignes longitudinales
noires ; l'abdomen, d'un blanc grisâtre à sa base, est bordé en dessous
de poils noirs, puis de poils jaunes dans le reste de sa longueur ; les ailes
sont comme enfumées.

La femelle de cette espèce est armée d'une tarière au moyen de laquelle
elle perce la peau des bœufs et surtout des vaches laitières, pour
y déposer son œuf entre cuir et chair. Cette piqûre détermine
une tumeur ou bosselure percée d'un trou fistuleux au sommet,
au milieu de laquelle vit la larve. Celle-ci se nourrit des tissus
du derme, et respire en tenant son anus appliqué à l'orifice de
la fistule, qu'elle débouche de temps à autre pour laisser écouler
le pus dont se remplit la cavité. C'est ordinairement sur de
jeunes bêtes qu'on trouve le plus de ces bosses véreuses ; il
est rare d'en trouver sur de vieux bœufs ou de vieilles vaches.

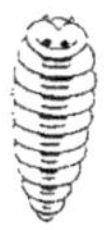

FIG. 380.
Céphalémyie ovis.

Les cerfs et les rennes sont également en butte aux attaques d'une
espèce d'Œstre, l'*Œdemagena tarandi*, et Linné assure que cet insecte
détruit chaque année, en Laponie, le quart des jeunes rennes.

Dans les contrées tropicales, les Cutérèbres ont les mêmes mœurs. Le
Cuterebra noxialis de la Nouvelle-Grenade couvre de tumeurs les bœufs
et les chiens, et s'attaque même à l'homme ; on voit souvent des naturels, au dire des voyageurs, avoir le ventre couvert des petites tumeurs
renfermant la larve de cette espèce. On les en fait sortir au moyen de
cataplasmes de tabac.

La tribu des MUSCIDES, de beaucoup la plus nombreuse, renferme
une quantité immense d'espèces, la plupart d'une taille très-minime. Ce
sont les insectes que l'on désigne vulgairement sous le nom de *Mouches*.

Ils ont pour caractères communs : une trompe très-distincte, membraneuse et bilobée; les antennes terminées par un article plus ou moins ovalaire, avec un style dorsal. Leurs mœurs sont très-variées.

Les Muscides sont répandus avec profusion sur la surface du globe, et jusqu'aux derniers confins de la végétation on les voit chercher la vie sur les plantes. D'autres ont été appelés par la nature à hâter la décomposition des êtres organisés qui ont cessé de vivre, en plaçant le berceau de leurs larves sur ces dépouilles. Quelques-uns déposent leurs œufs dans le corps d'autres insectes vivants, et leurs larves y vivent en parasites à la manière de celles des Ichneumons. Il en est d'autres qui vivent dans le fumier, dans la terre grasse. Ces larves sont apodes ; généralement allongées, cylindriques, pointues et coniques en avant, grosses et arrondies en arrière; leur tête, sans yeux, est munie de deux mâchoires écailleuses en forme de crochets. Elles ne quittent pas leur peau pour se métamorphoser ; cette peau se durcit, devient écailleuse et forme le cocon dans lequel la nymphe passe un certain temps avant de se transformer en insecte ailé. Cette pupe est d'une couleur brun marron, et la larve y séjourne plus ou moins longtemps.

Fig. 381
Tachina vulgaris.

On subdivise la tribu des Muscides en trois grandes sections : les *Créophiles*, qui recherchent la chair ; les *Anthomyzites,* qui vivent sur les fleurs, et les *Acalyptères,* qui manquent de cuillerons. Chacune de ces sections renferme un grand nombre de genres, dont nous examinerons les plus importants.

Parmi les Créophiles, nous citerons les *Tachines,* Mouches à corps étroit, cylindrique, avec les antennes ayant leur troisième article plus long que le deuxième.

Les femelles des Tachines déposent leurs œufs sur les chenilles, et les jeunes larves, à leur naissance, pénètrent dans le corps, s'alimentent de la substance adipeuse qui y abonde, et, après y avoir pris tout leur développement, sortent du corps de leur victime pour subir leurs transformations. On en connaît un assez grand nombre d'espèces, dont le type est le *Tachina vulgaris* (fig. 381), noir, à face grise et variée de cendré. Cette espèce est commune dans toute la France.

Dans notre planche XXIII sont figurés les *Tachina grossa* et *T. ferox*, qui appartiennent au genre *Echinomyia*. Ces Échinomyes se font remarquer par la grandeur et l'épaisseur de leur corps et par les antennes, dont le second article est plus long que le troisième (Pl. XXIII, *b*); leur nom fait allusion aux soies rigides dont leur corps est hérissé. La première (*Tachina grossa*) [Pl. XXIII, *a*, *b*] vit à l'état de larve dans les bouses de vache; la seconde (*Tachina ferox*) pond ses œufs sur les chenilles, dans le corps desquelles pénètrent les larves qui se nourrissent de sa substance graisseuse et la tuent au moment de se transformer. Le type du genre *Ocyptère* (l'*Ocyptera bicolor*, reconnaissable à ses antennes dont le troisième article est lenticulaire, vit à l'état de larve dans le corps d'un Hémiptère, le *Pentatoma grisea*.

Les Mouches proprement dites ont les antennes longues comparativement; les deux premiers articles sont courts; le troisième, trois fois plus long que les deux premiers pris ensemble, donne attache à sa base et un peu extérieurement à une soie plus longue, plumeuse, ou couverte de longs poils dans la plupart (fig. 382, *f*). La trompe est membraneuse, coudée, rétractile et terminée par deux lèvres évasées (fig. 382, *e*). Le corselet est cylindrique; les ailes, grandes et horizontales, ont les nervures longitudinales fermées par les nervures transversales; les cuillerons sont grands et les balanciers très-courts; les pattes, longues et grêles, sont terminées par deux crochets, deux pelotes et une soie raide au milieu (fig. 382, *b*); leurs yeux sont très-grands, au point d'occuper parfois tout le devant de la tête, et à réseau formé de facettes hexagonales (fig. 382, *c*).

Le type du genre est la Mouche des appartements (*Musca domestica*, figurée dans notre planche XXIII, et bien connue d'ailleurs de tout le monde par son incommodité et son opiniâtreté, surtout pendant les journées chaudes et orageuses de l'été. Elle pond ses œufs dans le fumier, où vivent ses larves.

La Mouche des bœufs (*Musca bovina*), très-voisine de la Mouche domestique, s'en distingue par les côtés de la face et du front blancs, et par son abdomen à bande dorsale noire. Cette Mouche est très-commune en France, et très-incommode pour les bœufs et les chevaux, qu'elle harcèle sans cesse, se jetant sur les narines, les yeux et les plaies des bestiaux.

La Mouche Chloris, que nous représentons ici (fig. 382, *d, e, f*), est d'un beau vert doré à reflets bleuâtres; ses yeux sont d'un brun rouge.

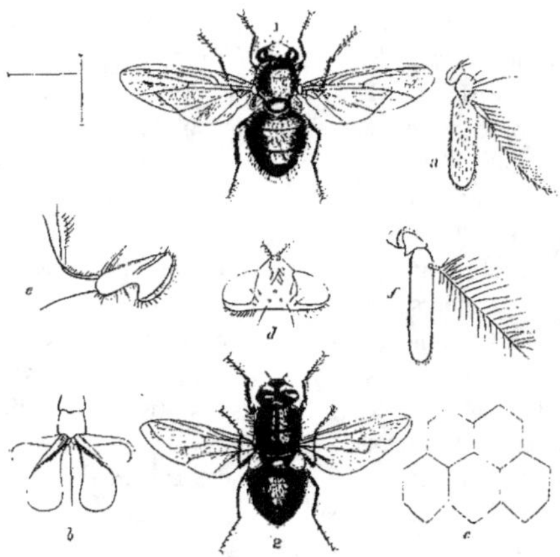

FIG. 382 à 388. — 1. *Aricia lardaria*. a, b, c. — 2. *Pyrellia chloris* d, e, f.

La figure représente le mâle de cette espèce. En *d* est la tête de la femelle, don les yeux sont moins étendus; en *e* on voit sa trompe et en *f* son antenne.

L'*Aricia lardaria* (fig. 382, *a, b, c*) est d'un noir bleuâtre couvert d'un duvet grisâtre, avec quatre raies longitudinales sur le thorax. Cette espèce dépose ses œufs sur le lard, et par là hâte la décomposition de ce dernier. En *b* est figuré son tarse et en *c* les facettes de ses yeux.

Viennent ensuite les *Lucilies*, très-voisines des Mouches ordinaires. Tel est le *Lucilia Cæsar*, long de 9 à 10 millimètres, dont le corps, assez épais, est d'un beau vert métallique ; ses yeux sont bruns, et sa face est couverte d'un duvet argenté. Cette belle espèce, connue sous le nom vulgaire de *Mouche dorée*, dépose ses œufs dans les charognes et donne naissance à ces larves blanches, molles, sans pieds, qui rampent sans cesse en contournant leurs anneaux, et dont les pêcheurs à la ligne se servent comme amorce sous le nom d'*asticots*.

Une espèce de ce genre, le *Lucilia hominivorax* de Cayenne, a parfois causé la mort de l'homme. Elle pond dans la bouche ou dans les narines de ceux que l'imprudence ou l'ivresse lui livre endormis en plein air. La larve, dont les crochets des mandibules sont très-aigus, remonte dans les fosses nasales ou les sinus frontaux. On en voit gagner le globe de l'œil et gangrener les paupières, ou corroder les gencives, l'arrière-bouche, la gorge, et déterminer tous les symptômes d'une angine aiguë. Sans les prompts secours de la médecine, le malade meurt au milieu de souffrances atroces. La larve en question est connue à Cayenne sous le nom de *Ver macaque*. Le *Ver moyacuil* du Mexique, qui attaque l'homme et le chien, est une espèce analogue.

Une autre espèce, l'*Idia Bigoti*, à trompe et antennes courtes, à épistome saillant, est fort redoutée au Sénégal. Elle pique avec sa tarière cornée et pointue, et introduit ses œufs sous la peau. Il en résulte une espèce de furoncle ou de tumeur au milieu de laquelle vit la larve. Les soldats des petits postes de la côte sont, ainsi que les nègres, souvent piqués par cette Mouche.

Mais le plus redoutable des insectes, l'un des plus grands obstacles à l'exploration de l'Afrique centrale, est une simple Mouche, du genre *Glossina*, caractérisée par sa trompe très-longue, grêle, sétiforme. Ce terrible Diptère (*Glossina morsitans*), connu en Afrique sous le nom de *Tsetsé* ou de *Mouche Zimb*, est de la taille de la Mouche ordinaire ; elle est brune, avec quelques raies jaunes et transversales sur l'abdomen.

La Mouche Zimb, dit un voyageur anglais, a la trompe garnie de trois soies fort raides, dont la piqûre est redoutable au lion même dans les

déserts de l'Afrique. A ne considérer que la petite taille de cet insecte et
sa faiblesse apparente, on le prendrait pour un être de fort peu d'impor-
tance. Cependant les monstrueux animaux qui habitent les mêmes contrées, l'éléphant, le rhinocéros, sont loin d'inspirer autant de frayeur
que ce petit Diptère. Son seul bourdonnement jette l'épouvante parmi les
hommes et les animaux, tant on redoute les funestes effets de sa puissance. Aussitôt qu'il paraît, les troupeaux, saisis de terreur, se mettent à
courir de tous côtés dans la plaine jusqu'à ce qu'ils tombent épuisés de
fatigue. Les plus forts animaux, ceux dont la peau est la plus épaisse et
la mieux défendue par un poil dur et serré, tels que le chameau, ne sont
pas moins exposés aux violentes piqûres de la Mouche Zimb, et si l'on
ne se hâte de quitter les terres grasses et d'emmener les bestiaux dans
les sables, où cette Mouche ne les suit jamais, bientôt attaqués par elle,
leur corps se couvre de grosses tumeurs qui s'excorient, se putréfient et
entraînent infailliblement la mort. L'homme lui-même est obligé de fuir
devant les essaims de ces Mouches, qui arrivent du midi de l'Afrique à
des époques fixes.

C'est du *Zimb* dont parle Isaïe lorsque, prédisant la désolation de
l'Égypte, il la menace de la Mouche qui viendra d'Éthiopie à l'appel du
Seigneur, et dont les essaims couvriront la rive des torrents au fond des
vallées, et poursuivront les troupeaux dans les cavernes, sous l'ombrage
des bois, dans tous les lieux enfin où ils ont coutume de se retirer chaque
année à l'abri de cet insecte terrible.

Le célèbre docteur Livingstone a donné quelques détails sur le *Tsetsé*,
qu'il a rencontré dans son voyage au Zambèse. Sa vue est très-perçante,
dit-il, et, rapide comme la flèche, cette Mouche s'élance du haut d'un
buisson où elle guette ses victimes. C'est une suceuse de sang. On voit sa
trompe se diviser en trois parties, dont celle du milieu s'insère assez profondément dans la peau, qui prend bientôt une teinte cramoisie. Cette piqûre
est pour l'homme sans plus de danger que celle du Cousin; mais il n'en est
pas de même des animaux, qui presque toujours y succombent au bout
de quelques jours. C'est un empoisonnement du sang produit par le
venin que sécrète une glande placée à la base de la trompe du Tsetsé.

Livingstone perdit quarante-trois bœufs magnifiques sur les rives du Zambèse, qui en sont infestées. Le bœuf, le cheval, le mouton et le chien meurent victimes de la piqûre de ce Diptère, et ce qu'il y a de singulier, c'est que ces mêmes animaux n'en ressentent aucun effet nuisible tant qu'ils tettent leur mère. Le porc et la chèvre sont également insensibles à ce poison, et les peuplades qui habitent ces contrées ne peuvent avoir d'autre animal domestique que la chèvre.

Une espèce de Muscide, bien connue sous le nom de *Mouche bleue de la viande*, est le type du genre *Calliphora*, qui a la face nue et le style des antennes peu velu. Cette espèce, dont le nom scientifique est *Calliphora vomitaria* (fig. 389), a la face rougeâtre, le corselet noir et l'abdomen d'un bleu métallique; tout le corps est semé de grands poils noirs raides. Cette espèce n'est que trop connue; on l'entend pendant tout l'été bourdonner dans nos appartements, cherchant à se poser sur les viandes pour y déposer ses œufs, qui éclosent promptement et les font immédiatement gâter. Quand on saisit cette Mouche, elle dégorge une liqueur brune infecte, ce qui lui a fait donner le nom qu'elle porte. Dans les champs, cette espèce dépose ses œufs sur les cadavres d'animaux.

Fig. 389. — *Calliphora vomitaria.*

Les poëtes et les orateurs de la chaire ont souvent parlé des vers qui dévorent les cadavres. C'est là une horrible image, horrible surtout pour ceux qui ont livré à la terre des personnes chères. Mais ces vers des tombeaux n'existent que dans l'imagination des poëtes. Tout au plus ce sort serait-il réservé à ces puissants de la terre dont Malherbe a dit :

> Et dans ces grands tombeaux, où leurs âmes hautaines
> Font encore les vaines,
> Ils sont rongés des vers.

En effet, déposés dans de somptueux tombeaux ou dans des caveaux, ils peuvent recevoir la visite de certains insectes qui, pénétrant par les soupiraux des voûtes sépulcrales et par les fentes que le ferment de la

putréfaction du corps mort peut avoir produites dans le cercueil même
du bois le plus précieux, y déposent leurs œufs ; mais le pauvre, dont la
dépouille mortelle gît dans une fosse de un mètre et plus de profondeur,
est à l'abri des vers et des insectes sous son épaisse couverture de terre.
Il est simplement réduit en poussière, et se mêle à sa terre maternelle
sans qu'aucun animal vienne troubler son repos.

Les *Stomoxes* ont le port de la Mouche domestique. Leurs antennes
se terminent en une palette accompagnée d'une soie dorsale le plus souvent velue. Leur trompe, coudée près de son origine, est très-acérée et se
porte en avant.

Le Stomoxe piquant, *Stomoxys calcitrans,* est de couleur cendrée, à
palpes fauves ; le thorax est marqué de lignes noires, et l'abdomen de

taches brunes. Cette espèce, que nous figurons ici (fig. 390),
est très-commune dans toute l'Europe et fort incommode
par sa piqûre. C'est surtout en été et en automne que ce
Diptère nous harcèle et nous tourmente ; les bœufs et
les chevaux n'en sont point garantis par l'épaisseur de
leur cuir. Les femelles font leur ponte dans le fumier.

Fig. 390.
Stomoxys calcitrans.

On a fait de quelques Stomoxes (*St. stimulans* et
irritans, dont les palpes sont aussi longues que la trompe, le genre
Itœmatobia.

Les *Achias* sont de singuliers Diptères qui, à la forme des Mouches
ordinaires, joignent une conformation particulière de la tête. Celle-ci se
prolonge de chaque côté en une longue corne, à l'extrémité de laquelle
est placé l'œil. L'espèce la plus anciennement connue, et que l'on considère comme le type du genre, est l'*Achias oculatus* de Java. Nous figurons ici les deux sexes d'une autre espèce du Japon, l'*Achias longividens*
(fig. 391 et 392, voy. p. 341). Comme on le voit, le mâle diffère
considérablement de la femelle, non-seulement par la longueur du
pédicule des yeux, mais encore par la forme du corps. Tous deux sont
d'un brun pourpre, à reflets, avec des raies d'un gris argenté.

Les *Anthomyes,* ou Mouches de fleurs, se distinguent à leurs antennes
presque aussi longues que la face de la tête, avec la soie plumeuse ; à

leur abdomen composé seulement de quatre segments visibles, et terminé en pointe. Le type du genre, l'*Anthomyia pluvialis*, commun dans toute l'Europe, ressemble à la Mouche domestique ; mais il est d'un gris cendré, avec des taches noires sur le corselet et sur l'abdomen. Cette espèce est souvent très-incommode en temps de pluie, parce qu'elle cherche à s'attacher aux yeux des hommes et des animaux.

Les Anthomyes recherchent surtout les fleurs des Synanthérées et des Ombellifères ; on les voit souvent réunies dans les airs en troupes nombreuses comme les Tipuliens. Les femelles déposent leurs œufs dans la terre, où leurs larves se développent rapidement. Celles-ci se fixent à un corps pour subir leur métamorphose,

FIG. 391. — *Achias longividens*, mâle (voy. page 340).

et leurs nymphes demeurent suspendues comme les chrysalides de certains Lépidoptères.

FIG. 392. — *Achias longividens*, femelle (voy. page 340).

Quelques espèces de ce genre sont nuisibles à nos cultures ; telles sont : l'*Anthomyia ceparum*, dont la larve détruit les oignons, et l'*Anthomyia lactucæ*, qui ronge les laitues.

L'*Anthomyia platura* (fig. 393, voy. p. 342), connu des jardiniers sous le nom de *Mouche de l'échalotte*, est parfois très-nuisible. Il pond ses œufs au collet de la racine des échalottes, des oignons, et les larves qui en sortent pénètrent dans le bulbe et s'en nourrissent. Le bulbe ne tarde pas à se décomposer, et les larves vivent au milieu de cette putréfaction jusqu'au moment de leur transformation, qu'elles subissent dans le sol. L'insecte parfait est gris, avec trois raies plus foncées sur le dos.

L'*Anthomyia conformis* (fig. 394 à 398) vit aux dépens de la betterave, et lui cause souvent un grand dommage. Elle pond sur les feuilles un très-grand nombre d'œufs oblongs, rangés régulièrement les uns à côté des autres en plaque ovale (fig. 394 E), et les larves qui en sortent se répandent sur la feuille et en rongent le parenchyme (fig. 394 G), ce qui détruit la verdure de la betterave et nuit au développement de la racine. La figure *a* représente l'Anthomye femelle, et à sa gauche la tête du mâle, dont les yeux, bien plus étendus, occupent les côtés de la tête. La figure *c* représente la larve, qui pénètre dans le sol pour se transformer en pupe (fig. *d*).

Fig. 393. — *Anthomyia platura* (voy. page 311).

Les *Scatophages*, à leur état de larve et même à leur état d'insecte parfait, fréquentent les matières excrémentitielles. Leur corps est assez

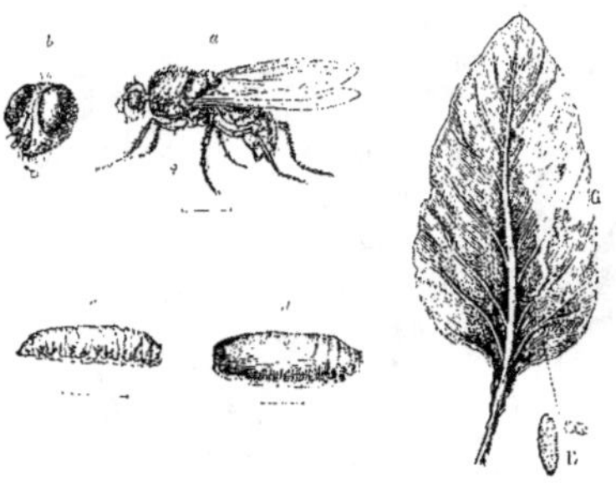

Fig. 394 à 398. — *Anthomyia conformis.* — *b.* Tête de la femelle. — *c.* Larve.   *d.* Pupe. — *E.* Œufs.

allongé, ordinairement velu ; leurs antennes insérées entre les yeux, presque contiguës à leur base, plus courtes que la face, de trois articles, dont le dernier infiniment plus long que le second, en carré long, muni près de sa base d'une soie longue biarticulée, velue ; les yeux grands, saillants, écartés l'un de l'autre dans les deux sexes ; les ailes longues, les cuillerons petits, l'abdomen allongé et les pattes grandes.

Les Scatophages fréquentent habituellement les excréments humains et toutes les ordures, sur lesquels on les voit en grand nombre. Les femelles y déposent leurs œufs, qui sont oblongs et qu'elles piquent dans la fiente par un de leurs bouts. Les larves qui proviennent de ces œufs vivent pendant quelque temps dans les matières où elles ont été déposées à l'état d'œufs ; ensuite elles entrent dans la terre pour subir leur dernière métamorphose, qui a lieu un mois après la ponte.

Dans notre planche XXIII sont représentés les *Scatophaga stercoraria* et *scybalaria,* tous deux très-communs en France.

Le genre *Tephritis* renferme de petites Muscides qui haussent et abaissent presque continuellement leurs ailes pendant le repos. L'abdomen des femelles est terminé par un tuyau écailleux, ou oviducte, qui leur sert à déposer leurs œufs dans les semences des plantes, dans divers fruits, quelquefois aussi sous l'épiderme de la tige des végétaux. Quelques espèces de ce groupe deviennent très-nuisibles. Ces insectes ont pour caractères distinctifs : des antennes inclinées, à troisième article long, et les ailes ayant une pointe au bord extérieur.

Fig. 399.
Tephritis cerasi.

Plusieurs espèces, avons-nous dit, sont très-nuisibles aux cultures ; telles sont le *Tephritis cerasi* (fig. 399), qui vit de la pulpe des cerises. C'est une petite Mouche d'un noir brillant, à tête fauve ; l'écusson est jaune, les tarses sont fauves ; les ailes sont traversées par quatre bandes noires. Cette Mouche pond sur les jeunes cerises, un seul œuf sur chacune, et la larve qui en sort pénètre dans le fruit et en ronge la pulpe. Lorsque le fruit tombe de l'arbre, la larve en sort et s'enfonce dans la terre, où elle se transforme en pupe.

Un Téphrite *Tephritis meigeni* attaque le fruit de l'épine-vinette ; un autre pond ses œufs dans la graine de la bardane (*Tephritis arctii*). Un Téphrite de l'Ile-de-France nuit beaucoup à la culture du citron, en ce que les femelles déposent leurs œufs dans les fruits de cet arbre, et les empêchent ainsi de parvenir à une parfaite maturité. Un autre insecte de ce groupe attaque dans le Midi les olives. Le dernier article de ses antennes, proportionnellement plus allongé que dans les vrais Téphrites, en a fait constituer le genre *Dacus*. C'est le *Dacus oleæ* (fig. 400) qui occasionne souvent des dégâts considérables aux olives dans le midi de l'Europe.

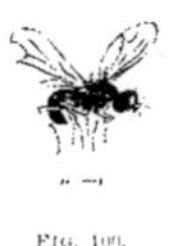

Les genres *Micropeza, Ulidia, Noti-phila*, renferment des Diptères de la plus petite taille ; la plupart vivent, pendant leurs premiers états, dans des champignons en décomposition ou dans d'autres matières plus ou moins décomposées.

Fig. 400.
Dacus oleæ.

Les Oscinides forment un groupe nombreux de petits Diptères qui déposent généralement leurs œufs sur les plantes herbacées, et leurs larves sont souvent fort nuisibles à ces végétaux.

A cette division appartiennent les *Chlorops,* à antennes portant un style biarticulé, à abdomen ovalaire. Les espèces de ce genre sont en général jaunâtres avec des bandes ou des taches noires, et leurs yeux sont verts, d'où le nom de Chlorops. Quelques-unes de ces espèces sont très-nuisibles à l'agriculture et attaquent les céréales. Tels sont les

Fig. 401. — *Chlorops tæniopus.*

Fig. 402.
Tige de blé attaquée par le Chlorops.

Chlorops tæniopus et *lineatus*. Le premier (fig. 401) attaque les blés verts et ronge les feuilles du centre de la plante (fig. 402) ; l'afflux de la séve produit un gonflement des jeunes tiges, dont la croissance est arrêtée. Le second, le *Chlorops lineatus*, dépose ses œufs sur l'épi à peine formé, et les larves qui en sortent rongent tout un côté de la tige, depuis l'épi jusqu'au premier nœud, en s'y creusant un sillon, ce qui a pour effet de faire

avorter tous les grains situés de ce côté. Si l'on réfléchit à la quantité de
ces Chlorops, dont chaque femelle pond de 5o à 6o œufs — même en
admettant qu'un dixième seulement de ces œufs donne naissance à des
larves, dont chacune détruit un épi — on com-
prendra les ravages qu'exercent ces petits insectes.

Des espèces différentes attaquent les autres espèces de céréales, et elles varient suivant les pays.
Un naturaliste polonais, le Dr Waga, écrivait en
1847 à M. Guérin-Méneville, que, pendant plus
de dix jours, le plafond d'une serre de 12 mètres
de longueur sur 10 de largeur était couvert d'une

FIG. 463. — *Oscinis vastator*
(voy. page 346).

petite espèce de Chlorops *Chlorops læta*, que l'on tuait tous les jours
et qui étaient chaque jour remplacés par d'autres. Ayant eu la curiosité de
calculer approximativement le nombre de ces Mouches qui avaient envahi
la serre, il arriva au chiffre énorme de *cent quatre-vingt millions*. Dans

FIG. 464 à 466. — *Phora abdominalis*. — *a*. Tête vue de côté. — *b*. Jambe postérieure (voy. page 346).

combien de tiges de graminées cette multitude de Chlorops avaient-ils
pondu leurs œufs avant de se réfugier dans cette serre, poussés par des
vents constants ?

Au même groupe appartient un Diptère non moins nuisible : c'est
l'*Oscinis vastator*, dont Linné parle sous le nom de *Musca frit*, et qui,

chaque année, cause des dégâts considérables dans les cultures d'orge.
Linné évaluait cette perte annuelle à plus de 100,000 ducats d'or pour la
Suède. Notre figure 403 (voy. p. 345) représente ce petit insecte très-grossi.

Les espèces du genre *Phora* sont caractérisées par leurs antennes
insérées près de l'épistome, à troisième article globuleux, avec un long
style. Leurs pattes sont épaisses, leurs ailes ciliées. Les Diptères de ce
genre sont en général de petite taille et de couleur noire. On trouve sur
les fleurs de la carotte sauvage, le *Phora dauci,* long de 3 1/2 millimètres, à corps noir, avec les pattes jaunes.

Fig. 407. — *Elaphomyia cervicornis.*

Notre figure 404 (voy. p. 345) représente
le *Phora abdominalis;* en *a* est figurée sa
tête vue de profil, et montrant le dernier
article des antennes très-petit et sphérique,
muni d'un long style filiforme ; le bord
supérieur des ailes est frangé ; une de ses
pattes postérieures, à cuisses très-courtes
et renflées, est représentée en *b.* Le nom
spécifique de l'insecte, *abdominalis,* lui
vient de son abdomen conique en forme
de toupie. Ce Diptère est d'un noir brillant, avec les palpes orange et l'abdomen d'un rouge brun; les ailes sont jaunâtres, à nervures brunes.
On croit que la larve de cet insecte vit en parasite sur d'autres larves.

Un des genres les plus singuliers de la famille est le genre *Elaphomyia.*
Chez les insectes de ce genre, les côtés de la tête se prolongent en cornes
très-développées chez les mâles ; ces appendices ont des formes différentes, suivant les espèces. Celle que nous reproduisons ici (fig. 407),
l'*Elaphomyia cervicornis,* doit son nom à la forme de ses cornes larges et
rameuses, comme celles du cerf. Une autre, l'*Elaphomyia alcicornis,* a
les cornes longues et cylindriques, fourchues au bout, comme celles de
l'élan. Ces deux espèces habitent la Nouvelle-Guinée.

FAMILLE DES ORNITHOMYIENS.

Les singuliers insectes qui composent cette famille s'éloignent de tous les autres Diptères par leur conformation, et présentent les signes d'une dégradation manifeste ; quelques-uns ont encore des ailes assez développées, mais les balanciers leur manquent ; de sorte que leur vol est incertain et que leurs ailes ne leur servent qu'à passer d'un animal sur l'autre. Ils vivent en effet en parasites sur divers mammifères et oiseaux, dont ils sucent le sang à l'aide des deux soies raides dont leur bouche est munie. Cette organisation buccale les rapproche des Anoplures. Leurs antennes sont tout à fait rudimentaires. Leurs pattes sont robustes et armées de crochets dentés, qui permettent à ces insectes de se cramponner solidement aux animaux sur lesquels ils vivent.

Mais ce que les Ornithomyiens offrent de plus singulier, ce sont leurs métamorphoses. Ces insectes ne produisent pas d'œuf. L'abdomen chez les femelles est volumineux et recouvert d'une peau très-extensible. Lorsque le moment est venu, il sort du corps de la mère une énorme masse blanche, presque aussi grosse que l'insecte, en forme de lentille ronde et aplatie, de couleur blanche. C'est une larve qui a accompli son évolution à l'intérieur du corps de la mère, et qui en sort à l'état de pupe ou de chrysalide. Cette enveloppe brunit bientôt, se durcit et forme une coque solide, d'où sort ensuite l'insecte parfait en soulevant la portion supérieure de la coque, qui cède sous sa tête comme un couvercle. Ce mode de reproduction leur a fait donner le nom de *Pupipares*.

La famille des Ornithomyiens comprend plusieurs genres distincts entre eux par la forme des antennes et des tarses, et par celle des ailes, qui manquent chez quelques-uns.

Les *Hippobosques* ont un corps ovalaire, assez large, déprimé ; la tête est petite et tient au corps par un étranglement ; les yeux, assez grands, embrassent les côtés de la tête ; les antennes (fig. 408, *a*) paraissent être réduites à un seul gros article globuleux, muni d'une ou de deux soies raides ; les ailes sont une fois plus longues que l'abdomen, et se recouvrent dans le repos ; elles ont de fortes nervures parallèles longitudinales, avec une seule petite nervure transverse ; leurs pattes (*c*) sont courtes, mais robustes, munies de poils courts et raides ; les tarses, composés de

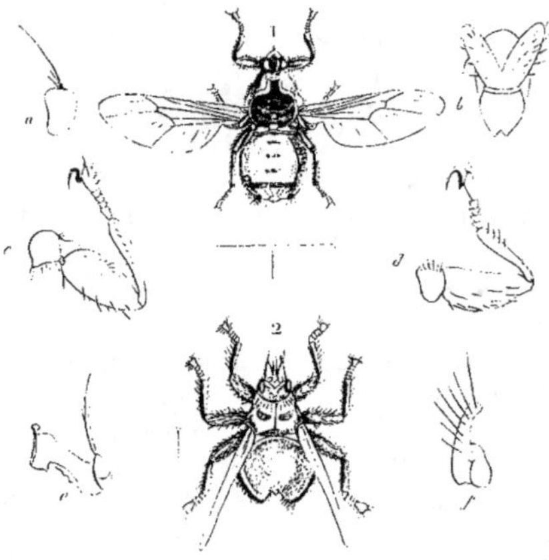

Fig. 408 à 411. — *Hippobosca equina.*   *a.* Antenne. — *b.* Mâchoires. — *c.* Patte antérieure.
Fig. 412 à 415. — *Stenopteryx hirundinis.* — *d.* Patte antérieure. — *e.* Trompe. — *f.* Antenne.

cinq articles, sont terminés par des crochets recourbés, longs et robustes, et fortement dentelés en dessous ; l'abdomen n'est pas séparé par segments comme dans les autres Diptères ; il est membraneux et susceptible d'une grande dilatation.

Les Hippobosques sont des insectes sanguisuges qui s'attaquent aux animaux, en particulier au cheval ; ils se placent surtout sur les endroits dégarnis de poils et à l'abri des coups de queue. Lorsqu'on veut les saisir, ils courent assez rapidement, mais ne prennent leur vol qu'à la dernière extrémité, et reviennent bientôt se poser au même endroit.

L'Hippobosque du cheval (*Hippobosca equina*) [fig. 408] est brun, avec la face, les épaules, l'écusson et l'abdomen en dessous jaunâtres; les pattes sont fauves, avec les crochets noirs. Cette espèce est commune partout. Réaumur, qui a particulièrement étudié ses mœurs, lui a donné le nom de *Mouche-araignée*.

Le genre *Hæmabora* diffère des Hippobosques par la forme de sa tête et de ses tarses (fig. 419, *a*, *b*,; les ailes sont aussi plus longues. Le type du genre est l'*Hæmabora pallipes*, qui vit dans les bois et s'attaque

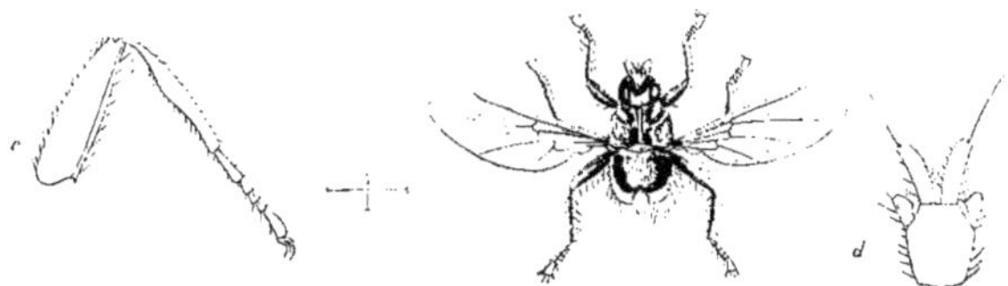

Fig. 416 à 418. — *Ornithomyia fringillaria*. — *c*. Jambe postérieure. — *d*. Maxilla.

indistinctement à tous les mammifères qui passent à sa portée. Il est d'un jaune verdâtre nuagé de brun, avec les yeux et les crochets noirs. Cette espèce n'est pas commune, et se trouve principalement en Angleterre.

Les *Ornithomyes* ont les antennes velues, composées de deux articles, dont le premier petit et le second allongé (fig. 416, *d*); leurs ailes sont longues et étroites; leurs pattes (*c*), grandes et robustes, ont les tarses munis de crochets tridentés. Ces Diptères, dont la reproduction est semblable à celle des Hippobosques, vivent sur diverses espèces d'oiseaux, et jamais sur les mammifères. Ces insectes sont d'une grande vivacité, courent très-vite et souvent de côté comme les crabes; ils volent facilement. L'*Ornithomyia viridis*, nommé par De Geer *Hippobosque des oiseaux*, est assez commun en France, et se trouve sur différents oiseaux.

Il est long de 7 à 8 millimètres, d'un vert obscur, avec les yeux brun rougeâtre ; les ailes sont vitrées, à nervures noirâtres.

L'*Ornithomya fringillaria* (fig. 416) est d'un jaune d'ocre à reflets verdâtres ; l'abdomen d'un vert foncé et velu ; les pattes sont d'un

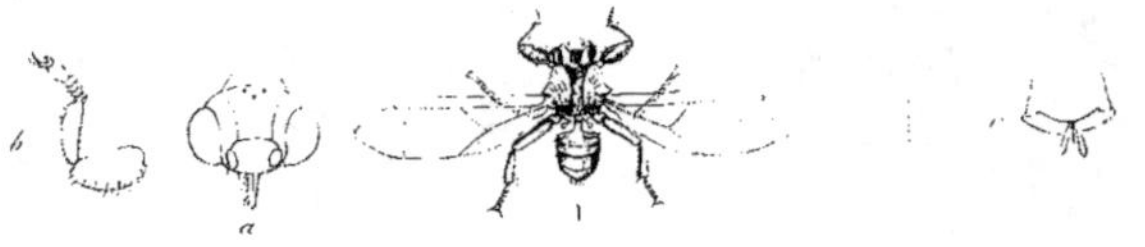

FIG. 419 à 421. — *Haemobora pallipes*. — *a* Tête vue de front. *b.* Patte antérieure. *c.* Menton.

noir de jais. Cette espèce vit sur les petits oiseaux, tels que le moineau, les mésanges, etc.

Les Ornithomyes, dont les ailes très-étroites finissent en pointe, forment le genre *Stenopteryx,* dont le type est le *Stenopteryx hirundinis* fig. 412, voy. p. 348), ainsi nommé parce qu'on le trouve sur les hirondelles. Réaumur en a trouvé jusqu'à trente individus dans le nid d'un de ces oiseaux. La figure 412 représente en *d* la patte antérieure, en *e* la trompe, et en *f* l'antenne de cet insecte.

Nous voyons les ailes réduites à de simples lames dans les *Stenopteryx ;* elles sont encore plus rudimentaires dans les *Leptotènes,* qui vivent sur les cerfs et les daims, et disparaissent complétement dans les *Mélophages,* qui passent leur vie accrochés au milieu de la toison des moutons. Chez ces insectes la tête est enfoncée dans le corselet, mais distincte ; le suçoir est très-allongé ; le corselet presque carré ; les pattes sont robustes, avec les crochets longs et recourbés.

FIG. 422.
Mélophagus ovis.

Le Mélophage des moutons (*Melophagus ovis*) fig. 422, long de 6 millimètres, est fauve, avec le ventre noirâtre. Cette espèce vit dans la toison des moutons. C'est ce qui explique ces volées d'étourneaux suivant les troupeaux et se cramponnant au dos des moutons, où ils cherchent ces Diptères et d'autres parasites.

Les *Nyctéribies* terminent l'ordre des Diptères, et offrent le dernier degré de la dégradation. Ils forment le passage entre les Diptères et les Poux, avec lesquels on les a longtemps confondus. Leur tête est à peine distincte, ayant la forme d'un petit mamelon implanté sur le thorax; les ailes manquent complétement, ainsi que les balanciers; leur corps est aplati, leurs pattes démesurément longues et écartées, ce qui leur donne tout à fait l'apparence d'Araignées qui n'auraient que six pattes.

Les Nyctéribies vivent sur les différentes espèces de chauves-souris.

Fig. 423 à 425. — *Nyctéribia Latreillei.* — *d.* Patte antérieure. — *e.* Tête vue de côté.

L'espèce la mieux connue est la Nyctéribie de la chauve-souris (*Nyctéribia Vespertilionis*), longue de 3 à 4 millimètres. Elle est entièrement d'un roussâtre clair, avec les poils noirs. On la trouve assez communément sur la chauve-souris fer à cheval. Une autre espèce également répandue sur la chauve-souris commune (*l'espertilio murinus*) est le *Nyctéribia Latreillei* (fig. 423). Elle est d'un jaune d'ocre, avec le ventre brun. En *d* est représentée une jambe remarquable par la longueur du premier article du tarse, et par la forme renflée de la cuisse et du tibia; en *e* est la tête vue de côté.

Les chauves-souris en sont parfois couvertes de sorte qu'il n'est pas difficile de se procurer cet insecte. Tant que l'animal sur lequel il se trouve est vivant, le parasite y reste fixé; mais dès que la vie est éteinte

chez lui, il le quitte pour s'attacher au premier être vivant qu'il rencontre, ce qui explique qu'on le voit accidentellement sur d'autres
animaux que la chauve-souris. On retrouve d'ailleurs cet instinct chez
les Ornithomyes aussi bien que dans les Acarus, qui vivent en parasites
sur les oiseaux de basse-cour.

ORDRE
DES
ANOPLOURES
OU
PARASITES

ORDRE DES ANOPLOURES OU PARASITES

es insectes qui rentrent dans cet ordre sont bien connus de tout le monde sous le nom vulgaire de *Poux*. Ce sont des insectes de petite taille, complétement dépourvus d'ailes, qui vivent en parasites sur l'homme et les animaux, dont ils sucent les liquides au moyen d'un suçoir, ou rongent la substance à l'aide de mâchoires distinctes. Ces insectes pondent des œufs généralement très-gros, comparativement à leur taille, et il en sort des petits en tout semblables à leur mère, à la grosseur près, c'est-à-dire qu'il n'existe aucune transition marquée entre l'état de larve et celui d'insecte parfait. Leurs antennes sont très-courtes, et leur multiplication est souvent prodigieuse.

On divise l'ordre des Anoploures ou Parasites en deux familles bien distinctes, les Pédiculiens et les Philoptériens.

FAMILLE DES PÉDICULIENS

Les insectes qui composent cette famille ont la bouche en forme de museau, d'où sort à volonté un petit suçoir. Ils ont le corps aplati, demi-transparent, mou et revêtu d'une peau coriace. Leur tête est généralement petite, munie de deux antennes courtes de cinq articles, et de deux yeux petits et ronds ; les pattes sont courtes et grosses, terminées par un fort crochet qui tient lieu de tarse et sert à l'insecte pour se cramponner aux poils ou à la peau des animaux sur lesquels il vit.

Les Pédiculiens vivent de sang ; les uns se nourrissent de celui de l'homme, les autres de celui des quadrupèdes mammifères ; chaque quadrupède a son Pou particulier, et quelques-uns même sont attaqués par plusieurs. Ces insectes sont ovipares ; leurs œufs sont connus sous le nom de *lentes ;* les petits en sortent au bout de quelques jours, et éprouvent plusieurs mues avant de se reproduire.

On divise la famille des Pédiculiens en trois genres : les Phtires, les Hæmatopines et les Poux proprement dits.

Les *Phtires* ont les pattes antérieures et intermédiaires propres à la marche ; les postérieures seulement conformées pour s'accrocher ; leur thorax est très-court, se confondant presque avec l'abdomen.

Le Phtire inguinal (*Phtirus inguinalis*) est de la grandeur du Pou de la tête, mais plus large et plus arrondi ; ses pattes sont très-robustes et écartées, ce qui lui donne l'apparence d'un petit crabe. Cette espèce, connue sous le nom vulgaire de *morpion*, vit sur l'homme, dans les poils du pubis et des aisselles, rarement ailleurs. Sa piqûre est beaucoup plus vive que celle des Poux ordinaires, et il s'attache plus fortement à la peau. On se débarrasse de ce dégoûtant parasite au moyen de lotions de tabac ou de frictions avec l'onguent mercuriel.

Les *Poux* proprement dits (*Pediculus*) ont toutes les pattes conformées pour s'accrocher; l'abdomen large, plat, de sept segments, à extrémité arrondie et munie d'un petit aiguillon dans les mâles, échancrée chez les femelles.

L'homme nourrit deux espèces de ce genre, le Pou commun ou *Pou de la tête*, et le *Pou du corps*. Ces dégoûtants insectes sont malheureusement trop connus pour qu'il soit nécessaire de les décrire. Le premier, *Pediculus cervicalis* (fig. 429), s'attache spécialement au cuir chevelu, agglutine ses œufs aux poils, et se repaît de la substance de la peau, qu'il fouille à l'aide de son suçoir. Lorsque le malade, impatienté de leurs démangeaisons, porte la main à l'endroit envahi pour se gratter, et que, par ce remède pire que le mal, il agrandit la plaie et l'envenime, ces plaies multipliées forment une croûte sous laquelle les parasites se tiennent à l'abri et continuent leur œuvre de destruction et de propagation indéfinie. La chair des enfants est celle qu'ils recherchent de préférence; ils infectent le nourrisson et respectent souvent la nourrice. Ils disparaissent de la tête à l'âge viril, pour attaquer de nouveau les vieillards.

C'est un préjugé fort répandu dans les campagnes que la présence des Poux préserve les enfants de toute autre maladie. Loin de là, sans parler des démangeaisons incessantes qui privent l'enfant du sommeil et du repos, ces parasites finissent par causer une suppuration dégoûtante qui épuise le patient et peut dégénérer en ulcère dangereux.

Fig. 429.
Pediculus cervicalis.

Les Poux se multiplient avec une effrayante rapidité; on a calculé qu'une seule femelle pouvait être la source de dix mille petits en trois mois.

Les soins de propreté sont le meilleur préservatif contre cette vermine; on s'en débarrasse au moyen d'infusions de tabac, de staphisaigre, d'huile camphrée. On fera bien de s'abstenir de l'emploi des onguents mercuriels lorsqu'il existera des excoriations.

La seconde espèce est le Pou du corps (*Pediculus humanus*), un peu plus grand que le précédent, à lobes de l'abdomen moins saillants, d'un blanc sale, sans taches ni raies. Il vit sur le corps de l'homme, dans les vêtements. Ce parasite se propage, dans certains cas, d'une si prodigieuse façon, qu'il occasionne l'horrible maladie connue sous le nom de *phthiriasis*, dont moururent, dit-on, Hérode, Sylla et Philippe II.

Les espèces du genre *Hæmatopine* vivent sur des mammifères. Ils se distinguent par un abdomen large, déprimé, de huit ou neuf segments. Tous les animaux domestiques ont leur espèce de Pou.

Celui du bœuf (*Hæmatopinus bovis*) est blanc, traversé de huit bandes rougeâtres, à tête et pattes fauves.

Celui du cochon (*Hæmatopinus suis*) a la tête et le thorax jaunâtres, avec des taches brunes; son ventre est très-large, d'un blanc cendré. Ces insectes se multiplient parfois à tel point sur le porc, qu'ils perforent ses téguments. On voit alors ces animaux maigrir au milieu de l'abondance, leurs soies se dresser en désordre, sales et dépouillées de leur luisant.

Celui du mouton (*Hæmatopinus ovis*) a la tête orbiculaire, le corselet étranglé dans son milieu, l'abdomen ovale, garni d'un faisceau de poils sur les côtés de chaque segment. Il est blanchâtre, rayé transversalement de brun.

Cette vermine pullule parfois à tel point sur les animaux, que ceux-ci en sont épuisés, tombent dans le marasme, et finissent même par succomber. Les animaux avancés en âge y sont plus sujets que les autres. La malpropreté de l'habitation, une nourriture mauvaise et peu substantielle, sont souvent les causes de la maladie pédiculaire chez les animaux.

FAMILLE DES PHILOPTÉRIENS OU RICINS

Les genres qui composent cette famille ont pour caractère commun une bouche munie de mandibules très-distinctes. Ils vivent généralement sur les oiseaux, mais quelques-uns se trouvent sur les mammifères. Les espèces de cette famille sont assez nombreuses et réparties dans plusieurs genres, principalement caractérisés par les antennes et les tarses.

Le genre *Philopterus* a les antennes filiformes, de cinq articles, les tarses munis de deux crochets, les palpes maxillaires non distinctes, le prothorax plus étroit que la tête, l'abdomen composé de neuf segments.

Le *Philopterus ocellatus*, ou Ricin du corbeau, vit sur cet oiseau et sur la corneille mantelée; il pond ses œufs en cercle autour des yeux de ces oiseaux. Ce parasite est long de 2 1/2 milli-mètres, d'un blanc grisâtre, avec les yeux noirs et des taches coniques noires sur les côtés de l'abdomen. Une autre espèce vit sur le canard.

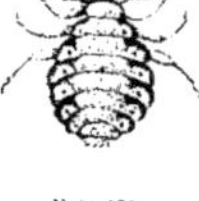

Fig. 430.
Philopterus pavonis.

Le Ricin du paon (*Philopterus pavonis*) [fig. 430] a la tête arrondie antérieurement, avec les angles temporaux très-grands; le thorax cordiforme, anguleux postérieure-ment; l'abdomen court, rétréci à sa base et élargi à son sommet. Il est d'un gris sale, avec le bord latéral des segments et un point sur chacun d'eux plus foncés.

Le genre *Trichodectes* ne diffère du précédent que par le nombre des articles des antennes, qui est de trois, et par les tarses, qui n'ont qu'un crochet. Le Trichodecte à tête arrondie (*Trichodectes sphærocephalus*) vit sur les moutons. Il est blanchâtre, avec une tache sur la tête et neuf bandes transverses sur l'abdomen, de couleur obscure. Cet insecte a la tête orbiculaire, le thorax étranglé dans son milieu, l'abdomen ovale, garni latéralement d'un faisceau de poils sur chaque segment.

Les *Liotheum* ont les antennes renflées en massue, les palpes maxillaires distinctes, les tarses munis de deux crochets écartés et crochus ; l'abdomen est formé de deux segments. Le *Liotheum fasciatum*, long de 2 millimètres, a la tête cordiforme, d'un gris jaunâtre, ainsi que le thorax, l'abdomen blanchâtre avec des bandes brunes transversales. Il vit sur le coucou. Le *Liotheum giganteum* vit sur le buzard.

Les Gyropes *Gyropus* ont les antennes en massue et les tarses munis d'un seul crochet. Leurs yeux sont invisibles ou nuls ; leur abdomen composé de six segments. Le Gyrope grêle *Gyropus gracilis* vit sur le cochon d'Inde.

ORDRE
DES
THYSANOURES

ORDRE DES THYSANOURES

otre dernier ordre des insectes comprend les Thysanoures. Ces petits êtres sont, comme les précédents,
privés d'ailes, et ne subissent pas de métamorphoses.
Ils sont reconnaissables entre tous par les organes particuliers de mouvement qu'ils portent à l'extrémité de
l'abdomen, d'où leur nom de *Thysanoures* (queue à
franges), et qui leur permettent, le plus souvent, d'exécuter
des sauts plus ou moins considérables. Ils varient d'ailleurs
beaucoup sous le rapport de la forme générale et de la
composition de chaque organe en particulier.

Chez ces insectes la bouche n'a plus la forme d'un suçoir, mais elle
est composée, comme chez les insectes broyeurs, de mandibules et de
mâchoires plus ou moins développées. Tous sont aptères, très-agiles, et
échappent à la main qui veut les saisir, soit par une fuite rapide, soit en
sautant. Les uns vivent dans l'intérieur des maisons, les autres se trouvent sous les pierres, sur les matières végétales en décomposition, sur le
bois pourri, les feuilles, etc.

On divise cet ordre en deux familles : les *Poduriens* et les *Lépismiens*.

FAMILLE DES PODURIENS

Les insectes qui rentrent dans cette famille ont pour caractères généraux : des antennes filiformes, plus courtes que le corps ; des yeux conglomérés, composés chacun de six petits yeux lisses ; des palpes très-courtes. Les parties de la bouche sont réduites à quatre petites lames sétiformes, qui représentent les mandibules et les mâchoires. L'abdomen, composé de cinq segments, est pourvu à son extrémité d'un appendice fourchu ou simple, qui se replie sur le ventre en dessous, et qui est susceptible de se débander comme un ressort en projetant au loin le corps.

Les Poduriens sont de très-petits insectes, mous, couverts d'écailles peu serrées, quelquefois paraissant glabres. Plusieurs vivent à la surface des eaux dormantes.

Cette famille renferme quatre genres, qui sont : *Lipura*, *Podura*, *Orchesella* et *Smynthurus*.

Les *Lipura* ont, comme les Podures proprement dits, des antennes de quatre articles, à articles égaux ; mais leur appareil saltatoire est nul ou très-rudimentaire.

Les *Podura* ont au contraire l'appendice caudal très-développé. On en connaît un assez grand nombre d'espèces, parmi lesquelles nous citerons : le Podure des arbres (*Podura arborea*), long de 3 1/2 à 4 millimètres ; c'est une des espèces les plus grandes du genre. Il est d'un noir lisse et brillant, avec la base des antennes et du thorax jaune ; les pattes et l'appendice saltatoire sont blanchâtres. Ce Podure se trouve communément sur les troncs vermoulus dans les bois. Les individus plus petits et blancs que l'on trouve parmi eux sont des jeunes.

Le Podure velu (*Podura villosa*) [fig. 434 vu en dessus, et 435 vu de côté, voy. p. 365, de manière à montrer l'appareil caudal replié en dessous] est d'un brun jaunâtre entrecoupé de taches et de raies noires. La tête et le thorax sont très-velus, l'abdomen est presque glabre. Cette espèce est assez commune sous les pierres.

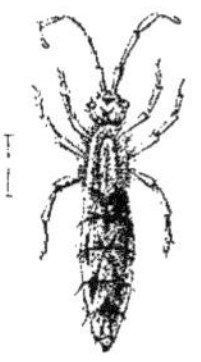

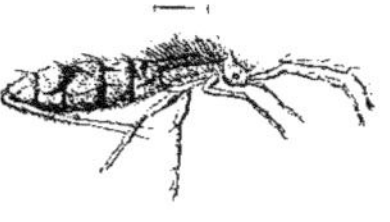

Le Podure gris (*Podura plumbea*), de moitié plus petit, a l'appendice saltatoire de la longueur du corps. Cette espèce vit sur les plantes basses; elle est commune aux environs de Paris.

Le Podure aquatique (*Podura aquatica*) vit en nombre souvent considérable sur les feuilles des plantes aquatiques ou à la surface des eaux stagnantes, où il exécute ses sauts. Il est d'un noir mat.

Fig. 434.
Podura villosa
(voy. page 364).

Fig. 435.
Podura villosa vu de côté (voy. page 364).

Les Podures sont ovipares et ne subissent aucune métamorphose. En sortant de l'œuf ils ont les formes qu'ils conserveront toute leur vie; ils croissent journellement et changent de peau. De Geer, auquel la science est redevable d'un grand nombre d'observations pleines d'intérêt sur les mœurs des insectes, a trouvé en Hollande des Podures vivants et très-alertes pendant les plus grands froids; leurs œufs étaient auprès d'eux; ils étaient d'une couleur jaune qui changea en rouge foncé quand ils furent près d'éclore. Ayant ouvert ces œufs, il ne trouva rien dedans qui eût la forme d'un insecte; mais il vit seulement quelques points noirs. Quelques jours après il en sortit de petits Podures qui avaient leur queue fourchue dirigée en arrière. Il a remarqué que les Po-

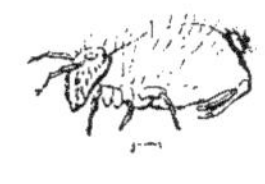

dures aquatiques ne peuvent vivre longtemps hors de l'eau; ils se dessèchent et meurent bientôt, ce qui fait voir que ceux-ci diffèrent des Podures terrestres, qui supportent la chaleur du soleil sans en souffrir.

Fig. 436.
Smynthurus solani.

Le genre *Orchesella* est caractérisé par des antennes de six articles, presque aussi longues que le corps. Le type du genre, l'*Orchesella filicornis*; long de 6 millimètres, est verdâtre, tacheté de noir; son corps est très-poilu, surtout sur le thorax.

Les *Smynthurus* ont le corps globuleux ou ovalaire; le thorax et l'abdomen paraissent confondus ensemble; les antennes ont leurs articles terminaux très-petits. Le *Smynthurus viridis*, long d'un demi-millimètre, est d'un vert clair mat, avec la tête jaunâtre et les yeux noirs ; ses antennes sont de la longueur du corps. On le trouve sur les écorces.

Le *Smynthurus solani* (fig. 436), long de 2 millimètres, est d'un brun verdâtre, hérissé de poils rigides. Il vit sur la pomme de terre, dont il ronge les feuilles.

FAMILLE DES LÉPISMIENS

Les insectes qui forment la famille des Lépismiens ont le corps en ellipse allongée, couvert d'écailles brillantes; la tête petite, le corselet gibbeux, l'abdomen allongé et rétréci à son extrémité. Leurs antennes, en forme de scie, sont divisées en un grand nombre d'articles; leurs yeux sont formés de petits yeux lisses conglomérés en nombre variable; leur bouche est composée d'un labre, de deux mandibules membraneuses, de deux mâchoires et d'une lèvre; leurs palpes labiales ont quatre articles. L'abdomen, composé de dix segments, porte en dessous neuf paires d'appendices lamelliformes, et se termine par des filets. Ces insectes fuient généralement la lumière; ils sont très-actifs, et exécutent, à l'aide de leur queue, des sauts assez étendus.

Fig. 137. — *Lepisma saccharina* (voy. page 368).

On les divise en deux genres : les Lépismes proprement dits (*Lepisma*) et les Machyles (*Machylis*).

Les *Lépismes* ont des yeux très-petits, fort écartés, composés d'un petit nombre de grains; leur corps est terminé par trois filets de même longueur, ne servant point au saut. Les pattes sont allongées et minces, terminées par deux petits crochets aigus. Appelés autrefois *Forbicines*, ils ont été comparés à de petits poissons, en raison des couleurs brillantes et de la manière dont ils se glissent en courant; ils fuient la lumière, et se cachent ordinairement dans les boiseries, sous les planches humides ou sous les pierres. Ces petits animaux courent très-vite, et il est difficile de les saisir sans enlever une partie des écailles qui couvrent leur corps et qui restent attachées aux doigts. La mollesse de leurs organes masticateurs semble indiquer qu'ils ne peuvent ronger des matières dures. Cependant Linné et Fabricius ont dit que l'espèce commune se nourrit de sucre et de bois pourri; elle ronge aussi les livres et les étoffes de laine. Cette espèce, considérée comme le type du genre, est le Lépisme du sucre (*Lepisma saccharina*) [fig. 437, voy. p. 367], très-commun dans les maisons, où on lui donne le nom de *petit poisson d'argent*, à cause des écailles argentées dont tout son corps est couvert. Il habite de préférence les lieux humides et renfermés ; il se nourrit, dit-on, de sucre et de substances végétales.

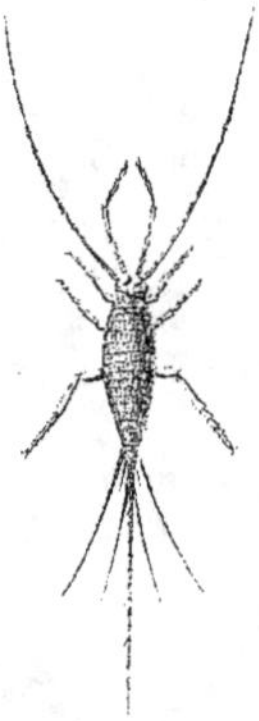

Le Lépisme doré (*Lepisma aurea* [fig. 438] se trouve en Espagne. Il est d'un jaune paille doré uniforme. Ses filets sont plus courts que dans l'espèce précédente.

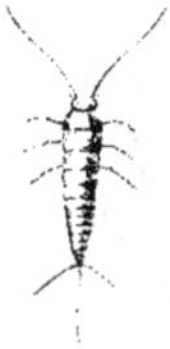

Le genre *Machylis* diffère du *Lepisma* par ses yeux grands et contigus, et par la forme générale du corps, qui, au lieu d'être allongé, est court, en forme de cône, avec les côtés non comprimés et le dos voûté. L'abdomen est terminé, comme dans les Lépismes, par trois filets ; mais ces filets peuvent se replier sous le corps, et

Fig. 438.
Lepisma aurea.

Fig. 439.
Machylis polypoda.

servent à l'insecte, en se débandant, à produire des sauts remarquables.

Le *Machylis polypoda* (fig. 439), que l'on trouve dans les bois au pied des arbres, est long de 4 à 5 millimètres, couvert de petites écailles de couleur enfumée.

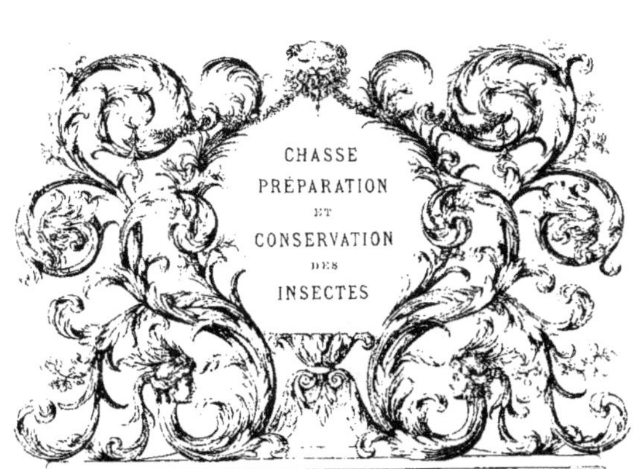

CHASSE
PRÉPARATION
ET
CONSERVATION
DES
INSECTES

CHASSE, PRÉPARATION ET CONSERVATION
DES INSECTES

utre l'utilité incontestable que l'on retire de l'étude des insectes, elle offre mille charmes et mille distractions; mais cette étude est subordonnée à deux choses : une bibliothèque et une collection. Nous indiquons à la page 383, sous le titre de BIBLIOGRAPHIE, quelques-uns des auteurs qui se sont occupés de cette science. Quant aux collections, on sait que si la partie des insectes étrangers se monte par des achats et des échanges, celle propre aux insectes du pays ne s'augmente guère que par des chasses, qui méritent d'être détaillées; ce que nous faisons plus loin.

Mais avant de se mettre en chasse, il faut se pourvoir d'abord des objets nécessaires, qui sont : des boîtes garnies de liége pour y piquer les insectes; des bouteilles contenant du cyanure de potassium, ou remplies d'alcool ou de benzine; des filets, des épingles, des pinces, un écorçoir, un fort couteau, etc. Nous avons décrit avec détail tous ces ustensiles dans le premier volume de cet ouvrage, consacré aux *Coléoptères ;* nous n'y reviendrons donc pas ici, pour ne pas nous répéter.

Les insectes se trouvent partout : sur les routes, dans les champs, dans les bois, sur les plantes, dans les eaux ; mais si l'on se contentait de ramasser seulement ceux qui se présentent à la vue, on risquerait fort, sauf par quelque heureux hasard, de ne récolter que les plus communs. Il faut donc aller au devant d'eux, et les chercher dans leurs retraites les plus secrètes.

On doit lever les pierres qui bordent les chemins ou qui reposent sur le sol dans les prés et les bois ; visiter les sablonnières et fouiller les trous qui s'y rencontrent souvent en grand nombre ; chercher au bord des eaux, sous les détritus et sous les pierres, et même sous celles qui garnissent le fond des ruisseaux ; sur les plantes, il faut visiter avec soin les tiges, les feuilles et les fleurs ; sur les arbres, surtout sous leur écorce, dans leur carie ou parmi le détritus qui remplace leur aubier ; sous les mousses qui recouvrent les troncs et les rochers ; dans les champignons et autres substances végétales en décomposition ; dans les fumiers, les matières excrémentitielles, surtout celles des herbivores, sur les cadavres d'animaux en putréfaction. Quelque désagréables que puissent être les recherches dans ces dernières substances, elles dédommagent souvent le naturaliste de ses peines.

Il est évident qu'on ne trouve pas dans les pays cultivés les espèces des régions arides, ni dans les plaines celles qui vivent sur les montagnes. La chasse consiste donc à explorer ces différentes localités, et à attraper au moyen du filet les insectes qui volent à notre portée.

Mais il est encore deux autres moyens prompts, et qui procurent beaucoup d'insectes que l'on ne prendrait pas autrement. Le premier consiste à étendre à terre une nappe blanche au pied des arbres et des arbustes, et de secouer ou de battre ceux-ci au-dessus ; il tombe ainsi beaucoup de choses que l'on se hâte de saisir. L'autre moyen est de faucher, c'est-à-dire de promener rapidement un fort filet sur les champs de plantes, surtout lorsque celles-ci sont en fleur ; la secousse fait tomber les insectes au fond du filet, où on les saisit ensuite.

Les insectes capturés, les uns, les plus gros, sont de suite piqués ; les autres sont mis dans le flacon à cyanure ou dans le flacon à benzine, pour être piqués au retour de la chasse. On ne doit mettre dans le liquide que ceux dont les couleurs sont noires ou métalliques ; les insectes qui doivent leurs brillantes couleurs à un duvet léger ou à une fine poussière, y perdraient leur riche parure.

Si l'on en excepte les Coléoptères, qui sont piqués sur l'élytre droit, tous les insectes des autres ordres doivent être piqués sur le milieu du thorax.

Les ORTHOPTÈRES vivent généralement à terre, et la plupart se nourrissent de végétaux. Les uns courent, les autres sautent. On les prend soit à la main, soit avec le filet faucheur. Les larves de ces insectes ressemblent à l'insecte parfait, à la différence près que leurs ailes et leurs élytres ne consistent qu'en un rudiment de ces organes, qui croissent et se développent à chaque changement de peau, jusqu'à ce que l'insecte soit parvenu à l'état parfait. Ceci embarrasse souvent les jeunes amateurs ; mais avec un peu d'attention ils éviteront facilement les erreurs. Ces insectes fréquentent particulièrement les localités arides bien exposées au soleil, et on les trouve à l'état parfait, surtout en été et en automne.

Les Forficules ou Perce-oreilles se nourrissent de fruits, de fleurs et d'autres substances végétales. On les rencontre sous les pierres, les détritus végétaux et sous les vieilles écorces des arbres fruitiers, où on les trouve souvent rassemblés en familles nombreuses. On profite de l'instinct lucifuge de ces insectes pour leur tendre des piéges. On emploie des pots à fleurs renversés dont le fond est garni de mousse ; ils se réfugient dans cet abri, où on les prend au matin.

Les Blattes attaquent toutes les substances végétales, et particulièrement les matières alimentaires ; on les trouve dans les lieux humides et sombres, les celliers, les cuisines, les offices au rez-de-chaussée ; ils abondent trop souvent dans les magasins d'épiceries, les boulangeries. Certaines espèces habitent les bois ; on les trouve pendant le jour sous les feuilles sèches. Ces insectes ne sortent guère de leurs retraites que la nuit.

Les Mantes, les Phyllies, aux formes bizarres, vivent sur les végétaux, où leur couleur verte et leur apparence foliacée les rendent difficiles à distinguer. Elles perdent quelquefois leurs formes en se desséchant; il est nécessaire de les tuer promptement avec la benzine ou le chloroforme, et de les soutenir au moyen d'un petit carton piqué sous leur corps, jusqu'à complète dessiccation.

Les Criquets et Sauterelles habitent les prairies et les bois. On les prend en grand nombre en promenant le filet faucheur sur les plantes des prairies, sur les bruyères des clairières et des coteaux arides. Les Courtilières ont une vie toute souterraine, et ne sortent de leurs retraites que la nuit. Les jardiniers les en tirent souvent avec la bêche. On les prend en assez grand nombre en enterrant des pots au niveau du sol, dans les plates-bandes, qu'elles fréquentent de préférence; on met un peu d'eau au fond de ces pots pour les empêcher de s'envoler.

Tous ces insectes se piquent sur le milieu du thorax, de manière à traverser le centre de la poitrine. La grosseur et la mollesse du ventre, dans certaines espèces, rendent nécessaire de vider cette partie du corps et de la remplir de coton imprégné de quelques gouttes de benzine ou d'acide phénique. Quelques entomologistes emploient des préparations arsenicales; mais ces substances sont toujours dangereuses.

Les Grillons se plaisent dans les bruyères ou les sols arides exposés au soleil. Leur chant continuel fait aisément découvrir leur retraite, qui consiste en un petit trou rond; on les en fait facilement sortir en y introduisant une mince tige de graminée ou un crin. L'espèce domestique, le *Cricri*, habite dans les cheminées de nos maisons et autour des fours des boulangeries.

Il est souvent nécessaire pour l'étude d'étaler les ailes des Orthoptères. On se sert dans ce cas d'un étendoir, comme pour les Lépidoptères, et l'on procède de même; seulement la rainure destinée à recevoir le corps doit être plus large.

Les Névroptères sont souvent parés de brillantes couleurs. Les Libellules ou Demoiselles, les Perles, les Éphémères, les Phryganes, se prennent au vol avec le filet à papillons; on étale leurs ailes comme celles des Lépidoptères, et par les mêmes procédés. Quelques Libellules ont un abdomen très-long, d'autres l'ont très-gros, et il arrive souvent qu'il se brise et tombe. Dans le dernier cas on procède comme pour les Orthoptères, c'est-à-dire qu'on fend l'abdomen, qu'on le vide avec soin à l'aide de petites pinces, et qu'on le remplit de coton teint de la couleur de l'insecte, lorsque l'abdomen est transparent. Quand cet organe est très-long et mince, au moyen d'une longue et fine aiguille on introduit sous la tête un fil qu'on fait ressortir par l'extrémité de l'abdomen, puis on coupe ce fil aux deux bouts, à ras du corps. Avant d'introduire ce fil dans le corps de l'insecte, il est bon de le tremper dans l'alcool arséniqué, dans la benzine ou dans une décoction de tabac, ce qui en éloignera les Mites et les Anthrènes, au moins pendant longtemps.

Les Myrméléons ou Fourmis-lions volent lourdement dans les lieux sablonneux et ensoleillés. Leurs larves sont très-curieuses, et se creusent dans le sable ou la poussière, au pied des rochers ou des vieux murs exposés au midi, un entonnoir au fond duquel elles attendent en embuscade la proie que le hasard leur envoie.

Les Ascalaphes volent rapidement sur les prairies élevées. Tous ces insectes se prennent au filet; on peut saisir, au moyen de la pince à raquettes, les Panorpes, les Raphidies et les Mantispes, qui se posent fréquemment sur les buissons et les haies.

FIG. 443.
Pince à raquettes
(voy. p. 376).

Parmi les Libellules, plusieurs espèces sont de grande taille, et tiennent beaucoup de place dans la boîte où on les pique. Pour ménager l'espace, on peut piquer ces insectes à travers les flancs du thorax, en maintenant les ailes par une bande de papier.

Les Hyménoptères se nourrissent la plupart du nectar et du pollen des fleurs; on peut les prendre en grand nombre dans les prairies, les bruyères, les parterres, avec le filet à papillons; mais comme beaucoup d'entre eux sont armés d'un aiguillon dont la piqûre est fort douloureuse, il vaut mieux employer à leur capture la pince à raquettes. Cet instrument, que nous représentons figure 443 (voy. p. 375), ressemble à un grand fer à papillotes dont les palettes sont remplacées par des cadres en fer méplat garnis de tulle, rendu souple par le lavage. Cet instrument est très-commode pour prendre les Hyménoptères au repos.

Les Fouisseurs, tels que les Crabroniens et les Sphégiens, doivent être recherchés le long des talus sableux exposés au soleil ; c'est là qu'ils creusent leurs nids, et qu'il est plus facile de les saisir à leur entrée ou à leur sortie. On prendra de la même façon les Osmies, les Andrènes, les Mégachiles, ainsi que les Chrysides, les Mutilles et d'autres, qui vivent en parasites à leurs dépens. Leurs mœurs, décrites d'ailleurs dans le corps de cet ouvrage, indiquent les lieux où on doit les rechercher.

Les Fourmis se recueillent facilement dans leurs nids ; mais il faut avoir soin d'y prendre les trois sortes d'individus ; autrement il devient difficile de les reconnaître lorsqu'on les a pris isolément.

On se procurera les Cynips et quelques Chalcidiens en récoltant les galles que leurs piqûres font développer sur les végétaux ; d'autres Chalcidiens et les Ichneumoniens, en élevant les chenilles de Papillons piquées par ces insectes.

Les Tenthrédiniens, chez lesquels l'aiguillon est remplacé par une tarière inoffensive, peuvent se prendre au filet ; mais un excellent moyen de les obtenir en grand nombre et dans un état parfait de fraîcheur, est de recueillir et d'élever leurs larves, connues sous le nom de *fausses chenilles*, et qui vivent sur les arbustes et les arbres. Ces fausses chenilles se distinguent facilement des chenilles de Papillons par le nombre des pattes membraneuses ou fausses pattes, qui ne dépassent jamais le nombre de dix dans les vraies chenilles, tandis qu'il y en a quatorze ou seize chez les larves des Tenthrédiniens.

Les Guêpes, les Eumènes et les genres voisins font des nids très-curieux, qu'ils suspendent souvent aux branches des arbrisseaux. Il sera bon, toutes les fois qu'on le pourra, d'avoir un échantillon de leurs habitations.

Tous ces insectes se piquent au milieu du thorax ; comme les nervures des ailes fournissent des caractères importants à la classification, il est nécessaire d'étendre les ailes d'un individu au moins de chaque espèce. Dans le plus grand nombre des Hyménoptères, l'abdomen ne tient au thorax que par un pédicule très-mince; afin d'éviter que cet abdomen ne tombe pendant la dessiccation, on le soutiendra en piquant au-dessous de l'insecte un petit morceau de carte, que l'on n'enlèvera qu'après la dessiccation complète.

Une foule de petits Hyménoptères sont tellement ténus et délicats, qu'on ne peut les piquer avec une épingle, si mince soit-elle; on devra donc les coller à la gomme ou au vernis, sur un petit morceau de papier glacé taillé en pointe, ou les piquer sur un morceau de fil d'argent implanté sur un petit carré de moelle de sureau ou de liége, que l'on fixe lui-même au moyen d'une épingle.

Les Hémiptères ou Punaises vivent en général sur les végétaux; c'est donc là qu'il faut les chercher. Les Coccus, Cochenilles, Lecanium, qui vivent en parasites sur diverses plantes, peuvent se conserver dans de l'alcool affaibli; mais si l'on veut les garder à sec, ceux du moins qui offrent un peu de résistance, il faudra enlever des portions de l'écorce ou de la feuille sur lesquelles ils sont fixés.

Les Aphidiens ou Pucerons sont d'une contexture si molle, qu'ils sont très-difficiles à conserver; on les pique, comme nous l'avons dit, sur un fil d'argent.

Les Cicadiens, Cigales, Cercopes, Tettigones, Membraces, se récoltent sur les arbustes, les buissons, les haies, l'herbe des prairies; on les pique sur le thorax.

Les Népiens ou Hydrocorises se pêchent dans les eaux stagnantes au moyen du troubleau, comme les Coléoptères aquatiques; mais il faut les prendre avec précaution, car elles piquent fortement avec leur rostre acéré.

Les Géocorises ou Punaises terrestres vivent en général sur les végétaux, dont elles sucent la séve. On en prend un grand nombre soit avec le filet à faucher, soit en battant les arbrisseaux au-dessus d'une nappe. On les pique sur le thorax ou sur l'écusson, qui est très-développé dans certaines espèces. Il faut les piquer à mesure qu'on les prend, ou les mettre dans le flacon à cyanure, car l'alcool et la benzine altèrent souvent leur couleur.

Les Diptères vivent la plupart sur les fleurs; on les prend au filet ou à la raquette, et il est bon de les piquer immédiatement; si l'on ne peut faire autrement, on les mettra dans le flacon à cyanure, mais non dans la benzine, qui les gâte. On les pique sur le thorax. Les Diptères se conservent assez bien, sans trop se déformer. Les très-petites espèces se piquent sur un fil d'argent de la manière indiquée ci-dessus.

Les Némocères (Cousins, Tipules), si reconnaissables à leur corps allongé, à leur thorax bossu et à leurs pattes longues et déliées, se trouvent généralement dans les lieux frais, humides, à proximité de l'eau où vivent la plupart de leurs larves. Ils volent ordinairement le soir et le matin; on les prend au filet de gaze. Les petites espèces telles que les Cousins, les Moustiques, sont tellement délicats de formes, qu'on ne peut les piquer avec une épingle ni les coller sur papier de verre; il faudra donc les piquer sur un fil d'argent, comme nous l'avons indiqué plus haut.

Les Muscides varient beaucoup dans leurs habitudes : les uns se trouvent dans les bois, d'autres dans les prairies, les marais, un grand nombre sur les fleurs. Souvent les espèces les plus brillantes se posent sur des matières infectes, où il est répugnant de les aller chercher; mais le naturaliste doit savoir surmonter son dégoût.

Certains Diptères, Taons, Hippobosques, sucent le sang des animaux; c'est dans leur voisinage qu'il faudra les chercher. Quelques-uns vivent en parasites aux dépens d'autres insectes, et en particulier sur les chenilles et les chrysalides des Lépidoptères; on les obtient en élevant celles-ci. On en trouve un grand nombre sur les cadavres et sur les fientes d'animaux. Les Notacanthes vivent au bord des eaux où leurs larves habitent.

Les Aptères, Parasites, Poux, Ricins, et les Thysanoures, Podures, Smynthures, Lépismes, trop petits ou trop fragiles pour être piqués, seront séchés avec soin, puis collés sur du papier glacé au moyen de la gomme ou du vernis. Tous ces insectes seront mis dans de petits tubes préparés au cyanure, aussitôt après leur capture.

Nous ne répéterons pas ici tous les détails que nous avons donnés dans notre premier volume des *Coléoptères*, sur la préparation et la conservation des insectes, et sur l'arrangement des collections.

Il nous suffira de recommander ici aux jeunes amateurs de visiter fréquemment leur collection, afin d'en éloigner les Mites et les Anthrènes, et surtout de placer les cartons ou les boîtes qui la renferment dans des conditions telles, qu'elle n'ait à craindre ni l'humidité, qui engendre la moisissure, ni la trop grande sécheresse, qui rend les insectes fragiles au point que la moindre secousse leur est fatale.

BIBLIOGRAPHIE

BIBLIOGRAPHIE

Pendant les froids de l'hiver, lorsque la nature engourdie n'offre plus à l'entomologiste l'attrait de la campagne et les ressources de la chasse, il s'occupe de l'étude et du classement des objets qu'il a recueillis pendant la belle saison. Mais il lui faut, pour se guider dans cette étude, les ouvrages des maîtres de la science. Heureux, s'il peut les acquérir lui-même; heureux encore, s'il se trouve à proximité de quelque grande bibliothèque publique ou de quelque riche ami des sciences.

Nous donnerons ici une liste abrégée des principaux auteurs à consulter, soit sur l'Entomologie générale, soit sur chacun des ordres d'insectes en particulier.

Sur l'organisation et l'anatomie des insectes, on peut consulter les *Leçons d'anatomie comparée* de G. Cuvier, l'*Introduction* de l'*Histoire naturelle des Insectes* d'Emile Blanchard, par Brullé, 1840, in-8°, et surtout les précieux *Mémoires* de Léon Dufour, publiés dans les *Annales des sciences naturelles*.

Les mœurs et les procédés des insectes ont été étudiés et décrits par divers auteurs ; mais aucun n'a surpassé Réaumur et De Geer, dont les ouvrages, datant du milieu du siècle dernier, sont devenus assez rares chez les libraires. L'abbé de Latreille, surnommé le père de l'entomologie, a, dans son *Histoire naturelle des Crustacés et des Insectes* (6 vol. in-8°, 1802) et dans son *Histoire générale et particulière des Insectes* (14 vol. in-8°, 1806), donné un résumé général des observations antérieures sur les mœurs des insectes. Ce même travail a été refait d'une manière plus complète par deux entomologistes anglais, Kirby et Spence, dans leur *Introduction à l'Entomologie* (4 vol. in-8°, 1828), ouvrage dont le professeur Lacordaire a donné en français un excellent abrégé (2 vol. in-8°, 1835). Deux ouvrages également remarquables sont ceux des deux Huber. Le premier, François Huber, a laissé des *Observations sur les Abeilles* (2 vol. in-8°, 1810), chef-d'œuvre d'observation patiente et de sagacité ; le second, Pierre Huber, son fils, a publié l'*Histoire des Fourmis indigènes* (1 vol. in-8°, 1814), ouvrage rempli d'intérêt et de faits curieux.

Les classificateurs et les descripteurs sont les plus nombreux. En tête des classificateurs il faut placer l'illustre Linné, qui le premier, dans son *Systema naturæ*, établit les ordres, les familles et les génres. La treizième et dernière édition de cet immortel ouvrage porte la date de 1767. Après lui De Geer a décrit tous les insectes connus de son temps ; puis viennent par ordre de date :

GEOFFROY, *Histoire des insectes des environs de Paris*, 2 vol. in-4°, 1762.

HERBST, *Système de la nature des insectes*, 21 vol. in-8°, 1782 à 1806.

FABRICIUS, *Entomologia systematica*, 4 vol. in-8°, 1792 à 1798.

OLIVIER, *Entomologie*, 6 vol. in-4°, 1789 à 1806.

LATREILLE, *Histoire générale et particulière des Crustacés et des Insectes*, 14 vol. in-8°, 1806.

— *Genera crustaceorum et insectorum*, 4 vol. in-8°, 1806.

— *Règne animal* de Cuvier, *Insectes*, t. IV et V, 1829.

BLANCHARD, *Histoire naturelle des Insectes*, 3 vol. in-8°, 1844.

Guérin-Méneville, *Iconographie du Règne animal*, 5 vol. in-8°.
Burmeister, *Handbuch der Entomologie*, 6 vol. in-8°, 1854.
Girard (Maurice), *Les Insectes* (en cours de publication).

Les ouvrages spéciaux les plus utiles à consulter sont :

Pour les Orthoptères.

Audinet-Serville, *Orthoptères* (Suites à Buffon), in-8°.
Stal, *Recensio Orthopterorum*, 1873, in-8°.
Maurice Girard, *Les Insectes* (Orthoptères), t. II, 1875.
G. Schoch, *Catalogue synonymique des Orthoptères d'Europe*, in-8°, 1877.

Pour les Névroptères.

Dr Rambur, *Les Névroptères* (Suites à Buffon), in-8°.
Pictet, *Histoire générale et particulière des insectes névroptères*, 2 vol. in-8°, 1841.
Sélys Longchamps, *Monographie des Libellulidées d'Europe*, in-8°, 1840.
— *Synopsis des Agrionides*, in-8°, 1860.

Pour les Hyménoptères.

Lepeletier de Saint-Fargeau, *Les Hyménoptères* (Suites à Buffon), in-8°.
Dahlbom, *Hymenoptera Europæa*, 2 vol. in-8°, 1846.
— Ses diverses *Monographies*.
Wesmaël, *Ichneumologia otia*, in-8°, 1857.
Nylander, *Formicides de France et d'Algérie*, in-8°, 1856.
Dours, *Catalogue des Hyménoptères de France*, in-8°, 1874.

Pour les Hémiptères.

Amyot et Serville, *Les Hémiptères* (Suites à Buffon), in-8°.
Mulsant, *Histoire naturelle des Punaises de France*, in-8°, 1873.
Stal, *Genera Hemipterorum*, in-8°, 1874.
— *Enumeratio Hemipterorum*, 5 vol. in-4°, 1876.
Puton, *Catalogue des Hémiptères d'Europe*, in-8°, 1875.

Pour les Diptères.

Fallen, *Diptera Sueciæ*, in-8°, 1810.
Meigen, *Classification et description des Diptères d'Europe*, in-4°, 1804.

Macquart, *Les Diptères* (Suites à Buffon), in-8°.
Robineau Desvoidy, *Histoire des Diptères des environs de Paris*, 2 vol. in-8°, 1863.

Pour les Aptères et Parasites.

Nitzsch, *Insecta epizoïca*.

Parmi les recueils scientifiques consacrés aux insectes, nous citerons en première ligne les *Annales de la Société entomologique de France*; ceux de Belgique, d'Angleterre et d'Allemagne, où se publient d'excellents mémoires et des monographies.

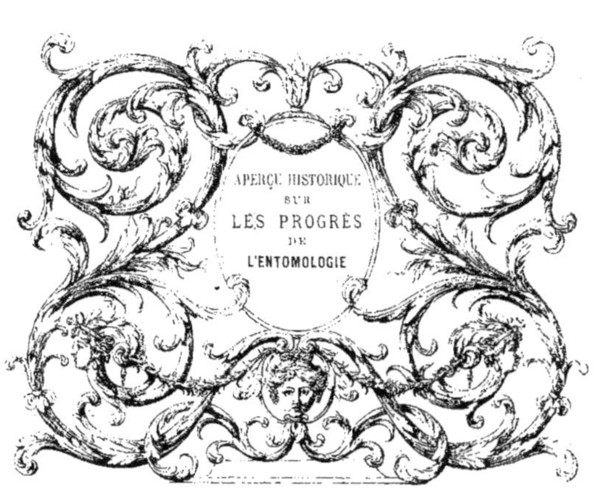

APERÇU HISTORIQUE
SUR
LES PROGRÈS
DE
L'ENTOMOLOGIE

APERÇU HISTORIQUE SUR LES PROGRÈS
DE L'ENTOMOLOGIE

De tout temps les insectes, répandus par milliers sur la terre. ont dû attirer l'attention des hommes. L'Abeille, qui produit son doux miel, le Ver à soie, qui fabrique son fil d'or, sont connus depuis la plus haute antiquité, et il dut en être de même des insectes qui, par leurs piqûres ou leurs ravages, se rendaient redoutables.

La Bible fait mention de plusieurs espèces d'insectes; elle nous a laissé le récit de cette terrible invasion de Sauterelles, qui fut la huitième plaie d'Égypte, et l'on en trouve des figures représentées avec exactitude parmi les hiéroglyphes gravés sur les monuments des Égyptiens. Il est historiquement démontré que l'art de tirer parti des Vers à soie est connu en Chine depuis plus de 4000 ans, et l'on trouve dans un Traité d'histoire naturelle chinois, attribué à Yu, qui vivait 2200 ans avant notre ère, la description de plusieurs insectes.

Cependant, jusqu'à l'apparition d'Aristote, l'histoire naturelle , dénuée de méthode et de critique, resta plongée dans le chaos. Cet homme extraordinaire, qui fonda une nouvelle philosophie, devint le législateur de l'histoire naturelle, à laquelle il appliqua la méthode expérimentale créée par Socrate.

Aristote de Stagyre, fondateur de la secte des Péripatéticiens, qui régna si longtemps dans les écoles d'Europe et d'Orient, fut un des plus puissants génies que la terre ait admirés. Élève de Platon, il en devint bientôt le noble rival, et fut précepteur d'Alexandre-le-Grand, qui s'efforça de lui procurer les matériaux de ses vastes études. On vit alors une même tête refondre le système des connaissances humaines, tracer des règles aux poëtes et aux orateurs, approfondir l'homme physique et intellectuel, s'élancer dans les hauteurs de la métaphysique, observer le premier l'organisation des animaux et leurs mœurs. Aristote se créa sur les esprits un empire plus étendu et plus durable que celui d'Alexandre sur les peuples.

Fig. 450. — Aristote, d'après l'ouvrage de Visconti.

L'*Histoire des animaux* d'Aristote sera toujours regardée comme un chef-d'œuvre. Ce traité contient, dans un style nerveux et concis, un nombre prodigieux de faits et d'observations qui dénotent une sagacité surprenante. La partie relative aux insectes est peut-être la moins parfaite, les connaissances étant absolument nulles à leur égard, avant lui. Cependant il saisit le caractère extérieur le plus remarquable de ces articulés, celui d'avoir le corps formé d'une suite d'anneaux, d'où le nom d'*entoma* qu'il leur donne, et que les Latins ont traduit par *insecta*. Il les considère comme privés de sang (*anaimes*), décrit les différentes parties dont leur corps est composé, et les distingue déjà en insectes broyeurs

et insectes suceurs, en ailés et en aptères ; il les divise suivant les différences des organes du vol : ceux qui ont quatre ailes, dont les deux
supérieures coriaces, en forme d'étuis ; ceux qui ont quatre ailes nues ;
ceux qui n'ont que deux ailes ; et ceux enfin qui n'en ont pas du tout.
Comme on le voit, on retrouve ici la base et même les principales coupes
de nos méthodes modernes. Aristote observe en outre que la plupart des
insectes à quatre ailes nues sont armés d'un aiguillon apparent ou caché ;
il remarque encore que les piqûres des insectes sont tantôt causées par
la bouche, tantôt par l'aiguillon de l'abdomen ; que les premières sont
dues à des insectes à deux ailes (certains Hémiptères à quatre ailes piquent
aussi avec leur rostre), et que les secondes sont produites par des insectes
à quatre ailes. Il donne aussi des détails intéressants sur le chant des
Cigales et sur les mœurs des Abeilles, décrit les Cantharos ou Bousiers,
qui roulent une pelote de fiente, et dont quelques espèces (les Ateuchus)
sont l'objet d'un culte de la part des Égyptiens, qui y voient l'emblème
du retour du printemps.

Il parle des Cantharides (Mylabres) employées en médecine, des
Carabos (Cerambyx) qui vivent dans le bois, ainsi que les Cossus, des
Pyrgolampis (Vers luisants), des Calandres qui attaquent le blé, des
Scolytes qui détruisent les arbres ; il décrit les Grillons, les Sauterelles,
les Criquets, les Coris (Punaises), les Phryganes et les Éphémères,
les Abeilles solitaires, les Guêpes et les Bourdons, les Fourmis, les
Papillons, les Mouches, etc.

La période ouverte par Aristote, qui vivait environ 350 ans avant notre
ère, s'étend jusqu'aux auteurs latins qui, postérieurement à Pline le Naturaliste, ont plus ou moins copié le philosophe grec, augmentant le nombre
des objets déterminés, mais malheureusement défigurant le plus souvent,
par des récits remplis d'erreurs, les traditions de leurs devanciers, et, à
cet égard, Pline est celui qui a peut-être le plus défiguré l'histoire naturelle.

Plinius (Caius), dit l'Ancien ou le Naturaliste, naquit à Côme l'an 23
de J. C., sous le règne de Tibère. Ce fut l'homme le plus laborieux qui
ait jamais existé. Des nombreux ouvrages qu'il a écrits, un seul, l'*His-*

toire de la nature, est parvenu jusqu'à nous. C'est une vaste compilation, une encyclopédie précieuse des connaissances des anciens, puisqu'il se compose, nous dit l'auteur lui-même, des extraits de deux mille volumes, la plupart inconnus, même de son temps, et aujourd'hui perdus. Malheureusement la nature n'avait pas donné à Pline le génie d'observation qu'en avait reçu Aristote. Il ne prit même pas toujours à ses auteurs ce qu'ils avaient de plus important. Souvent inexact et incomplet dans la description des êtres, il n'omet aucune des choses singulières et des croyances superstitieuses qui avaient cours de son temps; il rapporte avec une puérile complaisance toutes les fables des voyageurs et des poëtes grecs, et s'il fut le modèle de Buffon, comme on s'est plu à le dire, ce fut pour son éloquence et les beautés sévères de son style. Pline périt peu de temps après la publication de son grand ouvrage, et le même jour qui vit engloutir Pompeia et Herculanum sous les laves du Vésuve, dont il avait voulu étudier de près la terrible éruption.

Dans cette période apparaissent quelques médecins, des agriculteurs, dont les ouvrages peuvent servir de contrôle et de commentaire aux textes primitifs; on peut citer Athénée, Columelle, Hor-Apollon, Nicandre, Élien, Galien, Hippocrate, etc.

Malgré son génie, Aristote n'avait pu découvrir le lien qui rattache la larve rampant sur le sol à l'insecte ailé qui voltige dans l'air; les métamorphoses des insectes restèrent inconnues pendant des siècles, aussi bien que leur mode de génération. On admettait bien pour certains d'entre eux un accouplement comme chez les autres animaux; mais pour le plus grand nombre on expliquait leur apparition par la génération spontanée: les chenilles naissaient des feuilles ou des fleurs sur lesquelles on les trouvait; d'autres provenaient du limon de la terre, des cadavres en décomposition ou des matières corrompues. Qui ne connaît la fable des Abeilles d'Aristée, chantée par Virgile : Les nymphes des eaux, compagnes d'Eurydice, pour se venger d'Aristée, cause involontaire de sa mort, firent périr ses Abeilles. D'après le conseil de sa mère, il immola de jeunes taureaux pour apaiser leur courroux, et vit bientôt après sortir de leurs entrailles corrompues de nouveaux essaims d'Abeilles.

Sous le règne des derniers Césars, pendant le Bas-Empire et le moyen âge, l'invasion de l'Europe par les peuplades du Nord et par les Musulmans anéantit peu à peu les matériaux des connaissances acquises, et replongea l'Occident en pleine barbarie.

Ce qui échappe des arts et des sciences demeure pendant un long espace de temps enfoui dans quelques bibliothèques de monastères, et longtemps dans un oubli complet. Près de quinze siècles se passent ainsi, et vers 1500 un nouvel élan saisit l'Europe; elle essaie d'écarter les nuages qui l'environnent, et de revoir de nouveau la lumière.

De cette époque date la seconde période de l'Entomologie. On fait des efforts pour rassembler les matériaux dispersés des sciences; des voyageurs parcourent les pays éloignés, en observent et figurent les animaux; parmi les voyageurs citons Bélon pour le Levant, Flacourt pour l'île de Madagascar. A cette époque aussi on voit s'élever différents musées, où les richesses rapportées par les voyageurs sont rangées et décrites.

Aldrovandi (Ulysse), né en 1522 à Bologne, publie en 1599 son *Historia naturalis* en treize volumes in-folio, ornés de figures. Cet ouvrage embrasse toute l'histoire naturelle; les deux derniers volumes traitent des *Entomes*; on

FIG. 451. — Aldrovandi.

peut les regarder comme un magasin où se trouve enfoui tout ce qui a été dit antérieurement sur les insectes. Après lui Mouffet, médecin anglais, donne son *Theatrum insectorum*, grand volume in-folio, orné de gravures sur bois dans le texte; cet ouvrage, imprimé à Londres, date de 1634; les figures des espèces, quoique grossières, s'y trouvent bien reconnaissables. Cependant les recherches positives font encore défaut, beaucoup d'erreurs sont accréditées, et la génération spontanée est toujours admise.

La troisième période commence au dix-septième siècle; elle offre un caractère tout particulier. On commence à secouer le joug de la scolastique; le doute sur les choses avancées par les anciens s'est emparé des esprits; on reconnaît que l'expérience et l'observation est la seule voie indiquée à tous ceux qui veulent faire un pas nouveau dans la science; le microscope, la gravure sur cuivre, les figures coloriées viennent en aide aux yeux et à la mémoire, et bientôt en effet l'amour de la recherche, la passion de l'expérience, amènent de brillantes découvertes. Bacon donne dans son *Novum organum scientiarum* la méthode philosophique à employer pour arriver à la vérité, méthode tout expérimentale, par laquelle il n'arrive à la généralisation qu'après avoir rassemblé des faits assez nombreux pour qu'il soit permis d'en tirer des conséquences. Puis vient René Descartes, le grand philosophe français et l'un des principaux instigateurs de la révolution scientifique du dix-septième siècle. Dans sa méthode pour arriver à la connaissance de la vérité, il recommande de prendre le doute pour point de départ.

Harvey, anatomiste anglais, célèbre par sa découverte de la circulation du sang, avança le premier que tout être vivant est le produit d'une semence : *omne vivum ex ovo*. Il avait composé un ouvrage sur la génération des insectes; mais cet ouvrage fut perdu dans le pillage de sa maison, à la chute de Charles Ier, dont il était le médecin. Harvey, trop âgé pour recommencer ses travaux, ne put réparer cette perte.

Malpighi, professeur à Bologne et à Pise, l'un des savants qui ont le plus honoré l'Italie, fit faire un pas immense à la science en appliquant le microscope à l'étude de la structure intime des organes. Il publia le premier une anatomie du Ver à soie et de son insecte parfait en 1669, fit connaître que dans les animaux de cette classe la respiration a lieu par des stigmates aboutissant à des vaisseaux contournés en spirale, appelés *trachées*, et que l'air, au lieu de se rendre dans un réservoir commun, est distribué dans toutes les parties du corps. Il suivit avec une patience admirable ce même insecte dans ses métamorphoses, et fit l'anatomie des organes qui se développent successivement dans le Papillon pendant ses transformations. *Dissertatio de Bombyce*, in-4°. Il en existe de nombreuses éditions, dont quelques-unes in-folio.

Leuwenhoëck (Antony van), né à Delft en 1632, s'est rendu célèbre par ses travaux microscopiques. Il était doué d'une patience et d'une adresse qui lui permirent de faire les observations les plus minutieuses au moyen de lentilles, qu'il fabriquait et polissait lui-même avec une perfection admirable. Il a laissé une foule de mémoires sur l'organisation et l'anatomie des insectes, réunis dans son *Arcana naturæ*, publié de 1695 à 1719 en quatre volumes in-4°. On est étonné des découvertes qu'il a pu faire en ce genre, et de l'adresse et de la persévérance qu'il lui a fallu, quand on sait que les simples lentilles de verre dont il se servait, donnaient à peine des grossissements de cent à cent cinquante fois.

Vers le même temps, Swammerdam, compatriote de Leuwenhoëck, et l'un des plus habiles observateurs du dix-septième siècle, se livra à des études sur la structure intime des insectes, et en suivit les métamorphoses avec une étonnante sagacité. Ses travaux sur l'anatomie du Pou, du Scarabée nasicorne, de l'Abeille, du Taon, etc., sont remarquables, mais ses études sur la chenille et le papillon sont surtout admirables. En suivant les métamorphoses des insectes, il a le premier démontré que la chrysalide existe toute formée dans la chenille, à l'époque où doit s'opérer sa métamorphose, et que le papillon existe dans la chrysalide avec les organes qui lui sont propres. Cette observation eut une grande influence sur les idées relatives à la génération des insectes, et jeta les fondements du système de l'évolution. On doit à Swammerdam une *Histoire générale des insectes*, in-4°, avec 13 planches gravées, Utrecht 1669, et la *Biblia naturæ*, magnifique ouvrage in-folio, accompagné de 53 planches dessinées par lui-même. Ce dernier ouvrage ne fut publié que cinquante ans après la mort de son auteur, par le célèbre et riche médecin Boerhaave, son compatriote, qui avait acheté ses manuscrits et ses dessins.

Ce qu'avaient si heureusement commencé les travaux de Leuwenhoëck et de Swammerdam, pour renverser la théorie de la génération spontanée des insectes, les expériences d'un médecin italien, Redi, le termina. Cet observateur eut l'idée que les Vers qui fourmillent dans les viandes corrompues et donnent bientôt naissance à des Mouches, proviennent d'œufs déposés par les femelles. Pour s'en assurer, il exposa à l'air un grand nombre de boîtes sans couvercle, dans chacune desquelles il avait placé un morceau de viande, tantôt crue, tantôt cuite, afin d'inviter les Mouches, attirées par l'odeur, à venir pondre leurs œufs sur ces chairs. Il varia à l'infini ces viandes, que lui fournit la ménagerie du grand-duc de Toscane, et sur toutes il vit les Mouches venir pondre leurs œufs, d'où sortirent de nombreux Vers, et toujours ces Vers lui donnèrent quatre sortes de Mouches : des Mouches bleues (*Calliphora vomitoria*), des Mouches noires chamarrées de blanc (*Sarcophaga carnaria*), des Mouches semblables à celles des maisons (*Musca domestica*), et des Mouches d'un vert doré (*Lucilia cæsar*). Non content de cela, il fit une contre-épreuve décisive. Il plaça de nouveau des morceaux des mêmes viandes dans des boîtes, couvertes cette fois de toiles à claire-voie, afin que l'air pût circuler librement et amener la putréfaction, mais de sorte que les Mouches attirées par l'odeur ne pussent y déposer leurs œufs. Redi vit les chairs se corrompre, mais aucun Ver ne s'y développa.

Goedart augmente le nombre des observations sur les métamorphoses; Vallisnieri peint les mœurs de divers insectes, entre autres du Fourmilion; d'autres auteurs débarrassent la science de ce fatras d'érudition médicale dont jusque-là elle était encombrée; parmi eux Ray décrit les insectes de la Grande-Bretagne; Frich, auteur allemand, traite aussi des métamorphoses des insectes; ses figures, quoique mal exécutées, ont un caractère d'exactitude frappant, les nervures des ailes y sont étudiées avec tout le soin possible; il avait prévu le parti que plus tard on en pourrait tirer. Des peintres habiles attachent leur nom à des travaux entomologiques; Albin, Ladmiral, Blancard, Hœfnagel, Mérian, Rœsel et d'autres consacrent leur pinceau à des ouvrages qui sont pour la plupart des chefs-d'œuvre de dessin et de peinture.

On possédait donc déjà au commencement du dix-huitième siècle des connaissances assez importantes sur le mode de reproduction et sur l'organisation des insectes; mais on n'avait encore que des notions peu étendues sur les mœurs, les instincts et les métamorphoses de la plupart de ces animaux, lorsque Réaumur publia le résultat de ses observations.

René-Antoine Ferchault de Réaumur naquit à La Rochelle en 1683. Maître d'une grande fortune, il put suivre entièrement son goût pour

l'histoire naturelle. On lui doit une foule de découvertes utiles, telles que
l'art de faire de l'acier, la fabrication de la porcelaine opaque, le thermo-
mètre qui porte son nom ; mais c'est surtout dans l'histoire naturelle que
ses travaux et ses découvertes furent le plus nombreux et le plus intéressants. Nous nous contenterons de citer ses travaux sur l'Entomologie, qu'il
publia de 1734 à 1742 en six volumes in-4°, sous le titre modeste de
Mémoires pour servir à l'histoire des insectes. Ce magnifique ouvrage

FIG. 452. — Réaumur.

renferme une foule d'observations curieuses sur les mœurs des insectes,
sur leur structure et sur leur industrie, et l'on peut dire qu'il a le plus
contribué à répandre le goût de l'Entomologie. Réaumur fut un des
observateurs les plus sagaces, et personne ne le surpassa pour la patience
et l'habileté avec lesquelles il préparait et suivait ses expériences.

Charles Bonnet, de Genève, contemporain et ami de Réaumur, et
comme lui contempteur des méthodes, fut un observateur aussi minu-

lieux, mais penseur plus profond. Il a consigné dans ses *Contemplations de la nature* le résultat de ses longues études. On lui doit la découverte de la fécondation des Pucerons sans accouplement pour plusieurs générations. Son *Traité d'insectologie* est du plus grand intérêt.

De Geer, entomologiste suédois, mais qui a écrit en français, marcha sur les traces de Réaumur; il l'a égalé comme observateur, et surpassé par son esprit méthodique. Il a décrit et classé tous les insectes dont il a parlé, et a le premier fait usage des caractères pris de la forme des parties de la bouche. Malheureusement son ouvrage est d'un très-grand prix et excessivement rare.

Avec l'illustre Linné s'ouvre une ère nouvelle pour l'Entomologie. Les insectes sont par lui divisés en ordres qui, presque tous, subsistent encore aujourd'hui. Il désigne et caractérise pour la première fois d'une manière claire et rigoureuse, les groupes, les genres, les espèces. Le célèbre naturaliste suédois, qui dévoila le système sexuel des végétaux, avait des vues plus relevées que celles des simples nomenclateurs auxquels on a voulu parfois l'associer : il apercevait, avec une finesse et une sagacité merveilleuses, les rapports les plus délicats de tous les êtres.

Fig. 453.
Charles Bonnet.

Le caractère de ses écrits est l'ordre, la concision, l'exactitude. Il débrouilla le premier ce chaos informe que les naturalistes avaient laissé subsister parmi les productions de la terre. Dans son zèle infatigable, il entreprit de décrire tous les êtres connus de son temps, et de les classer suivant une méthode simple qui pût les faire retrouver au besoin. Il réforma la nomenclature, et substitua à ces longues phrases descriptives, difficiles à conserver dans la mémoire, un double nom, l'un *générique,* exprimant les caractères généraux qui lient les êtres entre eux, et l'autre *spécifique,* énonçant les qualités par lesquelles ils diffèrent les uns des autres. Son *Systema naturæ,* qui apportait dans la science une véritable réforme, eut pendant sa vie douze éditions, et exerça une grande influence sur l'étude des êtres organisés. En entomologie, Linné fonda les ordres à peu près tels qu'on les observe aujourd'hui : le premier renfermant les insectes à élytres, *Coléoptères* et *Orthoptères*, le second les *Hémiptères*, le troisième les *Lépidoptères*, le quatrième les *Hyménoptères*, le cinquième les

Fig. 454. — Linné.

Névroptères, le sixième les *Diptères*; puis viennent les *Aptères* qui comprennent, outre les insectes aptères hexapodes, les arachnides et les myriapodes.

Fabricius, élève de Linné, introduisit une nouvelle méthode fondée sur les caractères de la bouche, qui fit grand bruit dans le moment où elle parut; mais elle a le défaut, comme toutes les méthodes rigoureuses fondées sur un seul organe, de réunir des objets tout à fait éloignés naturellement les uns des autres. Il n'en a pas moins rendu de grands services à l'Entomologie en faisant connaître tout le parti qu'on peut tirer de ces caractères pour la classification. Fabricius joignit à ces travaux systématiques des traités séparés sur chacun des ordres qu'il avait créés, et décrivit un nombre considérable d'espèces nouvelles.

Latreille, presque contemporain de Fabricius, était né à Brives en 1762. Incarcéré en 1793, comme prêtre réfractaire, et condamné à la déportation, il dut son salut à un petit insecte, le *Necrobia ruficollis*, qu'il trouva sur les murs de la prison où il était détenu. Il envoya cet insecte, alors peu connu, à Bory de Saint Vincent, qui parvint à lui faire rendre sa liberté.

Latreille mit à profit l'étude de ses prédécesseurs, et s'efforça de créer une méthode plutôt naturelle que systématique; il imita l'illustre botaniste Laurent de Jussieu, groupant les espèces d'après la somme de leurs ressemblances, cherchant à rapprocher ce que la nature paraissait rapprocher. Son premier ouvrage, publié en 1796, a pour titre : *Précis des caractères génériques des insectes disposés dans un ordre naturel, par le citoyen Latreille*. C'était un premier essai. Quelques années après il publia son *Genera crustaceorum et insectorum* (4 vol. in-8°, 1806-1807), ouvrage dans lequel il offrit une exposition si exacte des caractères, et presque toujours une si juste appréciation des affinités naturelles, que les travaux postérieurs n'ont amené de ce côté que des rectifications d'ordre secondaire. Bien qu'étranger à l'anatomie, Latreille, par ses aperçus ingénieux, s'est presque toujours trouvé en parfait rapport avec les dissections anatomiques qui ont été faites depuis. Son *Genera* est vraiment admirable pour la manière dont les divers genres s'enchaînent dans chaque ordre, et dont les caractères sont présentés. Dans le *Règne animal* de Cuvier, et notamment dans la seconde édition, dont la partie entomologique fut confiée à Latreille par le grand naturaliste, il perfectionna encore sa méthode.

Cette époque est riche en matériaux de toutes sortes : voyages, monographies d'ordres, de familles, de genres, tout y abonde. Dans son *Traité d'anatomie comparée,* Cuvier avait présenté le résumé des connaissances de son époque sur l'organisation des insectes; il fut suivi dans cette voie par Marcel de Serres, Ramdhor, Carus. Strauss publia son beau travail sur l'anatomie du Hanneton, mais c'est incontestablement Léon Dufour qui a produit les travaux les plus complets sur cette matière.

Fio. 455. — Latreille.

Nous ne pouvons rapporter ici la longue série des travaux spéciaux sur les insectes, des faunes entomologiques, des monographies, etc., le nombre en est immense. Nous nous contenterons d'ajouter que c'est à notre époque qu'appartiennent les applications de l'entomologie à l'agriculture, et que les noms d'Audouin, de Ratzeburg, de Guérin-Méneville, de Nœrdlinger, etc., se rattachent brillamment à cette étude si utile.

Depuis soixante ans environ, les voyages se sont tellement multipliés dans toutes les parties du monde, et ont fourni une telle quantité d'insectes aux collections des divers musées de l'Europe et même à celles de riches amateurs, qu'il est devenu impossible à un seul homme de faire un inventaire complet des représentants connus de la classe des insectes, ou même des représentants d'un seul ordre de cette classe; quelques-uns l'ont tenté, et y ont renoncé. Il faut donc se contenter aujourd'hui des faunes spéciales, des monographies ou des catalogues pour la détermination et la classification des insectes. Nous avons indiqué dans la *Bibliographie* les ouvrages les plus récents et les plus utiles à consulter.

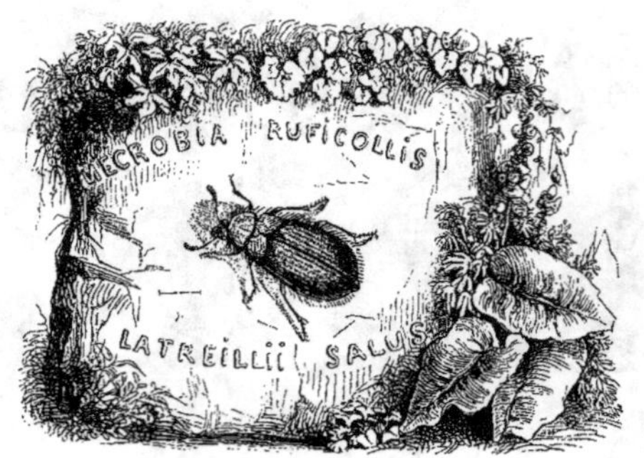

TABLEAU
DE LA
CLASSIFICATION

TABLEAU DE LA CLASSIFICATION

ORDRE DES ORTHOPTÈRES.

ORDRE DES THYSANOPTÈRES

ORDRE DES NÉVROPTÈRES

ORDRE DES HYMÉNOPTÈRES

2ᵉ Section : TÉRÉBRANS.

ORDRE DES HÉMIPTÈRES

1re Section : HOMOPTÈRES.

ORDRE DES APHANIPTÈRES

ORDRE DES STREPSIPTÈRES ou RHIPIPTÈRES

ORDRE DES DIPTÈRES

1re Section : NEMOCÈRES.

2e Section : BRACHOCÈRES.

ORDRE DES ANOPLOURES

ORDRE DES THYSANOURES

TABLE ALPHABÉTIQUE

DES FAMILLES, TRIBUS. GENRES ET ESPÈCES

DÉCRITS ET FIGURÉS DANS L'OUVRAGE

TABLE ALPHABÉTIQUE.

Strasbourg, typ. de G. Fischbach, succr de G. Silbermann.

ORTHOPTÈRES. — Pl. I

ORTHOPTÈRES. — Pl. II

ORTHOPTÈRES. — Pl. III

NÉVROPTÈRES. — Pl. IV

NÉVROPTÈRES — Pl. V

HYMÉNOPTÈRES. — Pl. VI

HYMÉNOPTÈRES. — Pl. VII

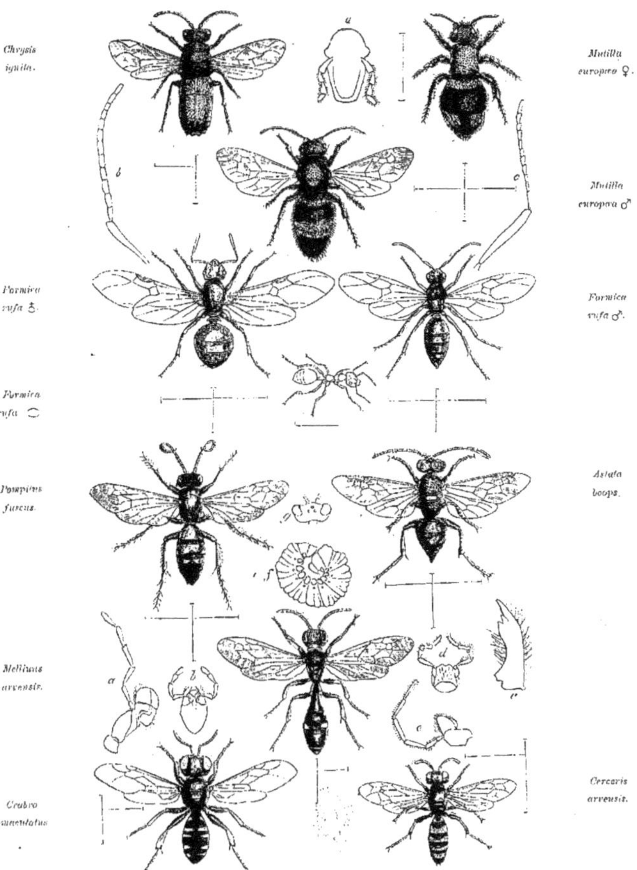

HYMÉNOPTÈRES. — Pl. VIII

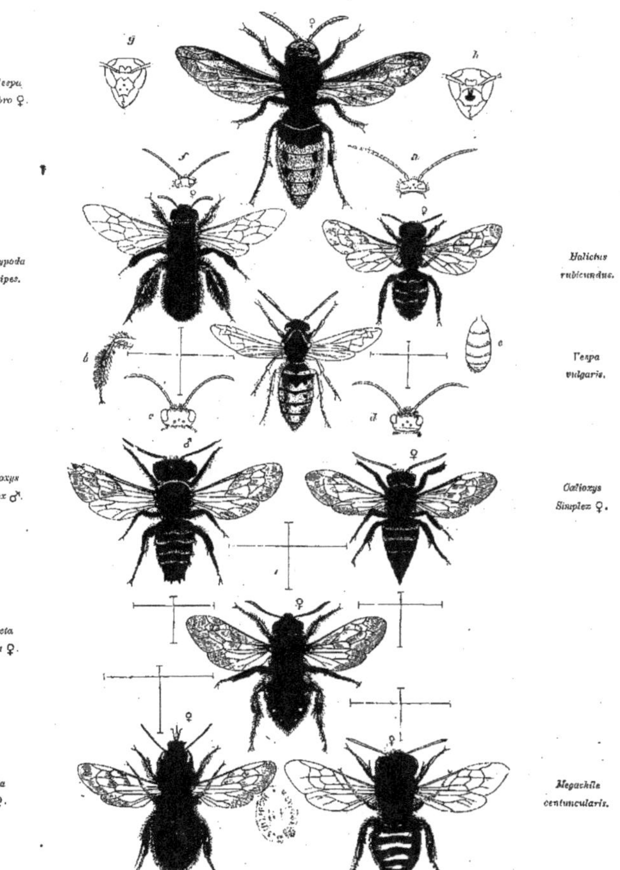

HYMÉNOPTÈRES. — Pl. IX

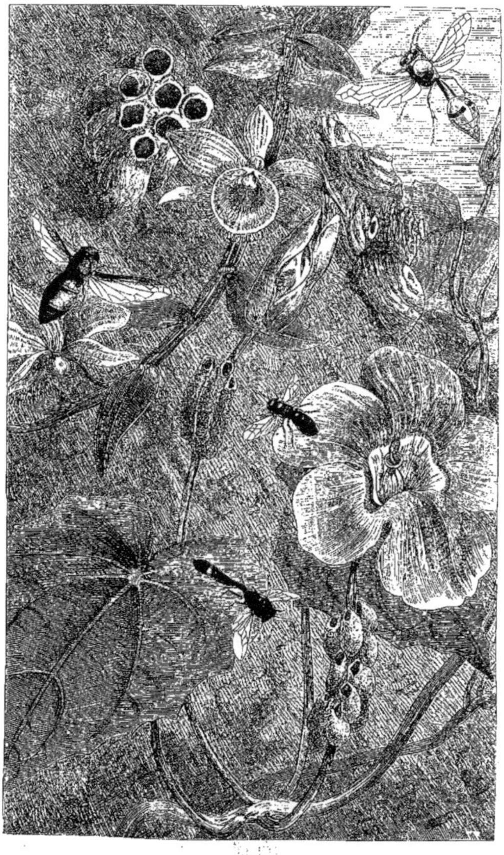

Nid de Rhynchium.

Rhynchium nitidulum.

Nid de Trypoxylon.

Trypoxylon rejector.

Eumenes esuriens.

Nid d'Eumenes esuriens.

Parapison rufipes.

Nid de Parapison.

HYMÉNOPTÈRES. – Pl. X

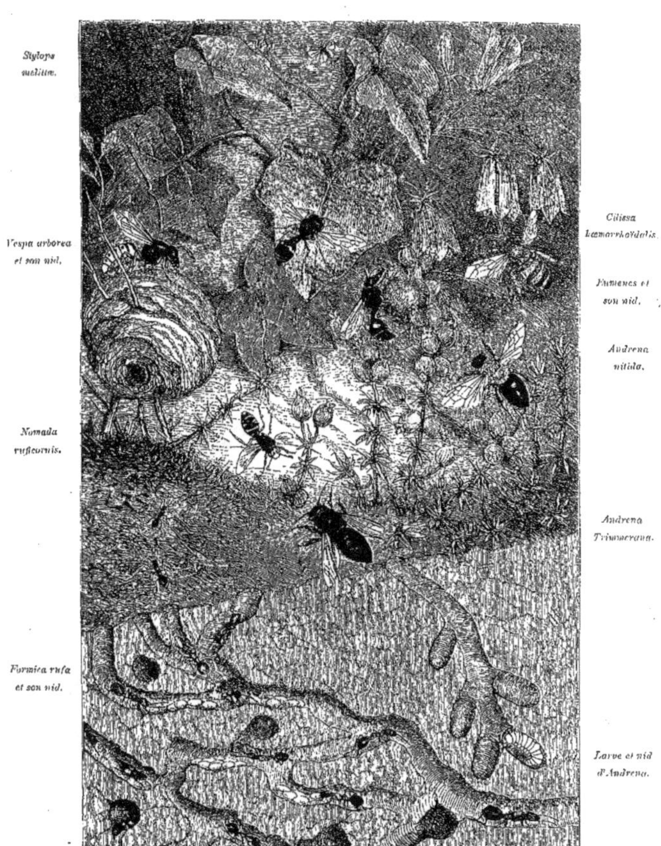

HYMÉNOPTÈRES. — Pl. XI

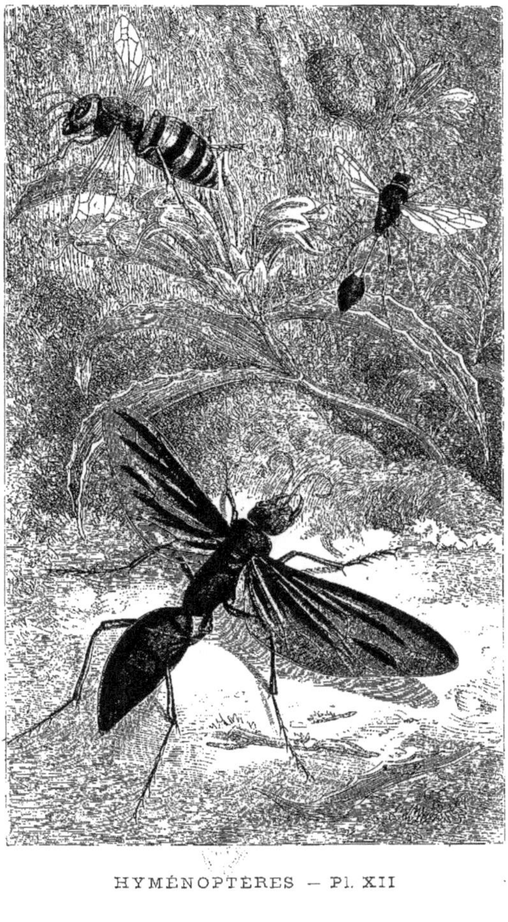

HYMÉNOPTÈRES — Pl. XII

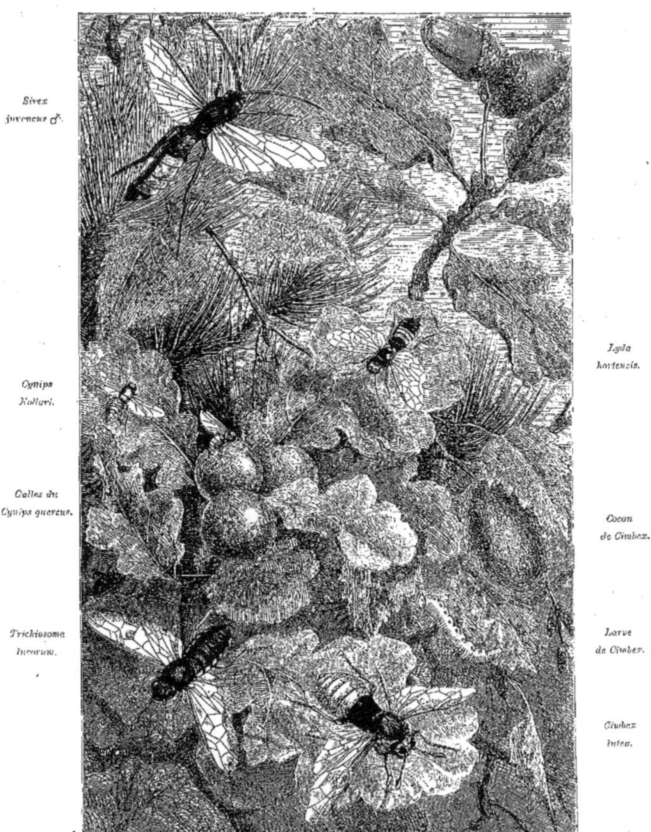

HYMÉNOPTÈRES. — Pl. XIII

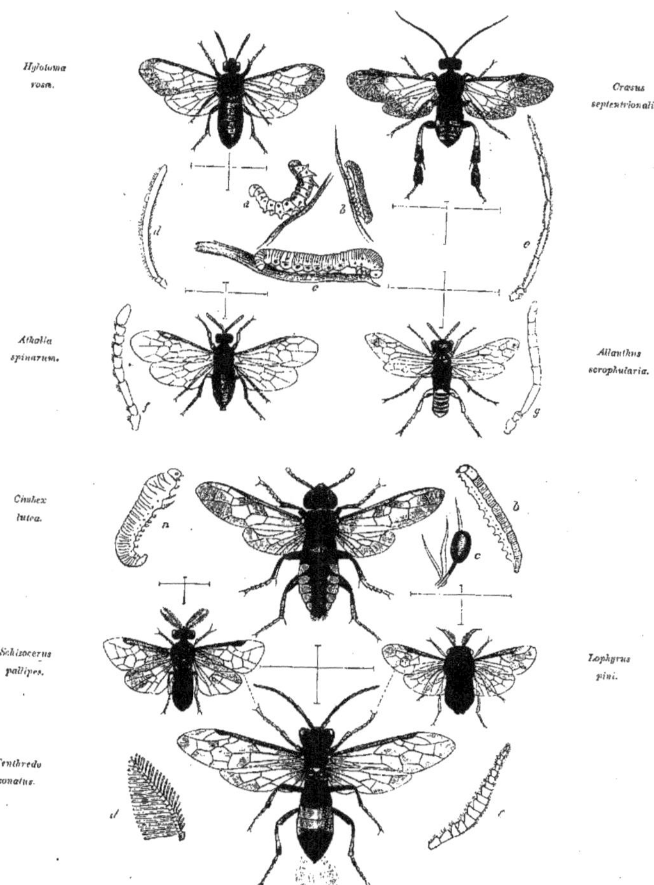

HYMÉNOPTÈRES. — Pl. XIV

HÉMIPTÈRES. — Pl. XV

HÉMIPTÈRES. — Pl. XVI

HÉMIPTÈRES. — Pl. XVII

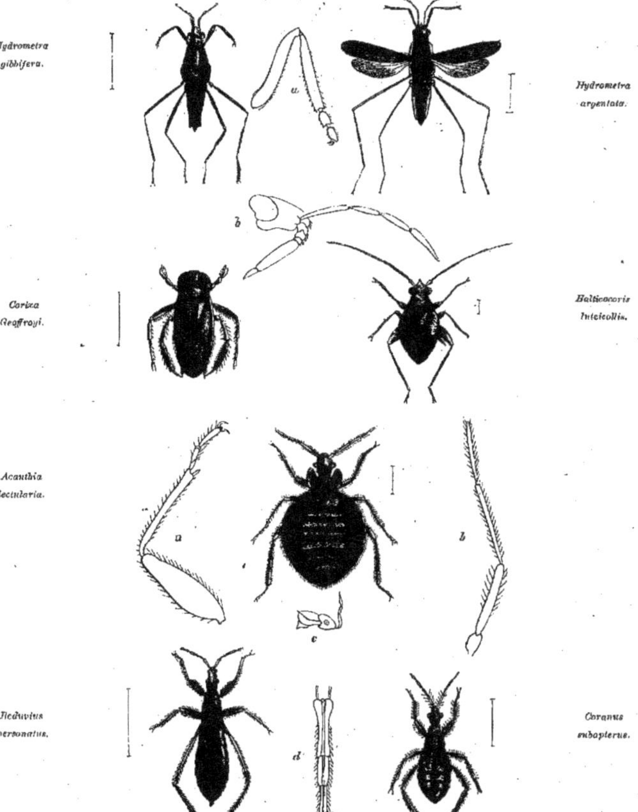

HÉMIPTÈRES. — Pl. XVIII

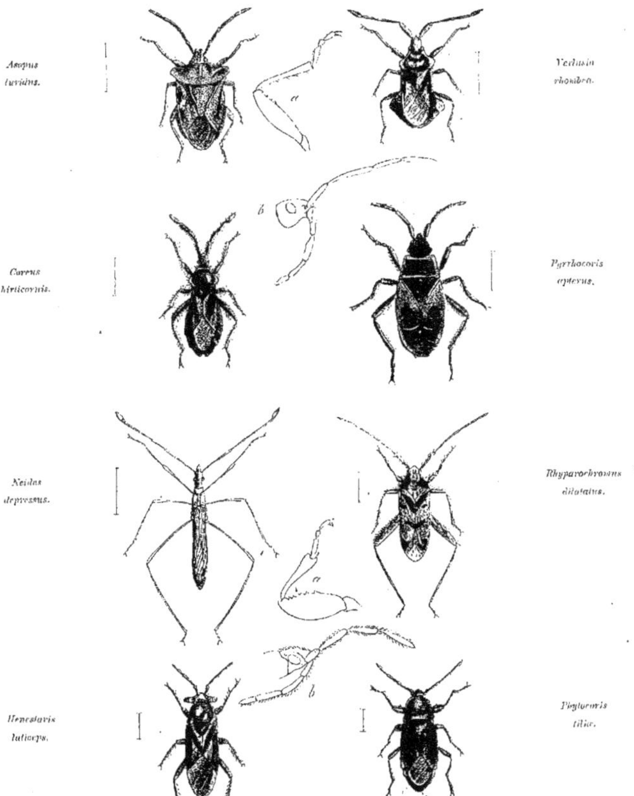

HÉMIPTÈRES — Pl. XIX

HÉMIPTÈRES. — Pl. XX

DIPTÈRES — Pl. XXI

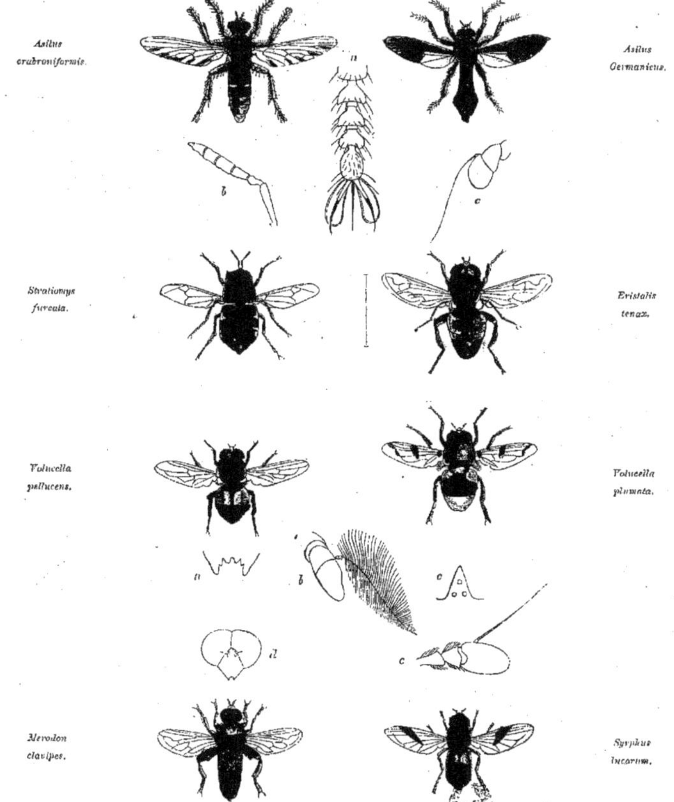

DIPTÈRES. — Pl. XXII

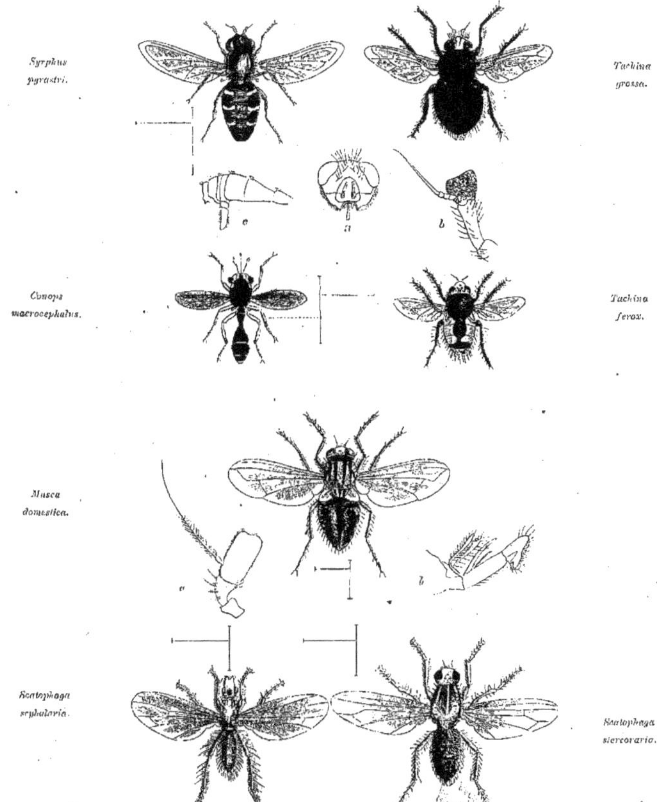

DIPTÈRES. — Pl. XXIII

DIPTÈRES. — Pl. XXIV

www.ingramcontent.com/pod-product-compliance
Lightning Source LLC
LaVergne TN
LVHW050459060726
842526LV00001B/204